北京大学数学教学系列丛书

常微分方程

柳 彬 编著

U0196815

北京大学出版社

PEKING UNIVERSITY PRESS

图书在版编目(CIP)数据

常微分方程/柳彬编著. —北京：北京大学出版社，2021.8

(北京大学数学教学系列丛书)

ISBN 978-7-301-32350-2

Ⅰ. ①常⋯　Ⅱ. ①柳⋯　Ⅲ. ①常微分方程–高等学校–教材　Ⅳ. ①O175.1

中国版本图书馆 CIP 数据核字（2021）第 147670 号

书　　　　名：	常微分方程
	CHANGWEIFEN FANGCHENG
著作责任者：	柳　彬　编著
责 任 编 辑：	曾琬婷
标 准 书 号：	ISBN 978-7-301-32350-2
出 版 发 行：	北京大学出版社
地　　　　址：	北京市海淀区成府路 205 号　100871
网　　　　址：	http://www.pup.cn　新浪微博：@北京大学出版社
电 子 邮 箱：	zpup@pup.cn
电　　　　话：	邮购部 010-62752015　发行部 010-62750672
	编辑部 010-62754819
印 　刷 　者：	涿州市星河印刷有限公司
经 　销 　者：	新华书店

880 毫米×1230 毫米　A5　11.75 印张　315 千字

2021 年 8 月第 1 版　2024 年 3 月第 3 次印刷

定　　　　价：48.00 元

"北京大学数学教学系列丛书"编委会

内 容 简 介

　　全书共分为九章，主要介绍经典常微分方程的解法、初值问题解的存在和唯一性、解对初值和参数的依赖性、边值问题、一阶偏微分方程和定性理论初步. 本书内容符合教育部关于高等学校数学专业"常微分方程"课程教学大纲的要求，在某些章节内容上有所拓广和加深. 几乎每一节末都配备了适量的习题，以加深学生对相应知识的理解和掌握.

　　本书可作为高等学校数学专业"常微分方程"课程的教材，也可供希望了解常微分方程内容的其他人员参考.

作 者 简 介

　　柳　彬　北京大学数学科学学院教授、博士生导师，北京市教学名师. 主要从事常微分方程定性理论研究. 2001 年获教育部高校青年教师奖，2001 年获中国高校自然科学奖一等奖，2003 年国家杰出青年科学基金获得者. 在常微分方程领域发表文章四十余篇.

序　言

自 1995 年以来, 在姜伯驹院士的主持下, 北京大学数学科学学院根据国际数学发展的要求和北京大学数学教育的实际, 创造性地贯彻教育部"加强基础, 淡化专业, 因材施教, 分流培养"的办学方针, 全面发挥我院学科门类齐全和师资力量雄厚的综合优势, 在培养模式的转变、教学计划的修订、教学内容与方法的革新, 以及教材建设等方面进行了全方位、大力度的改革, 取得了显著的成效. 2001 年, 北京大学数学科学学院的这项改革成果荣获全国教学成果特等奖, 在国内外产生很大反响.

在本科教育改革方面, 我们按照加强基础、淡化专业的要求, 对教学各主要环节进行了调整, 使数学科学学院的全体学生在数学分析、高等代数、几何学、计算机等主干基础课程上, 接受学时充分、强度足够的严格训练; 在对学生分流培养阶段, 我们在课程内容上坚决贯彻"少而精"的原则, 大力压缩后续课程中多年逐步形成的过窄、过深和过繁的教学内容, 为新的培养方向、实践性教学环节, 以及为培养学生的创新能力所进行的基础科研训练争取到了必要的学时和空间. 这样既使学生打下宽广、坚实的基础, 又充分照顾到每个人的不同特长、爱好和发展取向. 与上述改革相适应, 积极而慎重地进行教学计划的修订, 适当压缩常微分方程、复变函数、偏微分方程、实变函数、微分几何、抽象代数、泛函分析等后续课程的周学时, 并增加了数学模型和计算机的相关课程, 使学生有更大的选课余地.

在研究生教育中, 在注重专题课程的同时, 我们制定了 30 多门研究生普选基础课程 (其中数学系 18 门), 重点拓宽学生的专业基础和加强学生对数学整体发展及最新进展的了解.

教材建设是教学成果的一个重要体现. 与修订的教学计划相配合, 我们进行了有组织的教材建设. 计划自 1999 年起用 8 年的时间修订、编写和出版 40 余种教材. 这就是将陆续呈现在大家面前的 "北京大学数学教学系列丛书". 这套丛书凝聚了我们近十年在人才培养方面的思考, 记录了我们教学实践的足迹, 体现了我们教学改革的成果, 反映了我们对新世纪人才培养的理念, 代表了我们新时期的数学教学水平.

经过 20 世纪的空前发展, 数学的基本理论更加深入和完善, 而计算机技术的发展使得数学的应用更加直接和广泛, 而且活跃于生产第一线, 促进着技术和经济的发展, 所有这些都正在改变着人们对数学的传统认识, 同时也促使数学研究的方式发生巨大变化. 作为整个科学技术基础的数学, 正突破传统的范围而向人类一切知识领域渗透. 作为一种文化, 数学科学已成为推动人类文明进化、知识创新的重要因素, 将更深刻地改变着客观现实的面貌和人们对世界的认识. 数学素质已成为今天培养高层次创新人才的重要基础. 数学的理论和应用的巨大发展必然引起数学教育的深刻变革. 我们现在的改革还是初步的. 教学改革无禁区, 但要十分稳重和积极; 人才培养无止境, 既要遵循基本规律, 更要不断创新. 我们现在推出这套丛书, 目的是向大家学习. 让我们大家携起手来, 为提高中国数学教育水平和建设世界一流数学强国而共同努力.

张继平

2002 年 5 月 18 日

于北京大学蓝旗营

前　　言

在自然科学发展的历史上, 微积分的发现是具有划时代意义的事件. 微分方程是与微积分几乎同时出现的. 在经典力学的范畴内, 物体的运动规律是由 Newton 的力学定律描述的. Newton 第二定律表明, 物体所受外力等于物体动量的变化率. 在通常情况下, 外力与物体的位置和速度有关. 因此, 物体的运动满足一个微分方程. 欲知道物体的运动规律, 只需解这个微分方程即可.

由于微分方程可以用来描述现实世界的众多问题, 如太阳系中行星的运动. 历史上许多著名的数学家都研究过微分方程的解法, 如 Bernoulli 家族中的多位数学家, Euler, Gauss, Lagrange 等. 在十七八世纪, 发展出了许多办法来求解一些特殊而重要的微分方程. D. Bernoulli 对二体问题采用的分析方法就是其中极其出色的例子.

随着研究的深入, 人们发现许多有实际背景的重要微分方程的解不能用初等函数来表示. 1841 年, Liouville 证明了 Riccati 方程 $y' = x^2 + y^2$ 没有初等函数解. 他的这一结果在微分方程的发展史上具有重要的意义. 它让我们知道了, 即使形式上如此简单的微分方程, 依然没有初等函数解. 自此之后, 人们的研究热点从求微分方程的显式解转为根据微分方程本身的特点来研究可能出现的特殊解, 如周期解等.

19 世纪 80 年代, Poincaré 以微分方程定义的积分曲线为题, 发表了一系列重要的文章, 他的这些结果与 Lyapunov 的博士论文《论运动的稳定性》一起被认为是微分方程定性理论的开端. 从此, 常微分方程的研究进入了新时代.

进入 20 世纪以来, 微分方程定性理论以及由此抽象发展出来的动力系统理论有了蓬勃的发展. 人们在稳定性、结构稳定性、分支理论、混沌等领域的研究中取得了重要的结果. 有关这些研究方向的结果, 受篇幅和本书写作目的的限制, 不能一一描述, 有兴趣的读者可以参看相关的专著和综述性文章.

作为大学数学专业的必修课程, "常微分方程"应主要包括初等积分法、初值问题解的存在和唯一性理论、解对初值和参数的依赖性、线性微分方程组理论、边值问题等内容. 这些也是构成本书的主要内容.

在初等积分法一章中, 我们按照积分因子的主线进行处理. 这样的考虑, 是为了将在早期对于求解微分方程发展出来的各种方法尽可能地用一条主线来讨论, 便于学生了解和掌握. 此外, 还讨论了隐式微分方程的解法以及一些在微分方程发展历史上有名的例子, 如二体问题、捕食系统等.

初值问题解的存在和唯一性以及解对初值和参数的依赖性毫无疑问是"常微分方程"课程最为重要的内容. 这些内容出现在本书的第三章和第四章中. 此外, 还讨论了解的延伸以及当唯一性被破坏时出现的奇解现象.

线性微分方程组是"常微分方程"课程的又一重要内容. 对于非线性微分方程的研究大多起始于线性微分方程. 作为非线性微分方程的一次近似, 线性微分方程无论在理论上还是在实际应用中均具有不可替代的地位. 第五章系统地讲述了这方面的内容.

边值问题的内容毫无疑问是要紧的. Sturm-Liouville 边值问题可以看作人们第一次接触到的边值问题, 它也是泛函分析中关于线性算子的特征值问题的一个具体例子. 在数学的学习和研究中, 例子和理论都是重要的. 许多理论的发展是基于对具体例子的理解和深入研究的. 我们在边值问题一章中不仅讨论了 Sturm-Liouville 边值问题, 还讨论了周期边值问题, 这是到目前为止依然重要且活跃的研究课题.

求解一阶线性和拟线性偏微分方程本质上讲是求解常微分方程. 因此, 第八章讲述了一阶线性和拟线性偏微分方程的解法.

微分方程定性理论自其诞生之日起, 一直是微分方程研究的中心. 在最后一章中, 讲述了微分方程定性理论的一些基本内容. 希望这些内容连同第六章中关于微分方程幂级数解法的内容能够对微分方程定性理论和解析理论的了解有一定的帮助.

根据我们多年的教学经验, 除打星号 "∗" 的内容之外, 按照每周 3 课时的授课时间可以讲完本书的内容.

在本书编写过程中, 作者得到了丁同仁教授的支持和帮助. 事实上, 是丁同仁教授生前建议作者编写这样一本教材的. 而他和李承治教授编写的《常微分方程教程》是本书编写过程中的主要参考书. 在过去的三十多年中, 丁同仁教授作为作者的导师, 在数学研究和教学上对作者的指导是巨大的.

作者在北京大学数学科学学院讲授 "常微分方程" 课程二十余年, 期间得到了数学科学学院的同事的很多帮助. 李伟固教授、杨家忠教授仔细审阅了本书, 提出了宝贵的意见和建议, 在此表示衷心的感谢.

感谢张静博士、胡盛清博士和喻旭东博士阅读了本书的初稿, 并提出了很好的建议, 给予了很多帮助.

本书的出版得到了北京大学出版社的大力支持, 责任编辑曾琬婷同志改正了书稿中的一些疏漏和笔误, 做了大量编辑加工工作, 在此一并表示衷心的感谢.

限于作者的知识水平, 本书中一定存在不少问题, 欢迎广大读者批评指正.

作　者

2020 年 6 月于北京大学

数学科学学院

目　　录

第一章 微分方程的基本概念

由 Newton[①]和 Leibniz[②]创立的微积分是人类科学史上划时代的重大发现. 而微分方程的产生与微积分的诞生几乎是同时的. 在经典力学的范畴内, 物体的运动是遵循 Newton 第二定律的, 由此得到的物体运动是由微分方程的解来描述的. 对于现实世界中的许多问题, 当将它们转化成数学问题时, 往往会出现微分方程. 因此, 人们对这些问题的研究和解决就依赖于对相应的微分方程的研究.

本书主要介绍常微分方程的最基本的理论和方法. 在这一章中, 我们给出微分方程及其解的定义和几何意义.

§1.1 微分方程的定义

微分方程是联系着自变量和未知函数以及未知函数导数的方程. 比如,

---

① I. Newton (1642—1727), 英国伟大的数学家和物理学家, 其著作有《自然哲学的数学原理》《光学》等. 他对万有引力和三大运动定律进行了描述, 从而奠定了此后 3 个世纪里物理世界的科学观点. 他所描述的万有引力和三大运动定律也成为现代工程学的基础. 他通过论证 Kepler 行星运动定律与他的引力理论间的一致性, 展示了地面物体与天体的运动都遵循着相同的自然定律; 为太阳中心说提供了强有力的理论支持, 并推动了科学革命. 在力学上, 他阐明了动量和角动量守恒的原理, 提出 Newton 运动定律. 在光学上, 他发明了反射望远镜, 并基于对三棱镜将白光发散成可见光谱的观察, 发展出颜色理论. 他还系统地表述了 Newton 冷却定律, 并研究了声速. 在数学上, 他与 Leibniz 共同分享了创立微积分的荣誉. 他证明了广义二项式定理, 提出了 Newton 法, 并为幂级数的研究做出了贡献.

② G. W. Leibniz (1646—1716), 德国伟大的数学家和哲学家. 他在数学史和哲学史上都占有重要地位. 在数学上, 他和 Newton 各自独立创立了微积分, 而且他所使用的微积分符号被更广泛地使用, 因为他所使用的微积分符号被普遍认为更综合, 适用范围更加广泛. 他还对二进制的发展做出了贡献.

$$\frac{\mathrm{d}x}{\mathrm{d}t} = kx \quad \text{(Malthus 人口模型)},$$

$$\frac{\mathrm{d}^2 x}{\mathrm{d}t^2} + a^2 \sin x = 0 \quad \text{(单摆方程)},$$

$$\frac{\partial^2 u}{\partial x^2} + \frac{\partial^2 u}{\partial y^2} = 0 \quad \text{(平面上的 Laplace 方程)}$$

等均为微分方程, 其中 k, a 为常数. 本书主要讨论的是自变量为一维的微分方程, 称之为常微分方程. 下面给出常微分方程的具体定义.

定义 1.1　称如下形式的方程为**常微分方程**:

$$F(x, y, y', \cdots, y^{(n)}) = 0, \quad n \geqslant 1, \tag{1.1}$$

其中 F 为已知函数, 自变量 x 在实数集 $\mathbb{R}$ 中某个区间上变化, 未知函数 $y \in \mathbb{R}$, 正整数 n 称作该常微分方程的**阶**.

由这个定义可知, Malthus 人口模型是一阶常微分方程, 单摆方程是二阶常微分方程. 而由于平面上的 Laplace 方程的自变量个数大于 1, 所以它不是常微分方程. 这样的微分方程称为**偏微分方程**. 关于一阶线性和拟线性偏微分方程的讨论, 见本书的第八章. 一般的偏微分方程的讨论见相关的教材和专著. 由于我们主要讨论常微分方程, 为了方便, 在不引起混淆的情况下, 也将常微分方程简称为**微分方程**或**方程**. 此外, 当 $n \geqslant 2$ 时, 我们也称 n 阶微分方程为**高阶微分方程**或**系统**.

注 1.1　由上面的定义可知, 下列方程均不是常微分方程:

$$y' = f(y(x-1)), \quad y' = y(y(x)).$$

注 1.2　在方程 (1.1) 中, 若 F 关于 $y, y', \cdots, y^{(n)}$ 是线性的, 则称该方程为**线性常微分方程**, 简称为**线性微分方程**.

下面给出常微分方程解的定义.

定义 1.2　设 J 是 $\mathbb{R}$ 中的区间, 称函数 $y = \phi(x)(x \in J)$ 是方程

(1.1) 的**解**, 如果

$$F(x, \phi(x), \phi'(x), \cdots, \phi^{(n)}(x)) \equiv 0, \quad x \in J.$$

此时, 称 J 为解 $y = \phi(x)$ 的**存在区间**.

例 1.1　容易验证

$$y = c\,\mathrm{e}^{kx}, \quad x \in \mathbb{R}$$

是微分方程 $y' = ky$ (k 为常数) 的解, 其中 c 为任意常数.

例 1.2　对于二阶微分方程

$$\frac{\mathrm{d}^2 y}{\mathrm{d}x^2} + y = 0,$$

可以验证 $y = \sin x$, $y = \cos x$, $y = c_1 \sin x + c_2 \cos x$ 均是它的解, 其中 c_1, c_2 为任意常数.

例 1.3　对于自由落体运动方程

$$\frac{\mathrm{d}^2 y}{\mathrm{d}t^2} = -g$$

(g 为重力加速度), 可以验证

$$y = c_1 + c_2 t - \frac{1}{2} g t^2,$$

是它的解, 其中 c_1, c_2 为任意常数.

一般来说, 方程 (1.1) 的解中包含一个或多个任意常数, 这些常数的确定有赖于解满足的其他条件. 如果微分方程的解不包含任意常数, 则称它为微分方程的一个**特解**. 例如, 当知道 $y(0) = y_0$, $y'(0) = y_0'$ 时, $y = y_0 \cos x + y_0' \sin x$ 是例 1.2 中的微分方程的特解.

定义 1.3　假设 $y = \phi(x; c_1, c_2, \cdots, c_n)$ 是方程 (1.1) 的解, 其中 $c_1, c_2, \cdots, c_n$ 为任意常数. 如果 $c_1, c_2, \cdots, c_n$ 是相互独立的, 则称 $y = \phi(x; c_1, c_2, \cdots, c_n)$ 为方程 (1.1) 的**通解**. 这里相互独立的意思是 Jacobi 行列式

$$\det \frac{\partial(\phi, \phi', \cdots, \phi^{(n-1)})}{\partial(c_1, c_2, \cdots, c_n)} \neq 0, \quad x \in J.$$

当通解中的所有任意常数确定之后, 就得到微分方程的一个特解.

例 1.4　容易验证 $y = c_1 + c_2 t - \dfrac{1}{2} g t^2$ 是自由落体运动方程

$$\frac{\mathrm{d}^2 y}{\mathrm{d}t^2} = -g$$

的通解, 其中 c_1, c_2 为任意常数. 事实上,

$$\det \frac{\partial(y, y')}{\partial(c_1, c_2)} = \begin{vmatrix} 1 & t \\ 0 & 1 \end{vmatrix} = 1 \neq 0.$$

而当 $c_1 = h_0, c_2 = 0$ 时, 相应特解描述的是从高 h_0 处自由下落的物体在落地之前的运动.

注 1.3　微分方程的通解不一定包含微分方程的所有解. 例如, 对于微分方程

$$\frac{\mathrm{d}y}{\mathrm{d}x} = y^{\frac{1}{3}},$$

容易验证函数族

$$y = \pm \left[\frac{2}{3}(x + c) \right]^{\frac{3}{2}}, \quad x \geqslant -c$$

是它的通解, 其中 c 为任意常数. 然而, 解 $y \equiv 0$ 显然不属于这个函数族.

当一个充分光滑的函数族 $y = \phi(x; c_1, c_2, \cdots, c_n)$ 中的任意常数 $c_1, c_2, \cdots, c_n$ 相互独立时, 存在一个形如 (1.1) 式的微分方程, 使得它的通解就是给定的函数族.

例 1.5　求函数族

$$y = c_1 x + c_2 x^2$$

所满足的微分方程, 其中 c_1, c_2 为任意常数.

解　将上面的函数族求两次导数, 得

$$y' = c_1 + 2c_2 x,$$

$$y'' = 2c_2.$$

注意到, 当 $x \neq 0$ 时,

$$\det \frac{\partial(y, y')}{\partial(c_1, c_2)} = \begin{vmatrix} x & x^2 \\ 1 & 2x \end{vmatrix} = x^2 \neq 0.$$

这意味着任意常数 c_1, c_2 是相互独立的. 从 y 和 y' 的表达式中解出 c_1, c_2, 再代入 y'' 的表达式中, 得到

$$x^2 y'' - 2xy' + 2y = 0.$$

这就是函数族 $y = c_1 x + c_2 x^2$ 满足的微分方程.

例 1.6   建立圆心在直线 $y = 2x$ 上, 半径为 1 的圆满足的微分方程.

解   这样的圆的方程形如

$$(x - a)^2 + (y - 2a)^2 = 1,$$

其中 a 为常数. 两端对 x 求导数, 得

$$2(x - a) + 2y'(y - 2a) = 0,$$

解得

$$a = \frac{x + yy'}{2y' + 1}.$$

将它代入圆的方程, 得

$$(y - 2x)^2(y'^2 + 1) = (2y' + 1)^2.$$

一般来讲, 可以通过解在某一点的具体位置、速度等来确定一个特解. 于是, 需要引入下面的定义.

定义 1.4   设 $y = \phi(x)$ 是方程 (1.1) 的解, 且满足

$$\phi(x_0) = y_0, \quad \cdots, \quad \phi^{(n-1)}(x_0) = y_0^{(n-1)}, \tag{1.2}$$

称条件 (1.2) 是方程 (1.1) 的**初始条件**, 并称 $y = \phi(x)$ 是方程 (1.1) 满足初始条件 (1.2) 的解.

在定义 1.4 中, 我们称求方程 (1.1) 满足初始条件 (1.2) 的解的问题为**初值问题**, 而称 $y = \phi(x)$ 为该初值问题的解.

例如, Malthus 人口模型满足初始条件 $y(0) = y_0$ 的解为

$$y(x) = y_0 e^{kx};$$

自由落体运动方程满足初始条件 $y(0) = y_0, y'(0) = y_0'$ 的解为

$$y(t) = y_0 + y_0' t - \frac{1}{2} g t^2.$$

习　题　1.1

1. 验证下列函数是其右侧的微分方程的特解或通解, 其中 c_1, c_2 为任意常数:

(1) $y = c_1 e^x + c_2 e^{-x}, y'' - y = 0$;

(2) $y = \dfrac{\sin x}{x}, y' + \dfrac{y}{x} = \dfrac{\cos x}{x}$;

(3) $y = c_1 e^x \cos x + c_2 e^x \sin x, y'' - 2y' + 2y = 0$.

2. 求下列初值问题的解:

(1) $\begin{cases} y''' = x, \\ y(0) = a_0, y'(0) = a_0', y''(0) = a_0''; \end{cases}$

(2) $\begin{cases} y' = x\sqrt{1 + x^2}, \\ y(0) = y_0. \end{cases}$

3. 求曲线族 $y = c_1 e^x + c_2 x e^x$ 所满足的微分方程, 其中 c_1, c_2 为任意常数.

4. 求曲线族 $c_1 x + (y - c_2)^2 = 0$ 所满足的微分方程, 其中 c_1, c_2 为任意常数.

5. 求平面上一切圆所满足的微分方程.

6. 证明: 设 $y = g(x; c_1, c_2, \cdots, c_n)$ 是一个充分光滑的函数族, 其中 $c_1, c_2, \cdots, c_n$ 是相互独立的任意常数, 则存在一个形如 (1.1) 式的微分方程, 使得它的通解恰好是上述函数族.

§1.2 几何解释

考虑一阶微分方程

$$\frac{\mathrm{d}y}{\mathrm{d}x} = f(x, y), \tag{1.3}$$

其中 f 在平面区域 G 上连续. 假设

$$y = \phi(x), \quad x \in J$$

是该方程的一个解, $J \subset \mathbb{R}$ 是区间, 则平面点集

$$\Gamma = \{(x, y) | y = \phi(x), x \in J\}$$

就是平面上的一条可微曲线. 称这条曲线为**解曲线**或**积分曲线**.

设 $(x_0, y_0) \in \Gamma$, 则曲线 Γ 在该点处切线的斜率为

$$\phi'(x_0) = f(x_0, y_0).$$

因此, 切线的方程为

$$y - y_0 = f(x_0, y_0)(x - x_0).$$

这意味着, 即使不知道 ϕ 的表达式, 也可以由方程 (1.3) 得到解曲线在该点处切线的斜率及方程. 注意到, 在可微曲线上某一点的小邻域内, 切线可以看作曲线的一阶近似. 利用这一观点, 可以得到一阶微分方程的近似解. 事实上, 这就是 Euler 折线的原始想法.

定义 1.5 在区域 G 中的每一点 P 处作一段以 $f(P)$ 为斜率的小线段 $l(P)$. 称 $l(P)$ 为方程 (1.3) 在点 P 处的**线素**. 称区域 G 连同它上面的全体线素为方程 (1.3) 的**线素场**或**方向场**.

定理 1.1 平面上的连续可微曲线 $\Gamma = \{(x, y) | y = \psi(x), x \in J\}$ 是方程 (1.3) 的积分曲线的充要条件是, 对于曲线 Γ 上每一点 (x, y), 曲线 Γ 在该点处的切线与由方程 (1.3) 所确定的线素场重合 (图 1.1).

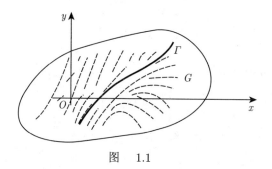

图   1.1

证明 必要性已由上面的讨论得到. 现在来证明充分性. 对于曲线 Γ 上的任一点 $(x, y) = (x, \psi(x))$, 曲线 Γ 在该点处切线的斜率为 $\psi'(x)$. 由定理的条件可知 $\psi'(x) = f(x, y)$. 再由 (x, y) 的任意性可知, $y = \psi(x)$ 就是方程 (1.3) 的解. □

在画方程 (1.3) 的线素场时, 通常利用 $f(x, y) = k$ (k 为常数) 确定曲线 $L_k : f(x, y) = k$. 显然, 线素场在 L_k 上的斜率均为 k. 称曲线 L_k 为线素场的**等斜线**. 等斜线简化了线素场逐点构造的方法, 有助于积分曲线的近似作图.

给定方程 (1.3), 就是在区域 G 内给定一个线素场. 定理 1.1 表明, 求该方程满足初始条件 $y(x_0) = y_0$ 的解就是求满足此初始条件并且处处与线素场吻合的一条或几条光滑曲线.

例 1.7 作出微分方程

$$\frac{\mathrm{d}y}{\mathrm{d}x} = \frac{y}{x}$$

的线素场.

解 该线素场的等斜线为 $\dfrac{y}{x} = k$, 即在直线 $y = kx$ 上线素场的斜率均为 k, 而直线 $y = kx$ 的斜率也是 k. 该线素场如图 1.2 所示. 由此可知, 射线 $y = kx(x \neq 0)$ 是微分方程的解.

例 1.8 作出微分方程

$$\frac{\mathrm{d}y}{\mathrm{d}x} = -\frac{x}{y}$$

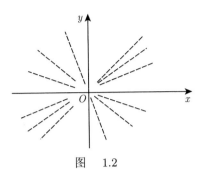

图   1.2

的线素场.

解 该线素场的等斜线为 $-\dfrac{x}{y} = k$, 即在直线 $y = -\dfrac{1}{k}x$ 上线素场的斜率为 k, 而直线 $y = -\dfrac{1}{k}x$ 的斜率为 $-\dfrac{1}{k}$. 这表明, 线素场与该直线是垂直的. 换句话说, 线素场与从原点出发的每一条射线均垂直. 该线素场如图 1.3 所示. 由此可知, 处处与线素场吻合的曲线为圆心在原点的圆周.

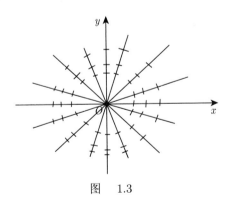

图   1.3

事实上, 由所给的微分方程可知

$$x\mathrm{d}x + y\mathrm{d}y = 0,$$

于是积分曲线为

$$x^2 + y^2 = c,$$

其中 c 为任意非负常数. 这个方程表示的就是圆心在原点, 半径为 $\sqrt{c}$ 的一组同心圆.

注 1.4   一般来讲, 利用线素场不可能准确求出微分方程解的表达式. 然而, 利用线素场可以了解微分方程解的大致走向和一些基本性质.

习   题   1.2

1. 作出下面微分方程的线素场:

(1) $y' = y(y-1)$;   (2) $y' = |y|$.

2. 利用线素场研究下列微分方程的积分曲线:

(1) $y' = xy$;   (2) $y' = x^2 + y^2$.

3. 写出微分方程 $y' = f(x, y)$ 的解的极大值点或极小值点 (x, y) 的轨迹方程. 如何区分极大值点和极小值点?

4. 写出微分方程 $y' = y - x^2$ 的解曲线的拐点的轨迹方程.

第二章　初等积分法

初等积分法, 就是运用各种技巧, 通过初等函数及其有限次积分来表示微分方程的解的方法. 经过众多数学家长期的努力, 在微分方程发展的早期, 主要是十七八世纪, 人们利用一系列技巧, 找到了一些特殊类型微分方程的解法. 这些方法和技巧, 构成本章的主要内容. 尽管 Liouville[①] 后来证明了绝大部分的微分方程不能利用初等积分法来进行求解, 但是这些方法无论在理论上还是在实际应用中仍然有其重要性.

§2.1　恰 当 方 程

定义 2.1　*称形如*

$$P(x,y)\mathrm{d}x + Q(x,y)\mathrm{d}y = 0 \tag{2.1}$$

*的式子为一阶微分方程的*对称形式.

注 2.1　需要指出的是, 严格来说, (2.1) 式并不是微分方程. 将一阶微分方程写成 (2.1) 式的形式时, 会为研究带来很大的便利. 我们既可以讨论形如

$$\frac{\mathrm{d}y}{\mathrm{d}x} = \frac{P(x,y)}{Q(x,y)}$$

的微分方程, 也可以讨论形如

---

① J. Liouville (1809—1882), 法国数学家. 他一生从事数学、力学和天文学的研究, 涉足广泛, 成果丰硕, 尤其对双周期椭圆函数、微分方程边值问题和数论中的超越数问题有深入研究. 他研究了 "Liouville 数", 并证明了其超越性, 是第一个证实超越数的存在的人. 他于 1841 年证明了微分方程 $y' = x^2 + y^2$ 没有初等函数解. 此后, 人们对微分方程的研究兴趣从求出解的解析表达式转向利用微分方程的特点来推断解的一般性质和某些特殊解的存在性.

$$\frac{\mathrm{d}x}{\mathrm{d}y} = \frac{Q(x,y)}{P(x,y)}$$

的微分方程, 即不拘于一定要求 y 作为 x 的函数. 为了叙述方便, 以后我们也称对称形式 (2.1) 为微分方程.

定义 2.2   如果存在一个连续可微函数 $\Phi(x,y)$, 使得

$$\mathrm{d}\Phi(x,y) = P(x,y)\mathrm{d}x + Q(x,y)\mathrm{d}y,$$

则称方程 (2.1) 是**恰当方程**或**全微分方程**.

由定义 2.2 可知, 当方程 (2.1) 是恰当方程时, 方程 (2.1) 可以写成

$$\mathrm{d}\Phi(x,y) = 0,$$

从而

$$\Phi(x,y) = c, \tag{2.2}$$

其中 c 为任意常数. 称 (2.2) 式为方程 (2.1) 的**通积分**.

当取定常数 c 之后, 可以证明由 $\Phi(x,y) = c$ 确定的隐函数 $y = u(x)$ 或 $x = v(y)$ 是方程 (2.1) 的解, 即 $u'(x) = -\dfrac{P(x,u(x))}{Q(x,u(x))}$ 或 $v'(y) = -\dfrac{Q(v(y),y)}{P(v(y),y)}$. 事实上, 假设 $y = u(x)$ 满足

$$\Phi(x,u(x)) \equiv c,$$

且 $\dfrac{\partial \Phi}{\partial y} \neq 0$, 则有

$$\frac{\partial \Phi}{\partial x}(x,u(x)) + \frac{\partial \Phi}{\partial y}(x,u(x))u'(x) = 0.$$

于是

$$u'(x) = -\frac{\dfrac{\partial \Phi}{\partial x}(x,u(x))}{\dfrac{\partial \Phi}{\partial y}(x,u(x))} = -\frac{P(x,u(x))}{Q(x,u(x))}.$$

反之, 假如 $y = u(x)$ 是方程 (2.1) 的解, 则

$$\frac{\mathrm{d}\Phi}{\mathrm{d}x}(x, u(x)) = \frac{\partial \Phi}{\partial x}(x, u(x)) + \frac{\partial \Phi}{\partial y}(x, u(x))u'(x) = 0.$$

因此 $\Phi(x, y) \equiv c$, 其中 $c = \Phi(x_0, y(x_0))$.

例 2.1 *求解微分方程*

$$y\mathrm{d}x + x\mathrm{d}y = 0.$$

解 由观察得到 $\mathrm{d}(xy) = y\mathrm{d}x + x\mathrm{d}y$, 于是

$$xy = c$$

是该方程的通积分, 其中 c 为任意常数.

例 2.2 *求解微分方程*

$$x\mathrm{d}x + y\mathrm{d}y = 0.$$

解 注意到

$$\mathrm{d}\left(\frac{1}{2}(x^2 + y^2)\right) = x\mathrm{d}x + y\mathrm{d}y,$$

于是该方程的通积分为

$$x^2 + y^2 = c,$$

其中 c 为任意非负常数.

一般来说, 在对方程 (2.1) 进行求解时, 需要处理的问题是:

(1) 如何判断方程 (2.1) 是恰当的?

(2) 如果方程 (2.1) 是恰当的, 如何找到 $\Phi(x, y)$?

(3) 如果方程 (2.1) 不是恰当的, 是否可以将其转化成一个恰当方程?

本章的主要内容就是对这三个问题的处理. 本节主要讨论前两个问题, 而第三个问题是本章后面几节讨论的重点.

定理 2.1   设函数 $P(x,y)$ 和 $Q(x,y)$ 在单连通区域 $D \subset \mathbb{R}^2$ 上连续, 且具有连续的一阶偏导数 $\dfrac{\partial P}{\partial y}$ 和 $\dfrac{\partial Q}{\partial x}$, 则方程 (2.1) 是恰当的充要条件为

$$\frac{\partial P}{\partial y} = \frac{\partial Q}{\partial x} \tag{2.3}$$

在 D 内成立; 而当上式成立时, 对于 $(x_0, y_0), (x, y) \in D$, 方程 (2.1) 的通积分为

$$\int_\gamma P(x,y)\mathrm{d}x + Q(x,y)\mathrm{d}y = c, \tag{2.4}$$

其中 γ 是任意连接 (x_0, y_0) 与 (x, y) 并在 D 内的由有限多条光滑曲线段组成的曲线, c 为任意常数.

证明   假设方程 (2.1) 是恰当的. 由定义可知, 存在可微函数 $\varPhi(x, y)$, 使得

$$\mathrm{d}\varPhi(x, y) = P(x,y)\mathrm{d}x + Q(x,y)\mathrm{d}y,$$

因此

$$P(x, y) = \frac{\partial \varPhi}{\partial x}, \quad Q(x, y) = \frac{\partial \varPhi}{\partial y}.$$

再由 $P(x, y), Q(x, y)$ 的可微性可知

$$\frac{\partial P}{\partial y} = \frac{\partial^2 \varPhi}{\partial x \partial y}, \quad \frac{\partial Q}{\partial x} = \frac{\partial^2 \varPhi}{\partial y \partial x}.$$

由于 $\dfrac{\partial P}{\partial y}$ 和 $\dfrac{\partial Q}{\partial x}$ 是连续的, 因此

$$\frac{\partial^2 \varPhi}{\partial x \partial y} = \frac{\partial^2 \varPhi}{\partial y \partial x}.$$

于是

$$\frac{\partial P}{\partial y} = \frac{\partial Q}{\partial x}.$$

反之, 假设 (2.3) 式成立. 由曲线积分的 Green[①] 公式可知, 对于 D 内连接 (x_0, y_0) 与 (x, y) 的逐段光滑的曲线 γ(图 2.1),

$$\Phi(x, y) = \int_{\gamma} P(x, y)\mathrm{d}x + Q(x, y)\mathrm{d}y$$

不依赖于路径 γ 的选择, 且满足

$$\mathrm{d}\Phi(x, y) = P(x, y)\mathrm{d}x + Q(x, y)\mathrm{d}y,$$

即方程 (2.1) 是恰当的. □

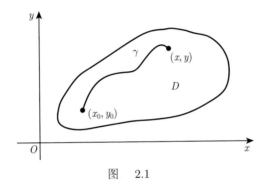

图　2.1

注 2.2　当单连通区域 D 为矩形区域

$$\{(x, y) | \alpha < x < \beta, a < y < b\}$$

时 (图 2.2), (2.4) 式中的积分可以取成

$$\int_{x_0}^{x} P(t, y_0)\mathrm{d}t + \int_{y_0}^{y} Q(x, s)\mathrm{d}s \tag{2.5}$$

或者

$$\int_{x_0}^{x} P(t, y)\mathrm{d}t + \int_{y_0}^{y} Q(x_0, s)\mathrm{d}s. \tag{2.6}$$

---

① G. Green (1793—1841), 英国数学家.

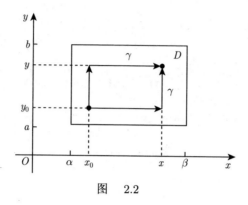

图　2.2

注 2.3　尽管 (2.5) 式或 (2.6) 式给出了恰当方程 (2.1) 的通积分, 我们还是建议初学者不要用这个公式来求解恰当方程, 而是用下面的方法来找到函数 $\Phi(x, y)$, 进而得到恰当方程的通积分:

由条件 $\mathrm{d}\Phi(x, y) = P(x, y)\mathrm{d}x + Q(x, y)\mathrm{d}y$ 可知

$$\frac{\partial \Phi}{\partial x} = P(x, y),$$

于是

$$\Phi(x, y) = \int_{x_0}^{x} P(t, y)\mathrm{d}t + \phi(y),$$

其中可微函数 $\phi(y)$ 待定. 再由 $\dfrac{\partial \Phi}{\partial y} = Q(x, y)$, 可以得到

$$\frac{\partial}{\partial y} \int_{x_0}^{x} P(t, y)\mathrm{d}t + \phi'(y) = Q(x, y).$$

利用条件 $\dfrac{\partial P}{\partial y} = \dfrac{\partial Q}{\partial x}$, 得到

$$\int_{x_0}^{x} \frac{\partial Q}{\partial t}(t, y)\mathrm{d}t + \phi'(y) = Q(x, y).$$

由此可知

$$\phi'(y) = Q(x_0, y).$$

因此, 可以选择

$$\phi(y) = \int_{y_0}^{y} Q(x_0, s)\mathrm{d}s.$$

于是

$$\Phi(x, y) = \int_{x_0}^{x} P(t, y)\mathrm{d}t + \int_{y_0}^{y} Q(x_0, s)\mathrm{d}s.$$

例 2.3 求解微分方程

$$(ye^x + 2e^x + y^2)\mathrm{d}x + (e^x + 2xy)\mathrm{d}y = 0.$$

解 这里 $P(x, y) = ye^x + 2e^x + y^2, Q(x, y) = e^x + 2xy$. 因为

$$\frac{\partial P}{\partial y} = e^x + 2y = \frac{\partial Q}{\partial x},$$

所以所给方程是恰当的. 于是, 存在可微函数 $\Phi(x, y)$, 使得

$$\mathrm{d}\Phi(x, y) = (ye^x + 2e^x + y^2)\mathrm{d}x + (e^x + 2xy)\mathrm{d}y.$$

由此可知

$$\frac{\partial \Phi}{\partial x} = P(x, y) = ye^x + 2e^x + y^2,$$

即

$$\Phi(x, y) = ye^x + 2e^x + xy^2 + \phi(y),$$

其中 $\phi(y)$ 是待定的可微函数. 再利用

$$\frac{\partial \Phi}{\partial y} = Q(x, y) = e^x + 2xy,$$

得到

$$\phi'(y) = 0.$$

选择 $\phi(y) \equiv 0$, 即 $\Phi(x, y) = ye^x + 2e^x + xy^2$, 因此所给方程的通积分为

$$ye^x + 2e^x + xy^2 = c,$$

其中 c 为任意常数.

注 2.4   考虑一阶微分形式

$$\omega^1 = P(x,y)\mathrm{d}x + Q(x,y)\mathrm{d}y.$$

称 ω^1 是**闭**的, 如果 $\mathrm{d}\omega^1 = 0$; 称 ω^1 是**恰当**的, 如果存在函数 $\Phi(x,y)$, 使得 $\omega^1 = \mathrm{d}\Phi(x,y)$. 由 Poincaré[①]引理可知, 在 $\mathbb{R}^2$ 上, 一阶微分形式是恰当的当且仅当它是闭的. 注意到

$$\mathrm{d}\omega^1 = \left(\frac{\partial Q}{\partial x} - \frac{\partial P}{\partial y}\right)\mathrm{d}x \wedge \mathrm{d}y.$$

显然, $\mathrm{d}\omega^1 = 0$ 当且仅当

$$\frac{\partial P}{\partial y} = \frac{\partial Q}{\partial x}.$$

而此时函数 $\Phi(x,y)$ 的表达式就是

$$\Phi(x,y) = \int \omega^1.$$

Poincaré 引理成立是有条件的, 它与函数 $P(x,y), Q(x,y)$ 的定义域的拓扑有关. 关于这一点, 建议有兴趣的读者阅读有关的拓扑学教材.

习 题 2.1

判别下列方程是否为恰当方程, 并对恰当方程进行求解:

1. $(4x^2y - y)\mathrm{d}x + (3x + y)\mathrm{d}y = 0$.
2. $(x + 2y)\mathrm{d}x + (2x - y)\mathrm{d}y = 0$.
3. $(ax - by)\mathrm{d}x + (bx - cy)\mathrm{d}y = 0$ (a, b, c 为常数).

---

① H. Poincaré (1854—1912), 法国伟大的数学家、天体力学家、数学物理学家、科学哲学家. 他的研究涉及数论、代数学、几何学、拓扑学、微分方程、天体力学、数学物理、多复变函数论、科学哲学等许多领域. 他被公认是 19 世纪末和 20 世纪初的领袖数学家. 他在数学方面的杰出工作对 20 世纪和当今的数学造成极其深远的影响, 他在天体力学方面的研究是 Newton 之后的一座里程碑. 他因为对电子理论的研究被公认为相对论的理论先驱. 他 "整个地改变了数学科学的状况, 在一切方向上打开了新的道路".

4. $x^2y(y\mathrm{d}x + x\mathrm{d}y) - (2y\mathrm{d}x + x\mathrm{d}y) = 0$.

5. $3x^2(1 + \ln y)\mathrm{d}x - \left(2y - \dfrac{x^3}{y}\right)\mathrm{d}y = 0$.

6. $(2 - 9xy^2)x\mathrm{d}x + (4y^2 - 6x^3)y\mathrm{d}y = 0$.

7. $2x(1 + \sqrt{x^2 - y})\mathrm{d}x - \sqrt{x^2 - y}\mathrm{d}y = 0$.

8. $\mathrm{e}^{-y}\mathrm{d}x - (2y + x\mathrm{e}^{-y})\mathrm{d}y = 0$.

9. $\dfrac{y}{x}\mathrm{d}x + (y^3 + \ln x)\mathrm{d}y = 0$.

§2.2 变量分离方程

从本节开始, 我们讨论方程 (2.1) 不是恰当方程时它的解法. 基本想法是通过变换, 将其化成一个恰当方程来求解. 在本节中, 我们讨论变量分离方程的解法. 而在随后的几节中, 我们将利用变换或者积分因子来求解方程 (2.1).

定义 2.3 如果方程 (2.1) 中的函数 $P(x,y), Q(x,y)$ 均可写成 x 的函数和 y 的函数的乘积, 即

$$P(x,y) = P_1(x)P_2(y), \quad Q(x,y) = Q_1(x)Q_2(y),$$

则称方程 (2.1) 是**变量分离方程**.

当方程 (2.1) 是变量分离方程时, 它可以写成

$$P_1(x)P_2(y)\mathrm{d}x + Q_1(x)Q_2(y)\mathrm{d}y = 0. \tag{2.7}$$

一般来讲, 由于

$$\frac{\partial}{\partial y}(P_1(x)P_2(y)) \neq \frac{\partial}{\partial x}(Q_1(x)Q_2(y)),$$

方程 (2.7) 不是恰当方程, 因此上一节的方法不能用来求解该方程. 然而, 当 $P_2(y) \equiv Q_1(x) \equiv 1$ 时, 方程 (2.7) 是恰当的. 此时, 方程 (2.7) 的通积分为

$$\int_{x_0}^{x} P_1(t)\mathrm{d}t + \int_{y_0}^{y} Q_2(s)\mathrm{d}s = c,$$

其中 c 为任意常数. 由此想到可以将方程 (2.7) 两端乘以 $\dfrac{1}{P_2(y)Q_1(x)}$, 得

$$\frac{P_1(x)}{Q_1(x)}\mathrm{d}x + \frac{Q_2(y)}{P_2(y)}\mathrm{d}y = 0, \tag{2.8}$$

其通积分为

$$\int_{x_0}^{x}\frac{P_1(t)}{Q_1(t)}\mathrm{d}t + \int_{y_0}^{y}\frac{Q_2(s)}{P_2(s)}\mathrm{d}s = c, \tag{2.9}$$

其中 c 为任意常数.

容易看出, 当 $P_2(y)Q_1(x) \neq 0$ 时, 方程 (2.8) 与方程 (2.7) 是同解的, 因此 (2.9) 式也是方程 (2.7) 的通积分.

假设 $P_2(b_i) = 0$ $(i = 1, 2, \cdots, m)$, 直接观察可知方程 (2.7) 有解

$$y \equiv b_i, \quad i = 1, 2, \cdots, m.$$

而当 $Q_1(a_j) = 0$ $(j = 1, 2, \cdots, n)$ 时, 方程 (2.7) 有解

$$x \equiv a_j, \quad j = 1, 2, \cdots, n.$$

由上面的讨论, 可以得到下面的结论:

定理 2.2 *方程 (2.7) 的所有解为*

$$\int_{x_0}^{x}\frac{P_1(t)}{Q_1(t)}\mathrm{d}t + \int_{y_0}^{y}\frac{Q_2(s)}{P_2(s)}\mathrm{d}s = c$$

和

$$y \equiv b_i, \quad i = 1, 2, \cdots, m,$$

$$x \equiv a_j, \quad j = 1, 2, \cdots, n,$$

其中 $P_2(b_i) = 0$ $(i = 1, 2, \cdots, m)$ 和 $Q_1(a_j) = 0$ $(j = 1, 2, \cdots, n)$, c 为任意常数.

例 2.4 *求解微分方程*

$$x\frac{\mathrm{d}y}{\mathrm{d}x} = \sqrt{1 - y^2}.$$

解 将该方程写成对称形式

$$\sqrt{1-y^2}\mathrm{d}x - x\mathrm{d}y = 0.$$

显然, 这不是恰当方程, 但是由于

$$P(x,y) = \sqrt{1-y^2}, \quad Q(x,y) = -x,$$

它是变量分离方程. 按照上面的讨论可知, 原方程的解由通积分

$$\int_{x_0}^{x} \frac{1}{t}\mathrm{d}t - \int_{y_0}^{y} \frac{1}{\sqrt{1-s^2}}\mathrm{d}s = c$$

(c 为任意常数) 及

$$y \equiv \pm 1, \quad x \equiv 0$$

组成. 显然, $x \equiv 0$ 不是原方程的解. 而对上面的通积分进行整理可得到

$$x = c\,\mathrm{e}^{\arcsin y},$$

故原方程的解为

$$y \equiv \pm 1$$

和

$$x = c\,\mathrm{e}^{\arcsin y},$$

其中 c 为任意非零常数.

例 2.5 求解微分方程

$$y' = (y-1)(y-2),$$

并画出积分曲线的草图.

解 显然, $y \equiv 1$ 及 $y \equiv 2$ 均为该方程的解. 现在假设 $y \neq 1, 2$, 于是有

$$\frac{\mathrm{d}y}{(y-1)(y-2)} = \mathrm{d}x,$$

积分后得到
$$y = \frac{2 - c\,\mathrm{e}^x}{1 - c\,\mathrm{e}^x},$$
其中 c 为任意常数. 所以, 该方程的所有解为 $y \equiv 1$, $y \equiv 2$ 以及由上式给出的通解. 积分曲线的草图见图 2.3.

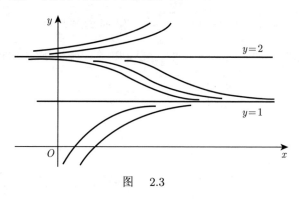

图   2.3

注 2.5   这个例子表明, 并不是对于任意的初值 (x_0, y_0), 都能通过确定通解中的常数来得到满足初始条件 $y(x_0) = y_0$ 的解. 例如, 满足 $y(x_0) = 1$ 的解 $y \equiv 1$ 就不可能通过选择通解中的常数 c 来得到, 除非让 $c = \infty$.

例 2.6   求解微分方程
$$y' = y^{\frac{1}{3}}.$$

解   将该方程写成对称形式
$$y^{\frac{1}{3}}\mathrm{d}x - \mathrm{d}y = 0.$$
上式两端除以 $y^{\frac{1}{3}}$, 得到
$$\mathrm{d}x - y^{-\frac{1}{3}}\mathrm{d}y = 0,$$
积分后得到
$$x + c - \frac{3}{2}y^{\frac{2}{3}} = 0,$$

其中 c 为任意常数, 于是

$$y = \pm \left[\frac{2}{3}(x+c)\right]^{\frac{3}{2}}, \quad x \geqslant -c.$$

又 $y \equiv 0$ 是原方程的解, 所以原方程的所有解为

$$y = \pm \left[\frac{2}{3}(x+c)\right]^{\frac{3}{2}}, \quad x \geqslant -c$$

和

$$y \equiv 0.$$

注 2.6 观察上面微分方程的解, 可以得到如下的结论: 对于任意不在 x 轴上的点 P, 过点 P 存在唯一的解. 这个解可以通过确定通解 $y = \pm \left[\frac{2}{3}(x+c)\right]^{\frac{3}{2}}$ 中的任意常数 c 来得到. 然而, 当点 P 落在 x 轴上时, 设其坐标为 $(x_0, 0)$, 则过点 P 的解既有

$$y = \begin{cases} \pm \left[\frac{2}{3}(x-x_0)\right]^{\frac{3}{2}}, & x \geqslant x_0, \\ 0, & x < x_0, \end{cases}$$

也有 $y \equiv 0$. 换句话说, 过点 P 的解不是唯一的 (图 2.4).

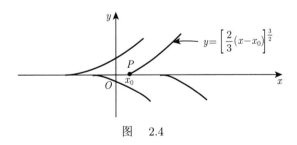

图   2.4

事实上, 对于任意的 $x_1 > x_0$, 解

$$y = \begin{cases} \pm \left[\frac{2}{3}(x-x_1)\right]^{\frac{3}{2}}, & x \geqslant x_1, \\ 0, & x < x_1 \end{cases}$$

都经过点 P, 即过点 P 有无穷多个解. 在下一章中, 将在理论上对这一现象进行探讨.

例 2.7 (跟踪问题)   设 A 从 (x, y)-平面的原点出发, 沿 x 轴正向前进; 同时, B 从点 $(0, b)(b > 0)$ 开始跟踪 A, 即 B 的运动方向永远指向 A 并与 A 保持等距 b. 试求 B 的运动轨迹.

解   设在 t 时刻 A 的坐标为 $(x_A(t), 0)$, B 的坐标为 $(x_B(t), y_B(t))$, 则由 B 的运动方向永远指向 A 可得到

$$\frac{\mathrm{d}y_B(t)/\mathrm{d}t}{\mathrm{d}x_B(t)/\mathrm{d}t} = \frac{y_B(t)}{x_B(t) - x_A(t)},$$

再由他们保持等距 b 可知

$$(x_B(t) - x_A(t))^2 + y_B^2(t) = b^2.$$

由此得到

$$\frac{\mathrm{d}y_B}{\mathrm{d}x_B} = -\frac{y_B}{\sqrt{b^2 - y_B^2}},$$

即

$$\frac{\sqrt{b^2 - y_B^2}}{y_B}\mathrm{d}y_B = -\mathrm{d}x_B.$$

上式两端积分, 得到

$$-(x_B + c) = -b\ln\frac{b + \sqrt{b^2 - y_B^2}}{y_B} + \sqrt{b^2 - y_B^2},$$

其中 c 为任意常数. 再由已知条件可知, 当 $x_B = 0$ 时, $y_B = b$. 由此得到常数 $c = 0$, 因此 B 的运动轨迹为曲线

$$x = b\ln\frac{b + \sqrt{b^2 - y^2}}{y} - \sqrt{b^2 - y^2}.$$

例 2.8   称函数 $f(x, y)$ 是 n 次齐次函数, 如果

$$f(tx, ty) = t^n f(x, y).$$

称方程

$$M(x,y)\mathrm{d}x + N(x,y)\mathrm{d}y = 0, \tag{2.10}$$

为 n **次齐次方程**, 其中 $M(x,y), N(x,y)$ 均为 n 次齐次函数. 求解该齐次方程.

解 一般来说, 方程 (2.10) 既不是恰当方程, 也不是变量分离方程, 例如 $M(x,y) = x^2 + y^2$, $N(x,y) = xy$ 时. 然而, 当做变换

$$y = ux$$

后, 可以将方程 (2.10) 转化成变量分离方程. 事实上, 在上面的变换之下, 原方程写成

$$M(x, ux)\mathrm{d}x + N(x, ux)(x\mathrm{d}u + u\mathrm{d}x) = 0.$$

利用 n 次齐次函数的定义, 整理后得到

$$x^n(M(1,u) + uN(1,u))\mathrm{d}x + x^{n+1}N(1,u)\mathrm{d}u = 0. \tag{2.11}$$

这是一个变量分离方程. 当 $x^{n+1}(M(1,u) + uN(1,u)) \neq 0$ 时, 这个方程两端乘以 $\dfrac{1}{x^{n+1}(M(1,u) + uN(1,u))}$, 立即得到

$$\frac{1}{x}\mathrm{d}x + \frac{N(1,u)}{M(1,u) + uN(1,u)}\mathrm{d}u = 0.$$

余下来要做的就是直接写出它的通积分. 注意, 我们还需要讨论

$$x^{n+1}(M(1,u) + uN(1,u)) = 0$$

对应的根是否为原方程的解.

例 2.9 求解微分方程

$$\frac{\mathrm{d}y}{\mathrm{d}x} = \frac{x+y}{x-y}.$$

解   当将这个方程写成对称形式时, 显然其对称形式既不是恰当方程, 也不是变量分离方程, 但是它是一次齐次方程. 因此, 令 $y = ux$, 得到

$$x\frac{\mathrm{d}u}{\mathrm{d}x} + u = \frac{1+u}{1-u},$$

即

$$\frac{1-u}{1+u^2}\mathrm{d}u = \frac{\mathrm{d}x}{x}.$$

这个式子两端积分, 得到

$$\arctan u - \ln\sqrt{1+u^2} = \ln|x| - \tilde{c},$$

其中 $\tilde{c}$ 为任意常数. 整理后得到

$$\sqrt{x^2+y^2} = c\,\mathrm{e}^{\arctan\frac{y}{x}},$$

其中 c 为任意非负常数. 采用极坐标 $x = r\cos\theta, y = r\sin\theta$, 则可将上面的式子化成更简单的形式:

$$r = c\,\mathrm{e}^{\theta}.$$

这是以原点为焦点的螺线族.

例 2.10   求解微分方程

$$2x^3y' = (2x^2 - y^2)y, \quad x > 0.$$

解   令 $y = ux$, 则

$$2x^3\left(x\frac{\mathrm{d}u}{\mathrm{d}x} + u\right) = x^3(2-u^2)u.$$

于是

$$2x\frac{\mathrm{d}u}{\mathrm{d}x} = -u^3.$$

这是变量分离方程. 解这个方程, 得到

$$u^{-2} = \ln x + c$$

(c 为任意常数) 和 $u \equiv 0$. 将 $y = ux$ 代入, 得到原方程的解为

$$(\ln x + c)y^2 = x^2$$

和

$$y \equiv 0.$$

习　题　2.2

1. 求下列微分方程满足所给条件的特解:

(1) $xy\mathrm{d}x + (x + 1)\mathrm{d}y = 0, y(1) = 2$;

(2) $(x^2 - 1)y' + 2xy^2 = 0, y(0) = 1$;

(3) $xy' + y = y^2, y(1) = \dfrac{1}{2}$;

(4) $y' = \sqrt{4x + 2y - 1}, y(0) = 1$;

(5) $(x + 2y)y' = 1, y(0) = -1$;

(6) $x^2 y' - \cos 2y = 1, y(+\infty) = \dfrac{9\pi}{4}$;

(7) $3y^2 y' + 16x = 2xy^3$, 当 $x \to +\infty$ 时, $y(x)$ 有界.

2. 求解下列微分方程, 并作出积分曲线的草图:

(1) $y' = ay$, 其中 a 是不为零的常数;

(2) $y' = y^a$, 其中 $a = \dfrac{1}{5}, 1, 2$.

3. 设有微分方程

$$y' = f(y),$$

其中 $f(y)$ 在 $y = a$ 的某个邻域内连续, 且 $f(y) = 0$ 当且仅当 $y = a$. 证明: 对于直线 $y = a$ 上任一点 (x_0, a), 该方程满足条件 $y(x_0) = a$ 的解存在且唯一的充要条件为

$$\left| \int_a^{a \pm \varepsilon} \frac{1}{f(y)} \mathrm{d}y \right| = +\infty,$$

其中 ε 为任意正数.

4. 称函数 $f(x, y)$ 是 d **次拟齐次函数**, 如果

$$f(t^{\alpha s} x, t^{\beta s} y) = t^{ds} f(x, y),$$

其中 $t > 0$, α 和 β 为正常数, 且 $\alpha + \beta = 1$, $s \in \mathbb{R}$. 这时 α 和 β 分别称为 x 和 y 的**权**. 考虑微分方程

$$P(x, y)\mathrm{d}x + Q(x, y)\mathrm{d}y = 0,$$

其中 $P(x, y)$ 和 $Q(x, y)$ 分别是 d_0 次和 d_1 次拟齐次函数, x 和 y 的权分别是 α 和 β. 证明: 当

$$d_0 = d_1 + \beta - \alpha$$

时, 该方程可以用初等积分法求解.

5. 证明: 方程

$$y' = \sqrt[3]{\frac{y^2 + 1}{x^4 + 1}}$$

的每一条积分曲线都有两条水平渐近线.

6. 设函数 $f(x)$ 在区间 $[1, +\infty)$ 上连续, 且为正的. 证明: 如果

$$\int_1^x f(t)\mathrm{d}t \leqslant (f(x))^3,$$

则

$$f(x) \geqslant \sqrt{\frac{2}{3}(x - 1)}.$$

§2.3   一阶线性微分方程

本节讨论非常重要的一阶线性微分方程

$$\frac{\mathrm{d}y}{\mathrm{d}x} + p(x)y = q(x), \tag{2.12}$$

其中 $p(x), q(x)$ 为区间 (a, b) 上的连续函数. 我们将要给出方程 (2.12) 的解的表达式、结构、大范围存在性, 初值问题解的唯一性.

在方程 (2.12) 中, 当 $q(x) \equiv 0$ 时, 得到微分方程

$$y' + p(x)y = 0. \tag{2.13}$$

称方程 (2.13) 是方程 (2.12) 对应的齐次方程, 也称它为**一阶齐次线性微分方程**. 相应地, 当 $q(x) \not\equiv 0$ 时, 称方程 (2.12) 为**一阶非齐次线性微分方程**. 注意, 这里的齐次方程的含义与上一节的齐次方程的含义不同.

将方程 (2.12) 和 (2.13) 分别写成对称形式

$$(p(x)y - q(x))\mathrm{d}x + \mathrm{d}y = 0, \tag{2.14}$$

$$p(x)y\mathrm{d}x + \mathrm{d}y = 0. \tag{2.15}$$

我们先讨论方程 (2.15) 的解法. 注意到这是一个变量分离方程, 按照上一节的解法, 当 $y \neq 0$ 时, 将此方程两端乘以 $\dfrac{1}{y}$, 然后积分即可得到

$$\ln|y| + \int_{x_0}^{x} p(t)\mathrm{d}t = c,$$

其中 c 为任意常数. 整理后得到

$$y = \pm \mathrm{e}^c \cdot \mathrm{e}^{-\int_{x_0}^{x} p(t)\mathrm{d}t},$$

即该方程的解的形式为

$$y = c_1 \mathrm{e}^{-\int_{x_0}^{x} p(t)\mathrm{d}t},$$

其中 $c_1 \neq 0$. 注意到 $y \equiv 0$ 是方程 (2.13) 的解. 因此, 如果允许 $c_1 = 0$, 则上式包含了方程 (2.13) 的所有解, 即方程 (2.13) 的所有解为

$$y = c\,\mathrm{e}^{-\int_{x_0}^{x} p(t)\mathrm{d}t},$$

其中 c 为任意常数.

方程 (2.14) 两端乘以 $\mathrm{e}^{\int_{x_0}^{x} p(t)\mathrm{d}t}$, 可以得到

$$\mathrm{d}\left(\mathrm{e}^{\int_{x_0}^{x} p(t)\mathrm{d}t} y\right) = \mathrm{e}^{\int_{x_0}^{x} p(t)\mathrm{d}t} q(x)\mathrm{d}x,$$

即

$$\mathrm{d}\left(\mathrm{e}^{\int_{x_0}^x p(t)\mathrm{d}t}y - \int_{x_0}^x \mathrm{e}^{\int_{x_0}^s p(t)\mathrm{d}t}q(s)\mathrm{d}s\right) = 0,$$

因此

$$y = \mathrm{e}^{-\int_{x_0}^x p(t)\mathrm{d}t}\left(c + \int_{x_0}^x \mathrm{e}^{\int_{x_0}^s p(t)\mathrm{d}t}q(s)\mathrm{d}s\right), \qquad (2.16)$$

其中 c 为任意常数. 显然, (2.16) 式给出了方程 (2.12) 的所有解.

由解的表达式 (2.16) 可知:

(1) 方程 (2.12) 的解对于任意的 $x \in (a,b)$ 均存在, 因此方程 (2.12) 的解是大范围存在的, 即解的定义区间为 (a,b);

(2) 方程 (2.12) 满足初始条件 $y(x_0) = y_0$ 的解是存在且唯一的, 其表达式为

$$y(x) = \mathrm{e}^{-\int_{x_0}^x p(t)\mathrm{d}t}\left(y_0 + \int_{x_0}^x \mathrm{e}^{\int_{x_0}^s p(t)\mathrm{d}t}q(s)\mathrm{d}s\right). \qquad (2.17)$$

注 2.7   在求解方程 (2.12) 时, 用函数 $\mathrm{e}^{\int_{x_0}^x p(t)\mathrm{d}t}$ 乘以该方程的两端, 使得它转化成一个恰当方程, 从而获得了方程 (2.12) 的解. 这个函数称为**积分因子**. 在下一节中, 我们将讨论对于一般的一阶微分方程的对称形式 (2.1), 如何寻找积分因子.

设 $y = \phi_1(x)$ 和 $y = \phi_2(x)$ 是方程 (2.12) 的两个解, 则

$$(\phi_1(x) - \phi_2(x))' + p(x)(\phi_1(x) - \phi_2(x)) = 0,$$

即 $y = \phi_1(x) - \phi_2(x)$ 是对应的齐次方程 (2.13) 的解. 由前面的讨论可知

$$\phi_1(x) = \phi_2(x) + c\,\mathrm{e}^{-\int_{x_0}^x p(t)\mathrm{d}t},$$

其中 c 为任意常数. 由此得到如下**结论**:

方程 (2.12) 的通解是由它的一个特解加上对应的齐次方程 (2.13) 的通解构成的.

注 2.8　　上面的结论不仅仅对于方程 (2.12) 是成立的, 对于更为一般的线性方程组也是成立的. 我们将在第五章中给出这一结论的证明.

综合以上讨论, 得到下面的结果.

定理 2.3　　(1) 方程 (2.13) 的解或者恒为零, 或者恒不为零;

(2) 方程 (2.13) 的任意两个解之和还是它的解, 任意一个解乘以常数之后还是它的解;

(3) 方程 (2.12) 的解是整体存在的, 即该方程的任意一个解的存在区间与函数 $p(x), q(x)$ 有定义的共同区间是一样的;

(4) 方程 (2.12) 的一个特解与它对应的齐次方程 (2.13) 的通解之和构成方程 (2.12) 的通解;

(5) 方程 (2.12) 的初值问题的解是存在且唯一的.

注 2.9　　由定理 2.3 (1), (2) 可知, 方程 (2.13) 的全体解构成一个线性空间. 再由通解的表达式可知, 该空间是一维的, 它的一个基为 $\mathrm{e}^{-\int_{x_0}^{x} p(s)\mathrm{d}s}$.

例 2.11　　求解微分方程

$$\frac{\mathrm{d}y}{\mathrm{d}x} + y = x^2.$$

解　　该方程两端乘以 e^x, 得到

$$\frac{\mathrm{d}}{\mathrm{d}x}(\mathrm{e}^x y) = \mathrm{e}^x x^2.$$

上式两端积分, 得到

$$\mathrm{e}^x y = x^2 \mathrm{e}^x - 2x\mathrm{e}^x + 2\mathrm{e}^x + c,$$

即该方程的解为

$$y = x^2 - 2x + 2 + c\,\mathrm{e}^{-x},$$

其中 c 为任意常数.

例 2.12 设函数 $f(x) \in C^1[0, +\infty)$, $a(x)$ 连续, 且存在常数 $c_0 > 0$, 使得 $a(x) \geqslant c_0$, 进一步假设

$$\lim_{x \to +\infty} (f'(x) + a(x)f(x)) = 0.$$

证明:

$$\lim_{x \to +\infty} f(x) = 0.$$

证明 令

$$g(x) = f'(x) + a(x)f(x),$$

则 $\lim\limits_{x \to +\infty} g(x) = 0$. 上式可以看成 $f(x)$ 满足的微分方程. 利用本节关于微分方程解的求法, 可知

$$f(x) = \frac{f(0) + \displaystyle\int_0^x \mathrm{e}^{\int_0^t a(s)\mathrm{d}s} g(t)\mathrm{d}t}{\mathrm{e}^{\int_0^x a(t)\mathrm{d}t}}.$$

注意到 $a(x) \geqslant c_0 > 0$, 因此

$$\lim_{x \to +\infty} \mathrm{e}^{\int_0^x a(t)\mathrm{d}t} = +\infty.$$

由 L'Hospital 法则可知

$$\lim_{x \to +\infty} f(x) = \lim_{x \to +\infty} \frac{\mathrm{e}^{\int_0^x a(t)\mathrm{d}t} g(x)}{a(x)\mathrm{e}^{\int_0^x a(t)\mathrm{d}t}} = \lim_{x \to +\infty} \frac{g(x)}{a(x)} = 0.$$

习 题 2.3

1. 求解下列微分方程:

(1) $xy' - 2y = 2x^4$;

(2) $(2x+1)y' = 4x + 2y$;

(3) $(xy + \mathrm{e}^x)\mathrm{d}x - x\mathrm{d}y = 0$;

(4) $2x(x^2 + y)\mathrm{d}x = \mathrm{d}y$;

(5) $(1 - 2xy)y' = y(y - 1)$.

2. 求出微分方程

$$y' \sin 2x = 2(y + \cos x)$$

的当 $x \to \dfrac{\pi}{2}$ 时仍有界的解.

3. 设在微分方程 $xy' + ay = f(x)$ 中, 常数 $a > 0$, $\lim\limits_{x \to 0} f(x) = b$. 证明: 当 $x \to 0$ 时, 该方程只有一个有界的解; 并求出这个解当 $x \to 0$ 时的极限.

4. 求出微分方程 $y' = 2y \cos^2 x - \sin x$ 的周期解.

5. 假设连续函数 $f(t)$ 满足 $|f(t)| \leqslant M$, $t \in \mathbb{R}$. 证明: 微分方程

$$\frac{\mathrm{d}x}{\mathrm{d}t} + x = f(t)$$

在 $-\infty < t < +\infty$ 上只有一个有界解; 进一步, 如果 $f(t)$ 是周期函数, 那么这个有界解也是周期的.

6. 证明: 微分方程 $xy' - (2x^2 + 1)y = x^2$ 只有一个解, 满足当 $x \to +\infty$ 时有极限; 求出这个极限, 并用积分表示这个解.

7. 证明: 若在 $(-\infty, +\infty)$ 上连续可微且有界的函数 $f(x)$ 满足

$$|f(x) + f'(x)| \leqslant 1,$$

则 $|f(x)| \leqslant 1$.

§2.4　积 分 因 子

从前面两节的讨论中可知, 对于变量分离方程

$$P_1(x)P_2(y)\mathrm{d}x + Q_1(x)Q_2(y)\mathrm{d}y = 0,$$

在它两边乘以

$$\mu(x, y) = \frac{1}{P_2(y)Q_1(x)},$$

就可将其转化成恰当方程来求解; 对于一阶线性方程

$$y' + p(x)y = q(x),$$

在它两边乘以

$$\mu(x,y) = \mathrm{e}^{\int_{x_0}^x p(t)\mathrm{d}t},$$

同样可将其转化成恰当方程来求解. 对于一般的方程

$$P(x,y)\mathrm{d}x + Q(x,y)\mathrm{d}y = 0, \tag{2.18}$$

我们自然希望找到一个不为零的可微函数 $\mu(x,y)$, 使得

$$\mu(x,y)P(x,y)\mathrm{d}x + \mu(x,y)Q(x,y)\mathrm{d}y = 0 \tag{2.19}$$

构成一个恰当方程. 这样一来, 方程 (2.18) 的通积分为

$$\int_{(x_0,y_0)}^{(x,y)} \mu(x,y)P(x,y)\mathrm{d}x + \mu(x,y)Q(x,y)\mathrm{d}y = C,$$

其中积分路径是任意一条连接 (x_0,y_0) 和 (x,y) 的曲线.

在本节中, 我们将对某些特殊形式的方程 (2.18) 讨论如何寻找可微函数 $\mu(x,y)$, 使得方程 (2.19) 是一个恰当方程, 即存在 $\Phi(x,y)$, 满足

$$\mu(x,y)P(x,y)\mathrm{d}x + \mu(x,y)Q(x,y)\mathrm{d}y = \mathrm{d}\Phi(x,y).$$

如果这样的 $\mu(x,y)$ 和 $\Phi(x,y)$ 存在, 且 $\Phi(x,y)$ 光滑, 则

$$\frac{\partial(\mu P)}{\partial y} = \frac{\partial(\mu Q)}{\partial x} \quad \left(= \frac{\partial^2 \Phi}{\partial x \partial y}\right). \tag{2.20}$$

此时, 称 $\mu(x,y)$ 是方程 (2.18) 的一个**积分因子**.

由 (2.20) 式可知, 寻求可微函数 $\mu(x,y)$ 等价于求解一阶偏微分方程

$$P(x,y)\frac{\partial \mu}{\partial y} - Q(x,y)\frac{\partial \mu}{\partial x} = \left(\frac{\partial Q}{\partial x} - \frac{\partial P}{\partial y}\right)\mu(x,y). \tag{2.21}$$

从理论上讲, 这个偏微分方程的非零解是存在的. 然而, 对它的求解又归结为对方程 (2.18) 的求解. 因此, 一般来讲, 从上式求出 $\mu(x,y)$ 的表达式是不可行的. 但是, 当 $P(x,y)$ 和 $Q(x,y)$ 满足某些特殊条件时, 可以得到特殊类型的积分因子 $\mu(x,y)$.

定理 2.4 (1) 偏微分方程 (2.21) 有一个只依赖于 x 的解 $\mu(x)$ 的充要条件是, 由下式定义的函数 G 只依赖于 x:

$$G = -\frac{\dfrac{\partial Q}{\partial x} - \dfrac{\partial P}{\partial y}}{Q(x,y)}.$$

此时, 有

$$\mu(x) = \mathrm{e}^{\int_{x_0}^{x} G(t)\mathrm{d}t}.$$

(2) 偏微分方程 (2.21) 有一个只依赖于 y 的解 $\mu(y)$ 的充要条件是, 由下式定义的函数 H 只依赖于 y:

$$H = \frac{\dfrac{\partial Q}{\partial x} - \dfrac{\partial P}{\partial y}}{P(x,y)}.$$

此时, 有

$$\mu(y) = \mathrm{e}^{\int_{y_0}^{y} H(s)\mathrm{d}s}.$$

证明 (1) 假如偏微分方程 (2.21) 有一个只依赖于 x 的解 $\mu = \mu(x)$, 将其代入该方程中, 得到

$$-\mu'(x)Q(x,y) = \mu(x)\left(\frac{\partial Q}{\partial x} - \frac{\partial P}{\partial y}\right).$$

由此可知

$$-\frac{\dfrac{\partial Q}{\partial x} - \dfrac{\partial P}{\partial y}}{Q(x,y)} = \frac{\mu'(x)}{\mu(x)}, \tag{2.22}$$

即函数

$$G = -\frac{\dfrac{\partial Q}{\partial x} - \dfrac{\partial P}{\partial y}}{Q(x,y)}$$

只依赖于 x. 反之, 如果 G 只依赖于 x, 从 (2.22) 式中解出的函数 $\mu(x)$ 满足偏微分方程 (2.21). 由此可知, 偏微分方程 (2.21) 有一个只依赖于 x 的解 $\mu(x)$.

注意到 (2.22) 式是一阶齐次线性方程, 由上一节的结果可知

$$\mu(x) = \mathrm{e}^{\int_{x_0}^{x} G(t)\mathrm{d}t}$$

是它的一个解.

对于 (2) 的情形, 证明是类似的, 请读者自行完成证明.   □

利用证明定理 2.4 的思想方法, 我们还可以得到下面的结果.

定理 2.5 方程 (2.18) 有形如 $\mu = \mu(\phi(x,y))$ 的积分因子的充要条件是

$$\frac{\dfrac{\partial P}{\partial y} - \dfrac{\partial Q}{\partial x}}{Q\dfrac{\partial \phi}{\partial x} - P\dfrac{\partial \phi}{\partial y}} = f(\phi(x,y)),$$

其中 f 是某个一元函数.

例 2.13 求解微分方程

$$(3x^2y + 2xy + y^3)\mathrm{d}x + (x^2 + y^2)\mathrm{d}y = 0.$$

解 将所给方程与方程 (2.18) 做比较可知

$$P(x,y) = 3x^2y + 2xy + y^3, \quad Q(x,y) = x^2 + y^2,$$

因此

$$\frac{\partial Q}{\partial x} - \frac{\partial P}{\partial y} = 2x - 3x^2 - 2x - 3y^2 = -3(x^2 + y^2).$$

于是

$$-\frac{\dfrac{\partial Q}{\partial x} - \dfrac{\partial P}{\partial y}}{Q(x,y)} = 3$$

与 y 无关. 由定理 2.4 可知, 所给方程存在一个只依赖于 x 的积分因子

$$\mu(x) = \mathrm{e}^{3x} \neq 0.$$

将这个函数乘以所给方程的两端, 得到

$$\mathrm{d}\left(\mathrm{e}^{3x}\left(x^2y + \frac{1}{3}y^3 \right) \right) = 0,$$

因此所给方程的通积分为

$$e^{3x}\left(x^2y + \frac{1}{3}y^3\right) = c,$$

其中 c 为任意常数.

例 2.14 设函数 $P(x,y), Q(x,y), \mu_1(x,y)$ 和 $\mu_2(x,y)$ 均连续可微, $\mu_1(x,y)$ 和 $\mu_2(x,y)$ 是方程 (2.18) 的积分因子, 而且 $\dfrac{\mu_1(x,y)}{\mu_2(x,y)}$ 不恒为常数. 证明: $\dfrac{\mu_1(x,y)}{\mu_2(x,y)} = c$ 是该方程的通积分, 其中 c 为任意常数.

证明 由于 $\mu_1(x,y)$ 和 $\mu_2(x,y)$ 均为积分因子, 因此存在可微函数 $\Phi_1(x,y)$ 和 $\Phi_2(x,y)$, 使得

$$\mu_1(x,y)P(x,y)\mathrm{d}x + \mu_1(x,y)Q(x,y)\mathrm{d}y = \mathrm{d}\Phi_1(x,y),$$
$$\mu_2(x,y)P(x,y)\mathrm{d}x + \mu_2(x,y)Q(x,y)\mathrm{d}y = \mathrm{d}\Phi_2(x,y).$$

由此可知

$$\begin{aligned}
\det\frac{\partial(\Phi_1,\Phi_2)}{\partial(x,y)} &= \frac{\partial\Phi_1}{\partial x}\frac{\partial\Phi_2}{\partial y} - \frac{\partial\Phi_1}{\partial y}\frac{\partial\Phi_2}{\partial x}\\
&= \mu_1(x,y)\mu_2(x,y)(P(x,y)Q(x,y) - Q(x,y)P(x,y))\\
&= 0,
\end{aligned}$$

因此 $\Phi_1(x,y)$ 与 $\Phi_2(x,y)$ 是函数相关的, 即存在一元可微函数 g, 使得

$$\Phi_1(x,y) = g(\Phi_2(x,y)).$$

于是

$$\mathrm{d}\Phi_1(x,y) = g'(\Phi_2)\mathrm{d}\Phi_2(x,y).$$

再由条件可知

$$\frac{\mu_1(x,y)}{\mu_2(x,y)} = \frac{\mathrm{d}\Phi_1}{\mathrm{d}\Phi_2} = g'(\Phi_2).$$

由于 $\Phi_2(x, y) = c$ 是通积分, 因此 $\dfrac{\mu_1(x, y)}{\mu_2(x, y)} = c$ 也是通积分.

例 2.15 求 n 次齐次方程 (2.10) 的积分因子.

解 我们在 §2.2 中讨论了方程 (2.10) 的解法: 做变换 $y = ux$ 之后, 将

$$\frac{1}{x^{n+1}(M(1, u) + uN(1, u))}$$

乘以变换后的方程 (2.11) 的两端即可得到

$$\frac{1}{x}\mathrm{d}x + \frac{N(1, u)}{M(1, u) + uN(1, u)}\mathrm{d}u = 0.$$

显然, 这是一个恰当方程. 这一结论意味着

$$\frac{1}{x^{n+1}(M(1, u) + uN(1, u))} = \frac{1}{xM(x, y) + yN(x, y)} \triangleq \mu(x, y) \tag{2.23}$$

是方程 (2.10) 的积分因子. 现在来证明这一点. 由积分因子的定义可知, 只要证明

$$\frac{\partial}{\partial y}(\mu(x, y)M(x, y)) = \frac{\partial}{\partial x}(\mu(x, y)N(x, y))$$

即可, 也就是证明

$$\frac{\partial \mu}{\partial y}M(x, y) + \mu(x, y)\frac{\partial M}{\partial y} = \frac{\partial \mu}{\partial x}N(x, y) + \mu(x, y)\frac{\partial N}{\partial x} \tag{2.24}$$

即可. 事实上, 由齐次函数的 Euler 公式可知

$$x\frac{\partial M}{\partial x} + y\frac{\partial M}{\partial y} = nM(x, y), \quad x\frac{\partial N}{\partial x} + y\frac{\partial N}{\partial y} = nN(x, y).$$

利用此式以及 $\mu(x, y)$ 的表达式 (2.23) 即可证明 (2.24) 式.

例 2.16 重新求解微分方程

$$\frac{\mathrm{d}y}{\mathrm{d}x} = \frac{x + y}{x - y}.$$

解 将所给方程写成对称形式

$$(x + y)\mathrm{d}x + (y - x)\mathrm{d}y = 0.$$

由例 2.15 可知, 该方程有积分因子

$$\mu(x, y) = \frac{1}{x(x + y) + y(y - x)} = \frac{1}{x^2 + y^2}.$$

将 $\mu(x, y)$ 乘以该方程的两端, 得到

$$\frac{x + y}{x^2 + y^2}\mathrm{d}x + \frac{y - x}{x^2 + y^2}\mathrm{d}y = 0.$$

由此可以得到

$$\sqrt{x^2 + y^2} = c\,\mathrm{e}^{\arctan \frac{y}{x}},$$

其中 c 为任意非负常数.

到目前为止, 我们讨论了一些特殊形式的微分方程的解法, 如恰当方程、变量分离方程、齐次方程、一阶线性微分方程, 还利用积分因子将微分方程的可解范围进一步扩大. 下面给出的两个例子表明, 可以利用变量替换来达到求解微分方程的目的.

例 2.17 求解微分方程

$$\frac{\mathrm{d}y}{\mathrm{d}x} = \frac{ax + by + c}{mx + ny + l},$$

其中 a, b, c, m, n, l 为常数.

解 显然, 当 c, l 不全为零时, 这个方程不是齐次方程, 因此关于齐次方程的解法在这里不再适用. 直接来找这个方程的积分因子也不是一件容易的事情. 求解这个方程的基本方法是: 寻找一个变换, 将这个方程转化成已知的可以求解的微分方程类型. 分如下两种情况讨论:

(1) $an - bm \neq 0$.

此时, 可以选择常数 α 和 β, 使得

$$\begin{cases} a\alpha + b\beta + c = 0, \\ m\alpha + n\beta + l = 0. \end{cases}$$

引入新的自变量和未知函数

$$x = \xi + \alpha, \quad y = \eta + \beta,$$

则原方程转化成

$$\frac{\mathrm{d}\eta}{\mathrm{d}\xi} = \frac{a\xi + b\eta}{m\xi + n\eta}.$$

这是一个齐次方程, 利用齐次方程的解法可以求出该方程的解. 再利用 x, y 与 ξ, η 的关系就可以求出原方程的解.

(2) $an - bm = 0$.

此时, 存在常数 λ, 使得 $a = m\lambda, b = n\lambda$, 因此原方程可以写成

$$\frac{\mathrm{d}y}{\mathrm{d}x} = \frac{\lambda(mx + ny) + c}{mx + ny + l}.$$

引入未知函数 $u = mx + ny$, 则

$$\frac{\mathrm{d}u}{\mathrm{d}x} = m + n\frac{\lambda u + c}{u + l}.$$

这是一个变量分离方程, 可以求出这个方程的解. 再利用 x, y 与 u 的关系就可以求出原方程的解.

事实上, 例 2.17 也可以通过下面的变换来求解: 令

$$u = ax + by + c, \quad v = mx + ny + l,$$

则

$$\frac{\mathrm{d}u}{\mathrm{d}v} = \frac{a\mathrm{d}x + b\mathrm{d}y}{m\mathrm{d}x + n\mathrm{d}y} = \frac{a + b\dfrac{\mathrm{d}y}{\mathrm{d}x}}{m + n\dfrac{\mathrm{d}y}{\mathrm{d}x}} = \frac{a + b\dfrac{u}{v}}{m + n\dfrac{u}{v}} = \frac{av + bu}{mv + nu}.$$

这是齐次方程, 可以求出其解, 从而得到原方程的解.

例 2.18 *求解微分方程*

$$y' = \frac{-x + 2y + 5}{2x - y - 4}.$$

解 先求解线性方程组

$$\begin{cases} -\alpha + 2\beta + 5 = 0, \\ 2\alpha - \beta - 4 = 0, \end{cases}$$

得

$$\alpha = 1, \quad \beta = -2.$$

再做变换

$$x = \xi + 1, \quad y = \eta - 2,$$

则原方程转化成

$$\frac{\mathrm{d}\eta}{\mathrm{d}\xi} = \frac{-\xi + 2\eta}{2\xi - \eta}.$$

这是一个齐次方程, 可以利用齐次方程的解法来求解.

最后, 得到原方程的解 $x + y + 3 = c(x + y + 1)^3$ (c 为任意常数) 和 $x + y + 1 = 0$.

例 2.19 *求解 Bernoulli[①]方程*

$$\frac{\mathrm{d}y}{\mathrm{d}x} + p(x)y = q(x)y^n.$$

解 当 $n = 1$ 时, 该方程是变量分离方程; 当 $n = 0$ 时, 该方程是一阶线性微分方程. 我们之前已经讨论过这两种方程的解法. 下面假设 $n \neq 0, 1$.

令

---

① 瑞士的 Bernoulli 家族中至少有三位有成就的科学家, 他们分别是 Jocob Bernoulli (1654—1705), Johann Bernoulli (1667—1748) 和 Daniel Bernoulli (1700—1782). 他们在数学和自然科学上有巨大的贡献. 他们提出和研究了悬链线问题, 提出了 L'Hospital 法则, 研究了最速降线和测地线问题、弦振动问题、等周问题, 给出了曲率半径公式. 另外, 他们对于概率论的产生和发展也有突出的贡献.

$$u = y^{1-n},$$

则原方程转化成

$$\frac{\mathrm{d}u}{\mathrm{d}x} + (1-n)p(x)u = (1-n)q(x).$$

这是一阶线性微分方程, 于是可以利用上一节中一阶线性微分方程的解法求出 u, 从而得到 y.

另外, 当 $n > 0$ 时, 原方程还有解 $y \equiv 0$.

习 题 2.4

1. 求下列微分方程的解:

(1) $(x^2 + y^2 + x)\mathrm{d}x + y\mathrm{d}y = 0$;

(2) $(x^2 + y^2 + y)\mathrm{d}x - x\mathrm{d}y = 0$;

(3) $y\mathrm{d}y = (x\mathrm{d}y + y\mathrm{d}x)\sqrt{1 + y^2}$;

(4) $y^2\mathrm{d}x - (xy + x^3)\mathrm{d}y = 0$;

(5) $y\mathrm{d}x - x\mathrm{d}y = 2x^3 \tan \dfrac{y}{x}\mathrm{d}x$;

(6) $xy\mathrm{d}x = (y^3 + x^2y + x^2)\mathrm{d}y$;

(7) $(x^2 - y^2 + y)\mathrm{d}x + x(2y - 1)\mathrm{d}y = 0$;

(8) $y^2(y\mathrm{d}x - 2x\mathrm{d}y) = x^3(x\mathrm{d}y - 2y\mathrm{d}x)$.

2. 证明: 方程 (2.18) 有形如 $\mu = \mu(\phi(x,y))$ 的积分因子的充要条件是

$$\frac{\dfrac{\partial P}{\partial y} - \dfrac{\partial Q}{\partial x}}{Q\dfrac{\partial \phi}{\partial x} - P\dfrac{\partial \phi}{\partial y}} = f(\phi(x,y)),$$

其中 f 为某个一元函数. 应用这一结果, 给出存在下列类型的积分因子的充要条件:

(1) $\mu = \mu(x \pm y)$;　　　　(2) $\mu = \mu(x^2 + y^2)$;

(3) $\mu = \mu(xy)$;　　　　　　(4) $\mu = \mu(x^\alpha y^\beta)$ (α, β 为常数).

§2.5 一阶隐式微分方程

本节讨论一阶隐式微分方程

$$F(x, y, y') = 0 \tag{2.25}$$

的求解问题, 其中 F 是连续可微函数. 所谓隐式微分方程, 是指在这个方程中, y' 没有明显解出, 即该方程没有写成 $y' = f(x, y)$ 的形式.

2.5.1 微分法

假设可以从方程 (2.25) 中将 y 解出, 即

$$y = f(x, p), \quad p = \frac{dy}{dx}, \tag{2.26}$$

其中 $f(x, p)$ 是连续可微函数.

将 $y = f(x, p)$ 两端对 x 求导数, 得到

$$p = \frac{dy}{dx} = \frac{\partial f}{\partial x} + \frac{\partial f}{\partial p} \frac{dp}{dx},$$

即

$$\frac{\partial f}{\partial p} \frac{dp}{dx} = p - \frac{\partial f}{\partial x}. \tag{2.27}$$

这是关于 $x, p, \dfrac{dp}{dx}$ 的一阶微分方程. 如果可以求出该方程的解 $p = p(x)$, 则方程 (2.26) 有解

$$y = f(x, p(x)).$$

例 2.20 求解 Clairaut[①]方程

$$y = xp + f(p), \quad p = \frac{dy}{dx},$$

其中 $f''(p) \neq 0$.

---

① A. C. Clairaut(1713—1765), 法国数学家、物理学家.

解 利用微分法, 所给方程两端对 x 求导数, 得到

$$p = p + (x + f'(p))\frac{\mathrm{d}p}{\mathrm{d}x},$$

于是

$$(x + f'(p))\frac{\mathrm{d}p}{\mathrm{d}x} = 0.$$

由 $\dfrac{\mathrm{d}p}{\mathrm{d}x} = 0$ 得到 $p = c$, 其中 c 为任意常数. 也就是说, 原方程有通解

$$y = cx + f(c). \tag{2.28}$$

由 $x + f'(p) = 0$ 得到原方程的另一个解

$$x = -f'(p), \quad y = -f'(p)p + f(p), \tag{2.29}$$

此时 p 为参数.

由解 (2.29) 所确定的 (x, y)-平面上的曲线不是直线. 事实上, 由于 $f''(p) \neq 0$, 可以从 $x = -f'(p)$ 中解出 $p = u(x)$, 于是曲线 (2.29) 可以写成

$$\Gamma: \ y = xu(x) + f(u(x)).$$

再注意到 $f''(p) \neq 0$, 可知

$$y' = u(x), \quad y'' = u' = -\frac{1}{f''(p)} \neq 0,$$

即曲线 Γ 不是直线.

接下来证明: 曲线 Γ 在任一点处均与直线族 (2.28) 中的某一条相切. 事实上, 对于曲线 Γ 上的任一点 (x_0, y_0), 有

$$y' = u(x_0),$$

于是该曲线在 (x_0, y_0) 处与直线

$$y = u(x_0)x + f(u(x_0))$$

相切. 这一事实表明, 在曲线 Γ 上的每一点处均有 Clairaut 方程的两个解.

2.5.2 参数法

一般来讲, 方程 (2.25) 代表 (x, y, p)-空间中的一张曲面, 因此可以利用曲面的参数形式来进行求解. 假设曲面 (2.25) 的参数形式为

$$x = x(u, v), \quad y = y(u, v), \quad p = p(u, v) = y'.$$

注意到

$$\mathrm{d}y = p \,\mathrm{d}x,$$

于是得到

$$y'_u \mathrm{d}u + y'_v \mathrm{d}v = p(u, v)(x'_u \mathrm{d}u + x'_v \mathrm{d}v).$$

这是一个关于变量 u, v 的显式微分方程. 假设它有解

$$v = v(u, c),$$

其中 c 为常数, 则方程 (2.25) 有解

$$x = x(u, v(u, c)), \quad y = y(u, v(u, c)).$$

称这种求解方程 (2.25) 的方法为**参数法**.

例 2.21 *求解微分方程*

$$x = y'^3 + y'.$$

解 引入参数 $p = y'$, 则

$$x = p^3 + p.$$

又有

$$\mathrm{d}y = p\mathrm{d}x = p(3p^2 + 1)\mathrm{d}p.$$

这是变量分离方程, 解此方程可得到通解

$$y = \frac{3}{4}p^4 + \frac{1}{2}p^2 + c,$$

其中 c 为任意常数. 于是, 原方程的通解为

$$\begin{cases} x = p^3 + p, \\ y = \dfrac{3}{4}p^4 + \dfrac{1}{2}p^2 + c, \end{cases}$$

其中 p 为参数.

习　题　2.5

1. 求解下列微分方程:

(1) $8y'^3 = 27y$;

(2) $y^2(y'^2 + 1) = 1$;

(3) $y'^2 + xy = y^2 + xy'$;

(4) $y'^4 + y^2 = y^4$;

(5) $y + xy' = 4\sqrt{y'}$.

2. 利用参数法求解下列微分方程:

(1) $2xy' - y = y'\ln(yy')$;

(2) $y'^4 = 2yy' + y^2$;

(3) $y'^2 - 2xy' = x^2 - 4y$;

(4) $y^2 + y'^3 = 4xyy'$.

3. 求一曲线, 使其在任一点处的切线与两条坐标轴所构成三角形的面积为 $2a^2$.

§2.6　应 用 举 例

我们将利用一些实例来展示微分方程在理论研究和解决实际问题中的作用. 选择这些实例的主要依据是它们的解法对于理解已经学过的微分方程解法有很大的帮助, 其中有的实例, 如 Ricatti 方程、二体问题、人口模型、捕食系统等, 或者在微分方程发展历史上有重要意义, 或者直到现在仍然是人们研究的热点.

2.6.1　等角轨线

假设在平面上给定了由方程

$$\Phi(x, y, c) = 0 \tag{2.30}$$

确定的以 c 为参数的曲线族. 求另一个曲线族

$$\Psi(x, y, K) = 0, \tag{2.31}$$

使得曲线族 (2.30) 中的任意一条曲线与曲线族 (2.31) 中的每一条曲线相交成定角 $\alpha\left(-\dfrac{\pi}{2} < \alpha \leqslant \dfrac{\pi}{2},\ \text{以逆时针方向为正向}\right)$, 其中 K 为

参数. 称曲线族 (2.31) 为曲线族 (2.30) 的**等角轨线族**. 特别地, 当 $\alpha = \dfrac{\pi}{2}$ 时, 称曲线族 (2.31) 为曲线族 (2.30) 的**正交轨线族**.

该问题的求解方法如下:

由于曲线族 (2.30) 是单参数的曲线族, 所以可以求出每一条曲线在任一点处切线的斜率, 然后利用等角轨线族的几何解释, 得到与之相交为定角 α 的曲线在交点处切线的斜率应该满足的微分方程. 求解这个微分方程即可得到等角轨线族 (2.31).

具体来说, 假设 $\Phi'_c \neq 0$, 由方程组

$$\Phi(x, y, c) = 0, \quad \Phi'_x(x, y, c)\mathrm{d}x + \Phi'_y(x, y, c)\mathrm{d}y = 0$$

消去参数 c, 得到曲线族 (2.30) 在点 (x, y) 处切线的斜率

$$\frac{\mathrm{d}y}{\mathrm{d}x} = H(x, y), \tag{2.32}$$

其中

$$H(x, y) = -\frac{\Phi'_x(x, y, c(x, y))}{\Phi'_y(x, y, c(x, y))},$$

这里 $c = c(x, y)$ 是由 $\Phi(x, y, c) = 0$ 确定的函数.

记与曲线族 (2.30) 在点 (x, y) 处相交成定角 α 的曲线在该点处切线的斜率为 y'.

当 $\alpha \neq \dfrac{\pi}{2}$ 时,

$$\tan \alpha = \frac{y' - H(x, y)}{1 + y'H(x, y)},$$

即

$$y' = \frac{H(x, y) + \tan \alpha}{1 - H(x, y)\tan \alpha}; \tag{2.33}$$

当 $\alpha = \dfrac{\pi}{2}$ 时,

$$y' = -\frac{1}{H(x, y)}. \tag{2.34}$$

求解方程 (2.33) 和 (2.34) 即可得到与曲线族 (2.30) 相交成定角 α 的曲线族 (2.31).

例 2.22   求抛物线族 $y = cx^2$ 的正交轨线族, 其中 c 为任意常数.

解   由方程组

$$y = cx^2, \quad \mathrm{d}y = 2cx\mathrm{d}x$$

消去常数 c, 得到

$$\frac{\mathrm{d}y}{\mathrm{d}x} = \frac{2y}{x}.$$

因此, 与所给抛物线族正交的曲线应该满足的微分方程为

$$\frac{\mathrm{d}y}{\mathrm{d}x} = -\frac{x}{2y}.$$

求解这个微分方程, 就可以得到

$$x^2 + 2y^2 = K^2,$$

其中 K 为任意常数. 这是同心椭圆族.

例 2.23   求与曲线族

$$y = x\ln(cx)$$

相交成 $-\dfrac{\pi}{4}$ 的曲线族, 其中 c 为任意非零常数.

解   先求出所给曲线族在任一点 (x, y) 处切线的斜率:

$$\frac{\mathrm{d}y}{\mathrm{d}x} = \ln(cx) + 1 = \frac{y}{x} + 1.$$

于是, 所求曲线族在交点 (x, y) 处切线的斜率 y' 应满足的条件是

$$\frac{y' - \left(\dfrac{y}{x} + 1\right)}{1 + y'\left(\dfrac{y}{x} + 1\right)} = \tan\left(-\frac{\pi}{4}\right) = -1,$$

整理后得到

$$y' = \frac{y}{2x + y}.$$

这是一个齐次方程. 令 $y = ux$, 则

$$x\frac{\mathrm{d}u}{\mathrm{d}x} = -\frac{u + u^2}{2 + u}.$$

这是一个变量分离方程. 解此方程可得到 $u \equiv -1$ 和

$$\frac{u^2 x}{1 + u} = K,$$

其中 K 为任意常数. 再将 $y = ux$ 代入, 即得到所求的曲线族为直线 $y = -x$ 和曲线族

$$y^2 = K(x + y).$$

2.6.2 Riccati 方程

考虑下面形式的微分方程:

$$\frac{\mathrm{d}y}{\mathrm{d}x} = a(x)y^2 + b(x)y + c(x), \tag{2.35}$$

其中 $a(x), b(x)$ 和 $c(x)$ 是某个区间 I 上的连续函数, 且 $a(x) \not\equiv 0$. 这个方程称为 **Riccati**[①]**方程**.

显然, 方程 (2.35) 不是线性微分方程. 对于这个方程的求解, 有如下结果:

定理 2.6 当 $a(x) \equiv a_0$ 是一个常数, $b(x) \equiv 0$, $c(x) = c_0 x^m$ 时, 当且仅当 $m = 0, -2$ 以及 $m = \dfrac{-4k}{2k + 1}, \dfrac{-4k}{2k - 1}$ (k 为正整数) 时, 可用初等积分法求出方程 (2.35) 的解.

证明 **充分性** 当 $m = 0$ 时, 方程 (2.35) 的形式为

$$\frac{\mathrm{d}y}{\mathrm{d}x} = a_0 y^2 + c_0.$$

---

① J. F. Riccati (1676—1754), 意大利数学家.

这是一个变量分离方程, 可用初等积分法求出它的解.

当 $m = -2$ 时, 令 $u = xy$, 则

$$\frac{\mathrm{d}u}{\mathrm{d}x} = \frac{a_0 u^2 + u + c_0}{x}.$$

这也是一个变量分离方程, 可用初等积分法求出它的解.

当 $m = -\dfrac{4k}{2k+1}, -\dfrac{4k}{2k-1}$ 时, 解法可以参见文献 [6].

必要性的证明请参考相关的文献. □

注 2.10 这一定理的充分性部分是由 Daniel Bernoulli 给出的. 一百多年后, Liouville 证明了必要性部分. Liouville 这一工作在微分方程发展的历史上有重要意义. 在此之前, 人们对于微分方程的研究集中在用初等积分法求解上. Liouville 的结果表明, 即使是形如 $y' = x^2 + y^2$ 这样简单的方程, 也不能用初等积分法来求解. 此后, 从理论上研究微分方程解的存在性、唯一性, 具有某种性质的解的存在性和微分方程的幂级数解法等逐渐成为人们研究的热点.

对于 Riccati 方程来说, 如果知道了一个解, 则该方程可以用初等积分法来求解. 更一般地, 有如下结果:

定理 2.7 (1) 假设 $y = \phi(x)$ 是 Riccati 方程 (2.35) 的解, 则该方程的所有解可以通过求解如下 Bernoulli 方程得到:

$$u' = a(x)u^2 + (2a(x)\phi(x) + b(x))u;$$

(2) 假设 $y = \phi_1(x), y = \phi_2(x)$ 是 Riccati 方程 (2.35) 的两个不同的解, 它们共同的存在区间为 $J \subset I$, 则该方程的任一解 y 满足

$$\frac{y - \phi_1(x)}{y - \phi_2(x)} = c\,\mathrm{e}^{\int_{x_0}^{x} a(s)(\phi_1(s) - \phi_2(s))\mathrm{d}s},$$

其中 c 为常数, $x, x_0 \in J$;

(3) 假设 $y = \phi_i(x)(i = 1, 2, 3)$ 为 Riccati 方程 (2.35) 的三个不同的解, 它们共同的存在区间为 J, 则该方程的任一解 y 满足

$$\frac{y - \phi_1(x)}{y - \phi_2(x)} : \frac{\phi_3(x) - \phi_1(x)}{\phi_3(x) - \phi_2(x)} = c,$$

其中 c 为常数.

证明 (1) 由已知条件可知

$$y' = a(x)y^2 + b(x)y + c(x),$$
$$\phi'(x) = a(x)\phi^2(x) + b(x)\phi(x) + c(x).$$

两式相减, 得到

$$(y - \phi(x))' = a(x)(y - \phi(x))^2 + (2a(x)\phi(x) + b(x))(y - \phi(x)).$$

令 $u = y - \phi(x)$, 则 u 满足 Bernoulli 方程

$$u' = a(x)u^2 + (2a(x)\phi(x) + b(x))u.$$

注意到对应于 $u = 0$ 的解为 $y = \phi(x)$. 不妨设 $u \neq 0$, 于是 $v = \dfrac{1}{u}$ 满足方程

$$\frac{\mathrm{d}v}{\mathrm{d}t} = -(2a(x)\phi(x) + b(x))v - a(x).$$

这是一个一阶线性微分方程, 可以利用一阶线性微分方程的解法求出

$$v(x) = \mathrm{e}^{-\int_{x_0}^{x}(2a(t)\phi(t)+b(t))\mathrm{d}t}\left(c - \int_{x_0}^{x} a(t)\mathrm{e}^{\int_{x_0}^{t}(2a(s)\phi(s)+b(s))\mathrm{d}s}\mathrm{d}t\right),$$

其中 c 为任意常数. 因此, Riccati 方程的解为

$$y(x) = \phi(x) + \mathrm{e}^{\int_{x_0}^{x}(2a(t)\phi(t)+b(t))\mathrm{d}t}\left(c - \int_{x_0}^{x} a(t)\mathrm{e}^{\int_{x_0}^{t}(2a(s)\phi(s)+b(s))\mathrm{d}s}\mathrm{d}t\right)^{-1}.$$

(2) 由 (1) 的讨论可知

$$(y - \phi_1(x))' = a(x)(y - \phi_1(x))^2 + (2a(x)\phi_1(x) + b(x))(y - \phi_1(x))$$

和

$$(y - \phi_2(x))' = a(x)(y - \phi_2(x))^2 + (2a(x)\phi_2(x) + b(x))(y - \phi_2(x)),$$

于是

$$\frac{(y-\phi_1(x))'}{y-\phi_1(x)} - \frac{(y-\phi_2(x))'}{y-\phi_2(x)} = a(x)(\phi_1(x) - \phi_2(x)).$$

上式两端积分, 得到

$$\ln\left|\frac{y-\phi_1(x)}{y-\phi_2(x)}\right| = c + \int_{x_0}^{x} a(s)(\phi_1(s) - \phi_2(s))\mathrm{d}s,$$

其中 c 为常数, 因此

$$\frac{y-\phi_1(x)}{y-\phi_2(x)} = c\,\mathrm{e}^{\int_{x_0}^{x} a(s)(\phi_1(s)-\phi_2(s))\mathrm{d}s}.$$

(3) 由 (2) 可知

$$\frac{y-\phi_1(x)}{y-\phi_2(x)} = c_1\mathrm{e}^{\int_{x_0}^{x} a(s)(\phi_1(s)-\phi_2(s))\mathrm{d}s},$$

$$\frac{\phi_3(x)-\phi_1(x)}{\phi_3(x)-\phi_2(x)} = c_2\mathrm{e}^{\int_{x_0}^{x} a(s)(\phi_1(s)-\phi_2(s))\mathrm{d}s},$$

其中 c_1, c_2 为常数. 上面两式相除即得所证. □

注 2.11 在定理 2.7 (3) 的证明中用到了 $\phi_1(x), \phi_2(x), \phi_3(x)$ 是不同的解. 由下一章给出的解的唯一性可知, 此时对于任意的 $x \in J$, 有

$$\phi_1(x) \neq \phi_2(x), \quad \phi_1(x) \neq \phi_3(x), \quad \phi_2(x) \neq \phi_3(x).$$

2.6.3 人口模型

人口问题是一个非常复杂的社会学和生物学问题. 这里, 我们在做出一些基本假设后建立人口增长的微分方程模型, 并通过求解这个微分方程模型来预测人口未来的趋势.

基本假设:

(1) 人口对于迁入和迁出是封闭的, 即对于某个国家来讲, 不存在人口迁入和迁出;

(2) 人群中每个个体具有相同的死亡或繁殖机会.

假设 (1) 是指个体离开人群或进入人群的唯一途径就是死亡或者出生, 而假设 (2) 是指所考虑的模型不考虑年龄和性别的差异.

现在选择自变量为时间 t, 设 t 时刻的人口总数为 $N(t)$, 人口的总增长率 (出生率减去死亡率) 为 r, 则

$$N(t + \Delta t) = N(t) + rN(t)\Delta t.$$

注意, 人口总数是整数, 而在上式中, 一般来讲 $N(t + \Delta t)$ 不是整数, 但是可以采取四舍五入的办法得到整数. 这样的办法在总基数 $N(t)$ 很大时, 不会使结果产生严重的改变. 不妨假设 $N(t)$ 是 t 的连续函数. 由上式可知

$$\lim_{\Delta t \to 0} \frac{N(t + \Delta t) - N(t)}{N(t)\Delta t} = r,$$

即 $N'(t)$ 存在, 且

$$N'(t) = rN(t). \tag{2.36}$$

这是人口增长的微分方程模型, 称之为 **Malthus 模型**. 假设 t_0 时刻的人口总数为 N_0, 则方程 (2.36) 的解为

$$N(t) = N_0 e^{r(t - t_0)}.$$

这就是 Malthus[①]人口论的基本模型. 它表明, 当 $r > 0$ 时, 人口将随着时间的增长指数地趋向于无穷大.

随着时间的推移, Malthus 所预言的事实并未真实发生, 一方面是由于科技的进步使得人类生活资源的增长不仅仅是算术级数式的增长, 另一方面是由于建立上面的模型时假设人口的总增长率 r 为与时间和人口总数无关的常数, 这一假设有些过于 "理想化" 了. 我们需对上面的模型进行修改, 故增加基本假设:

[①] T. R. Malthus (1766—1834), 英国经济学家. 他在《人口论》中指出 "人口按几何级数增长, 而生活资源只能按算术级数增长, 所以不可避免地要导致饥荒、战争和疾病", 呼吁采取果断措施, 遏制人口出生率.

(3) 当人口增加时, 总增长率降低.

为了简单起见, 假设总增长率对于人口总数的依赖是线性关系, 即

$$r = r(N) = r_0 - r_1 N,$$

其中 r_0, r_1 是正常数. 现在方程 (2.36) 转化为

$$\frac{\mathrm{d}N}{\mathrm{d}t} = (r_0 - r_1 N)N. \tag{2.37}$$

这是一个变量分离方程. 利用变量分离方程的解法, 可以得到

$$N(t) = \frac{N_0 r_0 \mathrm{e}^{r_0(t-t_0)}}{r_0 + N_0 r_1 [\mathrm{e}^{r_0(t-t_0)} - 1]}.$$

特别地, 有

$$\lim_{t \to +\infty} N(t) = \frac{r_0}{r_1}.$$

注 2.12 事实上, 方程 (2.37) 在人口预测上还是显得过于简单了. 显然, 一般青壮年才有生育能力, 而老人和孩子没有. 因此, 如果想要更加准确地建立人口模型, 需要引入时滞方程. 这已经超出了常微分方程的范畴, 我们就不在这里讨论了. 有兴趣的读者可以参阅相关的著作.

2.6.4 Volterra 系统

我们在本小节中考虑两类鱼的生存模型.

基本假设:

(1) A 类鱼 (捕食者) 只以 B 类鱼 (食饵) 作为食物;

(2) B 类鱼的食物丰富.

显然, 当没有 B 类鱼时, A 类鱼的数量是下降的; 当没有 A 类鱼时, B 类鱼的数量是上升的. 也就是说, 在不考虑两类鱼相互影响时, 每一类鱼的增长满足 Malthus 模型.

假设 A 类鱼在 t 时刻的数量为 $x(t)$, B 类鱼在 t 时刻的数量为 $y(t)$. 与人口模型类似, 假定 A 类鱼的增长率关于 B 类鱼是线性的, B 类鱼的增长率关于 A 类鱼也是线性的, 则 x 和 y 满足的微分方程分别为

$$\frac{\frac{\mathrm{d}x}{\mathrm{d}t}}{x} = (-a + by), \qquad \frac{\frac{\mathrm{d}y}{\mathrm{d}t}}{y} = (c - dx),$$

即

$$\frac{\mathrm{d}x}{\mathrm{d}t} = (-a + by)x, \qquad \frac{\mathrm{d}y}{\mathrm{d}t} = (c - dx)y, \tag{2.38}$$

其中 a, b, c, d 均为正常数, b, d 是两类鱼相互影响的因子, 而 $-a, c$ 是在不考虑两类鱼相互作用时的自然增长率.

到目前为止, 我们尚未介绍过微分方程组的解法. 但是, 由于方程组 (2.38) 中两个方程的右端不依赖于时间 t, 因此将这两个方程相除可以得到一个一阶微分方程.

这个做法的理论依据是: 由下一章关于解的存在性定理可知, 方程组 (2.38) 的解 $(x(t), y(t))$ 是存在的. 再由第一个方程可知, 只要 $(-a + by)x \neq 0$, 则 $x = x(t)$ 有反函数 $t = t(x)$, 并且

$$\frac{\mathrm{d}t}{\mathrm{d}x} = \frac{1}{(-a + by)x}.$$

因此

$$\frac{\mathrm{d}y}{\mathrm{d}x} = \frac{\mathrm{d}y}{\mathrm{d}t}\frac{\mathrm{d}t}{\mathrm{d}x} = \frac{(c - dx)y}{(-a + by)x}. \tag{2.39}$$

这是变量分离的方程, 对其进行求解得到

$$by + dx - c\ln x - a\ln y = K, \tag{2.40}$$

其中 K 为任意常数. 对于取定的 K, 曲线 (2.40) 是方程组 (2.38) 的解曲线在 (x, y)-平面上的投影. 称由 (2.40) 式给出的曲线为方程组 (2.38) 在 (x, y)-平面上的**轨线**.

令 $F(x,y) = by + dx - c\ln x - a\ln y$, 则

$$\lim_{x\to+\infty} F(x,y) = \lim_{y\to+\infty} F(x,y) = +\infty,$$

$$\lim_{x\to 0+0} F(x,y) = \lim_{y\to 0+0} F(x,y) = +\infty,$$

$$\frac{\partial^2 F}{\partial x^2} = \frac{c}{x^2}, \quad \frac{\partial^2 F}{\partial y^2} = \frac{a}{y^2}, \quad \frac{\partial^2 F}{\partial x \partial y} = 0.$$

因此, 对于适当大的 K 来说, $F(x,y) = K$ 是 (x,y)-平面上的封闭凸曲线. 再由

$$\frac{\partial F}{\partial x} = d - \frac{c}{x}, \quad \frac{\partial F}{\partial y} = b - \frac{a}{y}$$

可知, $F(x,y)$ 在 $\{(x,y) \mid x > 0, y > 0\}$ 上有唯一的极小值点 $\left(\dfrac{c}{d}, \dfrac{a}{b}\right)$ (图 2.5).

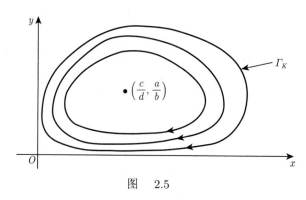

图   2.5

由方程组 (2.38) 知道, $\dfrac{\mathrm{d}x}{\mathrm{d}t} = \dfrac{\mathrm{d}y}{\mathrm{d}t} = 0$ 当且仅当 $x = \dfrac{c}{d}$, $y = \dfrac{a}{b}$. 因此, 对于绝大多数的 K 来讲, 方程组 (2.38) 的解在 $\Gamma_K = \{(x,y) \mid F(x,y) = K\}$ 上满足 $(x'(t), y'(t))$ 不为零向量.

另外, 可以证明: 对于方程组 (2.38) 的任意解 $(x(t), y(t))$, 存在常数 K, 使得 $F(x(t), y(t)) = K$. 由以上事实推出, 除了解 $(x,y) \equiv \left(\dfrac{c}{d}, \dfrac{a}{b}\right)$, 其他解均为周期解 ($(x(t), y(t))$ 为周期函数). 假设周期为

$T_K > 0$. 由方程组 (2.38) 可知

$$\frac{\mathrm{d}x}{x} = (-a + by)\mathrm{d}t, \quad \frac{\mathrm{d}y}{y} = (c - dx)\mathrm{d}t.$$

上面两式两端对时间 t 进行积分, 注意到 $x(T_K) = x(0)$, $y(T_K) = y(0)$, 得到

$$-aT_K + b\int_0^{T_K} y(t)\mathrm{d}t = 0, \quad cT_K - d\int_0^{T_K} x(t)\mathrm{d}t = 0,$$

即

$$\frac{1}{T_K}\int_0^{T_K} x(t)\mathrm{d}t = \frac{c}{d}, \quad \frac{1}{T_K}\int_0^{T_K} y(t)\mathrm{d}t = \frac{a}{b}.$$

也就是说, 解 $(x(t), y(t))$ 的均值与解本身无关.

由方程组 (2.38) 可知, 当 $0 < y < \dfrac{a}{b}$ 时, $\dfrac{\mathrm{d}x}{\mathrm{d}t} < 0$; 当 $y > \dfrac{a}{b}$ 时, $\dfrac{\mathrm{d}x}{\mathrm{d}t} > 0$; 当 $0 < x < \dfrac{c}{d}$ 时, $\dfrac{\mathrm{d}y}{\mathrm{d}t} > 0$, 当 $x > \dfrac{c}{d}$ 时, $\dfrac{\mathrm{d}y}{\mathrm{d}t} < 0$. 这意味着, 在 A 类鱼 (捕食者) 数量较小的时候, B 类鱼 (食饵) 的数量是逐渐增加的. 当 B 类鱼的数量超过 $\dfrac{a}{b}$ 时, A 类鱼的数量开始增加. 当 A 类鱼的数量超过 $\dfrac{c}{d}$ 时, B 类鱼的数量开始减少. 再由上一段的讨论可知, 这样的情况是周而复始的.

现在考虑对这两类鱼同时进行一个外加的捕捉行为, 则方程组 (2.38) 变成

$$\frac{\mathrm{d}x}{\mathrm{d}t} = (-a - \varepsilon + by)x, \quad \frac{\mathrm{d}y}{\mathrm{d}t} = (c - \varepsilon - dx)y, \tag{2.41}$$

其中 $\varepsilon > 0$. 显然, 这时的平均值变成

$$\frac{1}{T_K}\int_0^{T_K} x(t)\mathrm{d}t = \frac{c - \varepsilon}{d}, \quad \frac{1}{T_K}\int_0^{T_K} y(t)\mathrm{d}t = \frac{a + \varepsilon}{b}.$$

由此可以看出, 当外加的捕捉行为加大 (ε 增大) 时, 捕食者的平均数量减少, 而食饵的平均数量增加, 即少量增加外加的捕捉行为对原来的捕食者不利.

注 2.13　在 20 世纪 20 年代中期, 意大利生物学家 D'Ancona
注意到, 第一次世界大战期间在地中海不同港口捕获的几类鱼数量的
百分比数据表明掠肉鱼的比例与平时相比有所增加. 他无法解释这
一现象, 于是向其同事——数学家 V. Volterra 求教. Volterra 利用方
程组 (2.41) 给出了令人满意的解释: 由于第一次大战期间捕鱼业受
到影响, 即外加的捕捉行为减少, 也即方程组 (2.41) 中 ε 减小, 导致
掠肉鱼的数量增加, 从而使捕捉到的掠肉鱼的比例变大. 正是这一原
因, 我们将方程组 (2.38) 称为 **Volterra 系统**或 **Lotka-Volterra 系
统**. 直到现在, 这个方程组的解的行为依然受到人们的广泛关注. 这
个方程组也是现在生物数学研究中的一个基本模型. 对于它的研究,
已经超出本书的范围, 有兴趣的读者可以阅读有关的专著和论文.

2.6.5　二体问题

人们自古时候起就对天空中星体的运动有着浓厚的兴趣, 而在
所有的星体运动中, 与地球联系最紧密的星体运动莫过于太阳系中
太阳、几颗大行星以及月球的运动了. 在人们长时间观察的基础上,
Kepler[①] 总结出下面的三大定律:

Kepler 第一定律 (轨道定律)　所有行星分别在大小不同的椭
圆轨道上运行, 而太阳位于所有这些椭圆的一个焦点上.

Kepler 第二定律 (面积定律)　在同样的时间里行星向径在轨
道平面上所扫过的面积相等.

Kepler 第三定律 (周期定律)　行星公转周期的平方与它所在
椭圆的长半轴的立方成正比.

而 Newton 根据这三大定律, 通过大量的数学演算建立了如下
定律:

万有引力定律　任意两个质点通过连心线方向上的力相互吸引,

---

① J. Kepler (1571—1630), 杰出的德国天文学家. 他发现了行星运动的三大定律, 分别是
轨道定律、面积定律和周期定律. 同时, 他对光学、数学也做出了重要的贡献. 此外, 他还是现代
实验光学的奠基人.

该力的大小与它们质量的乘积成正比, 而与它们距离的平方成反比.

注 2.14 万有引力定律的发现, 是 17 世纪自然科学最伟大的成果之一. 它把地面上物体运动的规律和天体运动的规律统一了起来, 对之后物理学和天文学的发展具有深远的影响. 它第一次解释了一种基本相互作用的规律, 在人类认识自然的历史上树立了一座里程碑.

本节将利用万有引力定律来研究两个行星的运动——二体运动. 先考虑空间中 N 个质点在万有引力下的相互作用. 假设它们的质量为 m_i (下面也用 m_i 表示相应的质点), 坐标为 $\boldsymbol{p}_i = (x_i, y_i, z_i)$, $i = 1, 2, \cdots, N$. 依据万有引力定律和 Newton 第二定律, 可知它们的运动所满足的微分方程分别为

$$m_i \frac{\mathrm{d}^2 \boldsymbol{p}_i}{\mathrm{d}t^2} = G \sum_{j \neq i, 1 \leqslant j \leqslant N} m_i m_j \frac{(\boldsymbol{p}_j - \boldsymbol{p}_i)}{|\boldsymbol{p}_j - \boldsymbol{p}_i|^3}, \quad i = 1, 2, \cdots, N, \quad (2.42)$$

其中 $|\boldsymbol{p}_j - \boldsymbol{p}_i| = \sqrt{(x_j - x_i)^2 + (y_j - y_i)^2 + (z_j - z_i)^2}$ $(i = 1, 2, \cdots, N)$, G 为万有引力常数. 为了简单起见, 我们假设 $G = 1$.

引入函数

$$U = \sum_{1 \leqslant i < j \leqslant N} \frac{m_i m_j}{|\boldsymbol{p}_j - \boldsymbol{p}_i|},$$

则方程组 (2.42) 可以写成

$$m_i \frac{\mathrm{d}^2 \boldsymbol{p}_i}{\mathrm{d}t^2} = \frac{\partial U}{\partial \boldsymbol{p}_i}, \quad i = 1, 2, \cdots, N. \quad (2.43)$$

引入新的变量 $\boldsymbol{q} = (\boldsymbol{q}_1, \boldsymbol{q}_2, \cdots, \boldsymbol{q}_N)$:

$$\boldsymbol{q} = \frac{\mathrm{d}\boldsymbol{p}}{\mathrm{d}t},$$

其中 $\boldsymbol{p} = (\boldsymbol{p}_1, \boldsymbol{p}_2, \cdots, \boldsymbol{p}_N)$, 则微分方程组 (2.43) 可以写成微分方程组

$$\frac{\mathrm{d}\boldsymbol{p}_i}{\mathrm{d}t} = \boldsymbol{q}_i, \quad \frac{\mathrm{d}\boldsymbol{q}_i}{\mathrm{d}t} = m_i^{-1} \frac{\partial U}{\partial \boldsymbol{p}_i}, \quad i = 1, 2, \cdots, N. \quad (2.44)$$

这是一个关于未知变量 $\boldsymbol{p}$ 和 $\boldsymbol{q}$ 的含 $6N$ 个方程的微分方程组. 由力学的基本知识可知, 该方程组有 10 个大范围的首次积分 (首次积分的定义和性质见第八章). 现在我们给出这 10 个首次积分.

注意到

$$\sum_{i=1}^{N} \frac{\partial U}{\partial \boldsymbol{p}_i} = \sum_{i=1}^{N} \sum_{j \neq i, 1 \leqslant j \leqslant N} \frac{m_i m_j (\boldsymbol{p}_j - \boldsymbol{p}_i)}{|\boldsymbol{p}_j - \boldsymbol{p}_i|^3} = \boldsymbol{0},$$

于是

$$\sum_{i=1}^{N} m_i \frac{\mathrm{d}\boldsymbol{q}_i}{\mathrm{d}t} = \boldsymbol{0}. \tag{2.45}$$

由此得到 6 个首次积分

$$\sum_{i=1}^{N} m_i \frac{\mathrm{d}x_i}{\mathrm{d}t} = a, \quad \sum_{i=1}^{N} m_i \frac{\mathrm{d}y_i}{\mathrm{d}t} = b, \quad \sum_{i=1}^{N} m_i \frac{\mathrm{d}z_i}{\mathrm{d}t} = c, \tag{2.46}$$

$$\sum_{i=1}^{N} m_i x_i = at + a^*, \quad \sum_{i=1}^{N} m_i y_i = bt + b^*, \quad \sum_{i=1}^{N} m_i z_i = ct + c^*,$$
$$\tag{2.47}$$

其中 a, b, c, a^*, b^*, c^* 为任意常数. 方程组 (2.46) 意味着系统 (2.44) 的动量守恒, 而方程组 (2.47) 意味着系统 (2.44) 的质心是沿着一条直线运动的.

又因为

$$z_k \frac{\partial U}{\partial y_k} - y_k \frac{\partial U}{\partial z_k} = \sum_{j \neq k} \frac{m_j m_k (y_j z_k - z_j y_k)}{|\boldsymbol{p}_j - \boldsymbol{p}_k|^3}, \quad k = 1, 2, \cdots, N,$$

所以

$$\sum_{k=1}^{N} \left(z_k \frac{\partial U}{\partial y_k} - y_k \frac{\partial U}{\partial z_k} \right) = 0.$$

类似地, 有

$$\sum_{k=1}^{N} \left(x_k \frac{\partial U}{\partial z_k} - z_k \frac{\partial U}{\partial x_k} \right) = 0,$$

$$\sum_{k=1}^{N} \left(y_k \frac{\partial U}{\partial x_k} - x_k \frac{\partial U}{\partial y_k} \right) = 0.$$

注意到

$$\frac{\mathrm{d}^2 \boldsymbol{p}_i}{\mathrm{d}t^2} = \frac{\mathrm{d}\boldsymbol{q}_i}{\mathrm{d}t} = m_i^{-1} \frac{\partial U}{\partial \boldsymbol{p}_i}, \quad i = 1, 2, \cdots, N,$$

上面三个等式可以写成

$$\sum_{k=1}^{N} m_k \left(z_k \frac{\mathrm{d}^2 y_k}{\mathrm{d}t^2} - y_k \frac{\mathrm{d}^2 z_k}{\mathrm{d}t^2} \right) = 0,$$

$$\sum_{k=1}^{N} m_k \left(x_k \frac{\mathrm{d}^2 z_k}{\mathrm{d}t^2} - z_k \frac{\mathrm{d}^2 x_k}{\mathrm{d}t^2} \right) = 0,$$

$$\sum_{k=1}^{N} m_k \left(y_k \frac{\mathrm{d}^2 x_k}{\mathrm{d}t^2} - x_k \frac{\mathrm{d}^2 y_k}{\mathrm{d}t^2} \right) = 0.$$

进行积分, 立即得到 3 个首次积分

$$\sum_{k=1}^{N} m_k \left(z_k \frac{\mathrm{d}y_k}{\mathrm{d}t} - y_k \frac{\mathrm{d}z_k}{\mathrm{d}t} \right) = \alpha, \tag{2.48}$$

$$\sum_{k=1}^{N} m_k \left(x_k \frac{\mathrm{d}z_k}{\mathrm{d}t} - z_k \frac{\mathrm{d}x_k}{\mathrm{d}t} \right) = \beta, \tag{2.49}$$

$$\sum_{k=1}^{N} m_k \left(y_k \frac{\mathrm{d}x_k}{\mathrm{d}t} - x_k \frac{\mathrm{d}y_k}{\mathrm{d}t} \right) = \gamma, \tag{2.50}$$

其中 α, β, γ 为任意常数. 这 3 个首次积分意味着系统 (2.44) 的角动量守恒.

由方程组 (2.42) 可以得到

$$\frac{\mathrm{d}}{\mathrm{d}t}(T - U) = 0,$$

其中函数 T 由下式给出:

$$T = \frac{1}{2} \sum_{k=1}^{N} m_k \left[\left(\frac{\mathrm{d}x_k}{\mathrm{d}t} \right)^2 + \left(\frac{\mathrm{d}y_k}{\mathrm{d}t} \right)^2 + \left(\frac{\mathrm{d}z_k}{\mathrm{d}t} \right)^2 \right],$$

它表示系统 (2.44) 的动能. 由此得到首次积分

$$T - U = h, \tag{2.51}$$

其中 h 为任意常数. (2.51) 式意味着系统 (2.44) 的能量守恒. 这样就得到了 10 个首次积分: 动量守恒 (3 个)、角动量守恒 (3 个)、能量守恒 (1 个) 以及质心沿着一条直线运动 (3 个).

注 2.15   容易证明这 10 个首次积分是相互独立的. 进一步, 人们还证明了, 除上述 10 个首次积分之外, 不再有与它们相互独立的代数首次积分. 显然, 根据微分方程组的首次积分理论, 方程组 (2.42) 在局部上具有 $6N$ 个相互独立的首次积分. 这两个事实表明, 其余的 $6N - 10$ 个首次积分均不是 (x, y, z, t) 的代数函数.

下面来讨论二体运动问题 (简称为**二体问题**), 这时 $N = 2$, 两颗行星看作两个质点.

由于系统的质心做匀速直线运动, 因此将质心放在惯性系的原点. 在此惯性系下, 重新假设质点 m_1 的坐标为 (x_1, y_1, z_1), 质点 m_2 的坐标为 (x_2, y_2, z_2), 则由假设质心在原点可知

$$m_1 x_1 + m_2 x_2 = 0, \quad m_1 y_1 + m_2 y_2 = 0, \quad m_1 z_1 + m_2 z_2 = 0. \tag{2.52}$$

由 (2.48)~(2.50) 式及 (2.52) 式可知

$$z_1 \left(\frac{\mathrm{d}y_1}{\mathrm{d}t} - \frac{\mathrm{d}y_2}{\mathrm{d}t} \right) - y_1 \left(\frac{\mathrm{d}z_1}{\mathrm{d}t} - \frac{\mathrm{d}z_2}{\mathrm{d}t} \right) = \frac{\alpha}{m_1},$$

$$x_1 \left(\frac{\mathrm{d}z_1}{\mathrm{d}t} - \frac{\mathrm{d}z_2}{\mathrm{d}t} \right) - z_1 \left(\frac{\mathrm{d}x_1}{\mathrm{d}t} - \frac{\mathrm{d}x_2}{\mathrm{d}t} \right) = \frac{\beta}{m_1},$$

$$y_1 \left(\frac{\mathrm{d}x_1}{\mathrm{d}t} - \frac{\mathrm{d}x_2}{\mathrm{d}t} \right) - x_1 \left(\frac{\mathrm{d}y_1}{\mathrm{d}t} - \frac{\mathrm{d}y_2}{\mathrm{d}t} \right) = \frac{\gamma}{m_1},$$

于是

$$\alpha x_1 + \beta y_1 + \gamma z_1 = 0.$$

再由 (2.52) 式可知

$$\alpha x_2 + \beta y_2 + \gamma z_2 = 0.$$

这意味着, 这两个质点均在同一平面

$$\alpha x + \beta y + \gamma z = 0$$

上运动. 所以, 得到结论: 二体运动是平面运动.

选择新的坐标系, 使得二体运动所在的平面为坐标平面 $z = 0$, 于是质点 m_1 和 m_2 的坐标分别为 (x_1, y_1) 和 (x_2, y_2). 这样一来, 方程组 (2.42) 可以写成

$$\begin{cases} m_1 \dfrac{\mathrm{d}^2 x_1}{\mathrm{d}t^2} = m_1 m_2 \dfrac{x_2 - x_1}{[(x_2 - x_1)^2 + (y_2 - y_1)^2]^{\frac{3}{2}}}, \\ m_1 \dfrac{\mathrm{d}^2 y_1}{\mathrm{d}t^2} = m_1 m_2 \dfrac{y_2 - y_1}{[(x_2 - x_1)^2 + (y_2 - y_1)^2]^{\frac{3}{2}}} \end{cases} \tag{2.53}$$

和

$$\begin{cases} m_2 \dfrac{\mathrm{d}^2 x_2}{\mathrm{d}t^2} = m_1 m_2 \dfrac{x_1 - x_2}{[(x_2 - x_1)^2 + (y_2 - y_1)^2]^{\frac{3}{2}}}, \\ m_2 \dfrac{\mathrm{d}^2 y_2}{\mathrm{d}t^2} = m_1 m_2 \dfrac{y_1 - y_2}{[(x_2 - x_1)^2 + (y_2 - y_1)^2]^{\frac{3}{2}}}. \end{cases} \tag{2.54}$$

再分别将 (2.52) 式代入方程组 (2.53) 和 (2.54), 有

$$\begin{cases} \dfrac{\mathrm{d}^2 x_1}{\mathrm{d}t^2} = -\dfrac{m_2^3}{(m_1 + m_2)^2} \dfrac{x_1}{(x_1^2 + y_1^2)^{\frac{3}{2}}}, \\ \dfrac{\mathrm{d}^2 y_1}{\mathrm{d}t^2} = -\dfrac{m_2^3}{(m_1 + m_2)^2} \dfrac{y_1}{(x_1^2 + y_1^2)^{\frac{3}{2}}} \end{cases} \tag{2.55}$$

和

$$\begin{cases} \dfrac{\mathrm{d}^2 x_2}{\mathrm{d}t^2} = -\dfrac{m_1^3}{(m_1 + m_2)^2} \dfrac{x_2}{(x_2^2 + y_2^2)^{\frac{3}{2}}}, \\ \dfrac{\mathrm{d}^2 y_2}{\mathrm{d}t^2} = -\dfrac{m_1^3}{(m_1 + m_2)^2} \dfrac{y_2}{(x_2^2 + y_2^2)^{\frac{3}{2}}}. \end{cases} \tag{2.56}$$

由此知道, 为了研究质点 m_1 和 m_2 的运动, 只要研究下面微分方程组的解即可:

$$\begin{cases} \dfrac{\mathrm{d}^2 x}{\mathrm{d}t^2} = -m\dfrac{x}{(x^2+y^2)^{\frac{3}{2}}}, \\ \dfrac{\mathrm{d}^2 y}{\mathrm{d}t^2} = -m\dfrac{y}{(x^2+y^2)^{\frac{3}{2}}}, \end{cases} \tag{2.57}$$

其中常数 $m > 0$.

接下来, 我们利用一些变换将方程组 (2.57) 转化成一阶微分方程来进行求解.

与 (2.48)~(2.51) 式的推导类似, 由 (2.57) 式可以得到

$$x\frac{\mathrm{d}y}{\mathrm{d}t} - y\frac{\mathrm{d}x}{\mathrm{d}t} = c_1 \tag{2.58}$$

及

$$\left(\frac{\mathrm{d}x}{\mathrm{d}t}\right)^2 + \left(\frac{\mathrm{d}y}{\mathrm{d}t}\right)^2 - 2m\frac{1}{\sqrt{x^2+y^2}} = c_2, \tag{2.59}$$

其中 c_1, c_2 为任意常数.

引入极坐标 (r, θ):

$$x = r\cos\theta, \quad y = r\sin\theta.$$

上两式两端对时间 t 求导数, 得到

$$\frac{\mathrm{d}x}{\mathrm{d}t} = \frac{\mathrm{d}r}{\mathrm{d}t}\cos\theta - r\sin\theta\cdot\frac{\mathrm{d}\theta}{\mathrm{d}t}, \quad \frac{\mathrm{d}y}{\mathrm{d}t} = \frac{\mathrm{d}r}{\mathrm{d}t}\sin\theta + r\cos\theta\cdot\frac{\mathrm{d}\theta}{\mathrm{d}t}.$$

将这些式子分别代入 (2.58) 式和 (2.59) 式, 得到

$$r^2\frac{\mathrm{d}\theta}{\mathrm{d}t} = c_1, \tag{2.60}$$

$$\left(\frac{\mathrm{d}r}{\mathrm{d}t}\right)^2 + r^2\left(\frac{\mathrm{d}\theta}{\mathrm{d}t}\right)^2 - 2mr^{-1} = c_2. \tag{2.61}$$

将 (2.60) 式代入 (2.61) 式, 得到

$$\left(\frac{\mathrm{d}r}{\mathrm{d}t}\right)^2 = c_2 + 2mr^{-1} - c_1^2 r^{-2} = c_2 + \frac{m^2}{c_1^2} - c_1^2\left(r^{-1} - \frac{m}{c_1^2}\right)^2,$$

于是

$$\frac{\mathrm{d}r}{\mathrm{d}t} = \pm\sqrt{c_2 + \frac{m^2}{c_1^2} - \left(\frac{c_1}{r} - \frac{m}{c_1}\right)^2}.$$

再由 (2.60) 式可知

$$\frac{\mathrm{d}\theta}{\mathrm{d}t} = \frac{c_1}{r^2}.$$

只要 $c_1 \neq 0$, 就可以将上面两式相除[1], 得到

$$\frac{\mathrm{d}r}{\mathrm{d}\theta} = \pm\frac{r^2}{c_1}\sqrt{c_2 + \frac{m^2}{c_1^2} - \left(\frac{c_1}{r} - \frac{m}{c_1}\right)^2}.$$

以下假设 $c_1 > 0$, 这意味着所考虑的质点绕质心的运动是逆时针转动的. 对于顺时针转动的情况, 处理是类似的. 引入变量 $\rho = c_1 r^{-1}$, 于是

$$\frac{\mathrm{d}\rho}{\mathrm{d}\theta} = \pm\sqrt{c_2 + \frac{m^2}{c_1^2} - \left(\rho - \frac{m}{c_1}\right)^2}.$$

这是一个变量分离方程. 解这个方程, 可以得到

$$\mp \arccos \frac{\rho - \dfrac{m}{c_1}}{\sqrt{c_2 + \dfrac{m^2}{c_1^2}}} = \theta - c_3,$$

其中 c_3 为任意常数. 因此

---

[1] 相除的理由见 2.6.4 小节. 而当 $c_1 = 0$ 时, 我们有 $\dfrac{\mathrm{d}\theta}{\mathrm{d}t} = 0$. 这意味着 $\theta =$ 常数, 即行星沿直线运动. 此时, 两颗行星或者相撞 $\left(\dfrac{\mathrm{d}r}{\mathrm{d}t} < 0\right)$, 或者相互远离 $\left(\dfrac{\mathrm{d}r}{\mathrm{d}t} > 0\right)$.

$$r = \frac{p}{1 + e\cos(\theta - \theta_0)}, \tag{2.62}$$

其中

$$e = \frac{c_1}{m}\sqrt{c_2 + \frac{m^2}{c_1^2}} > 0, \quad p = \frac{c_1^2}{m} > 0, \quad \theta_0 = c_3.$$

由几何学知识知道这是一条圆锥曲线. 由此可知, 二体问题中质点的运动轨道均是圆锥曲线: 当 $0 < e < 1$ 时, 是椭圆, 焦点位于原点; 当 $e = 1$ 时, 是抛物线; 当 $e > 1$ 时, 是双曲线.

地球与太阳的相互运动就是椭圆的情形, 并且由于太阳的质量相对于地球来说是巨大的, 因此人们假定这个系统的质心就位于太阳处. 也就是说, 地球围绕太阳做椭圆运动, 太阳位于这个椭圆的一个焦点上. 这就是 Kepler 第一定律.

回到 (2.60) 式, 假设质点在 t_1 时刻的位置为 (r_1, θ_1), 在 t_2 时刻的位置是 (r_2, θ_2), 则由 (2.60) 式可知

$$\frac{1}{2}\int_{\theta_1}^{\theta_2} r^2(\theta)\mathrm{d}\theta = \frac{1}{2}c_1(t_2 - t_1).$$

注意到上式左端是质点沿着椭圆轨道运动时, 向径 r 扫过的面积, 上式表明该面积是只与时间差 $t_2 - t_1$ 相关的常数. 这就是 Kepler 第二定律.

进一步, 还可以计算出二体运动 (对应于 $e < 1$, 即 $c_2 < 0$) 的周期 T.

由 (2.60) 式和 (2.62) 式可知

$$\left(\frac{p}{1 + e\cos(\theta - \theta_0)}\right)^2 \mathrm{d}\theta = c_1\mathrm{d}t,$$

因此周期 T 满足

$$c_1 T = \int_0^{2\pi} \left(\frac{p}{1 + e\cos(\theta - \theta_0)}\right)^2 \mathrm{d}\theta.$$

注意到[1]

$$\int_0^{2\pi} \left(\frac{p}{1 + e\cos(\theta - \theta_0)} \right)^2 \mathrm{d}\theta = \frac{2p^2\pi}{\sqrt{(1 - e^2)^3}},$$

得到

$$T = \frac{2c_1^{-1}p^2\pi}{\sqrt{(1 - e^2)^3}}.$$

由 (2.62) 式给出的椭圆的长半轴为 $\dfrac{p}{1 - e^2}$, 于是

$$\frac{T^2}{p^3/(1 - e^2)^3} = \frac{4p\pi^2}{c_1^2} = \frac{4\pi^2}{m}.$$

对于质点 m_1 而言, 由方程组 (2.55) 可知 $m = \dfrac{m_2^3}{(m_1 + m_2)^2}$, 于是只要 $m_2 \gg m_1$, 就有

$$\frac{T^2}{p^3/(1 - e^2)^3} \approx \frac{4\pi^2}{m_2},$$

即当 $m_2 \gg m_1$ 时, 可以认为这个量与 m_1 无关. 在太阳系中, 每颗行星的质量 m_1 与太阳的质量 m_2 相比都是很小的, 由此可知上面这个量与行星的质量和位置无关. 这就是 Kepler 的第三定律.

2.6.6 二阶自治微分方程

由牛顿第二定律可知, 当一个质点受到外力作用时, 它满足的运动方程形如

$$m\frac{\mathrm{d}^2 \boldsymbol{x}}{\mathrm{d}t^2} + \boldsymbol{f}\left(t, \frac{\mathrm{d}\boldsymbol{x}}{\mathrm{d}t}, \boldsymbol{x} \right) = \boldsymbol{0},$$

---

[1] 事实上, 对于 $a > |e| > 0$, 由

$$\int_0^{2\pi} \frac{1}{a + e\cos(\theta - \theta_0)}\mathrm{d}\theta = \frac{2\pi}{\sqrt{a^2 - e^2}},$$

两端对 a 求导数, 然后令 $a = 1$, 即可得到

$$\int_0^{2\pi} \left(\frac{1}{1 + e\cos(\theta - \theta_0)} \right)^2 \mathrm{d}\theta = \frac{2\pi}{\sqrt{(1 - e^2)^3}}.$$

其中 $\boldsymbol{x} \in \mathbb{R}^3$. 这是一个标准的由二阶微分方程构成的方程组. 二阶微分方程是常微分方程研究的一个重要模型. 本节将讨论一类最简单的二阶微分方程的性质.

考虑二阶微分方程

$$\frac{\mathrm{d}^2 x}{\mathrm{d}t^2} + f(x) = 0, \tag{2.63}$$

其中 x 是一维的. 进一步, 假设 f 是连续函数. 在这个方程中, f 不明显地依赖于自变量 t. 称这个方程为**自治微分方程**.

性质 1 如果 $x(t)$ 是方程 (2.63) 的解, 则对于任意常数 $c \in \mathbb{R}$, $x(t + c)$ 也是该方程的解.

这是自治微分方程的最基本性质.

性质 2 如果存在 x_0, 使得 $f(x_0) = 0$, 则 $x(t) \equiv x_0$ 是方程 (2.63) 的解.

将方程 (2.63) 两端乘以 $\dfrac{\mathrm{d}x}{\mathrm{d}t} \triangleq y$, 然后积分, 可以得到

$$\frac{1}{2} y^2 + F(x) = c, \tag{2.64}$$

其中 $F(x)$ 是 $f(x)$ 的原函数, c 为任意常数. 当 c 变化时, (2.64) 式描述的是 (x, y)-平面上的一族曲线, 方程 (2.63) 的每个解均在这族曲线中的某条曲线上.

由 (2.64) 式可知

$$y = \frac{\mathrm{d}x}{\mathrm{d}t} = \pm\sqrt{2(c - F(x))}.$$

这是一个变量分离方程, 因此可以求出它的解:

$$\int \frac{\mathrm{d}x}{\sqrt{2(c - F(x))}} = \pm(t + c_1), \tag{2.65}$$

其中 c_1 是任意常数.

例 2.24 求解微分方程

$$\frac{\mathrm{d}^2 x}{\mathrm{d}t^2} + a^2 x = 0,$$

其中 $a > 0$ 为常数.

解 由上面的讨论可知, 该方程的解由下式给出:

$$\int \frac{\mathrm{d}x}{\sqrt{2c - a^2 x^2}} = \pm(t + c_1).$$

注意到

$$\int \frac{\mathrm{d}x}{\sqrt{2c - a^2 x^2}} = -\frac{1}{a} \arccos \frac{ax}{\sqrt{2c}},$$

因此该方程的通解为

$$x = \frac{\sqrt{2c}}{a} \cos(at + ac_1),$$

其中 c, c_1 为任意常数, 且 $c > 0$. 又知该方程有解 $x \equiv 0$, 因此只要允许 $c = 0$, 则上式给出了该方程的所有解. 再将上式按照三角函数两角和公式展开, 得到

$$x = \tilde{c}_1 \sin at + \tilde{c}_2 \cos at,$$

其中 $\tilde{c}_1, \tilde{c}_2$ 是任意常数. 由此可知该方程的任意非零解均是以 $\dfrac{2\pi}{a}$ 为周期的.

注 2.16 上例中的方程是二阶常系数线性微分方程. 对于一般的常系数线性微分方程, 其解法见第五章.

注 2.17 当 f 是三次多项式时, (2.65) 式左端的积分是一个椭圆积分, 这时一般不能通过初等积分的方法找到原函数后再讨论解的性质.

例 2.25 求解**单摆**方程

$$\frac{\mathrm{d}^2 x}{\mathrm{d}t^2} + a^2 \sin x = 0$$

(图 2.6), 其中 $a > 0$ 为常数.

解   由前面的讨论可知, 该方程的解由下式给出:

$$\int \frac{\mathrm{d}x}{\sqrt{2(c + a^2 \cos x)}} = \pm(t + c_1).$$

然而, 与例 2.24 不同, 这里遇到了椭圆积分, 即积分

$$\int \frac{\mathrm{d}x}{\sqrt{2(c + a^2 \cos x)}}$$

不再是初等函数.

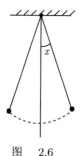

图   2.6

当 x 很小时, $\sin x \approx x$, 于是可以得到该方程的近似解

$$x = \tilde{c}_1 \sin at + \tilde{c}_2 \cos at,$$

其中 $\tilde{c}_1, \tilde{c}_2$ 为任意常数. 这样的解是以 $\dfrac{2\pi}{a}$ 为周期的. 注意到 $\dfrac{2\pi}{a}$ 与解的初始状态无关, 即解具有等时性. 这就是古时候摆钟的理论依据.

由力学知识可知, 所考虑的单摆方程, 其解依赖于初始位置和初始速度的选择. 假设 $x(0) = x_0, x'(0) = x'_0$, 进一步假设这个解的振幅为 A, 则存在时刻 t_1, 使得

$$x(t_1) = A, \quad x'(t_1) = 0.$$

假设单摆振动的周期为 T_A, 则

$$\frac{1}{4}T_A = \frac{1}{\sqrt{2}a} \int_0^A \frac{\mathrm{d}x}{\sqrt{\cos x - \cos A}}.$$

可以证明

$$\lim_{A \to 0+0} T_A = \frac{2\pi}{a}, \quad \lim_{A \to \pi - 0} T_A = +\infty.$$

事实上,

$$T_A = \frac{2\sqrt{2}}{a} \int_0^1 \frac{A\mathrm{d}t}{\sqrt{\cos At - \cos A}}.$$

注意到
$$\lim_{A \to 0+0} \frac{\cos At - \cos A}{A^2} = \frac{1 - t^2}{2},$$
由 Lebesgue 控制收敛定理可知
$$\lim_{A \to 0+0} T_A = \frac{2\sqrt{2}}{a} \int_0^1 \frac{\sqrt{2}}{\sqrt{1 - t^2}} dt = \frac{2\pi}{a}.$$

接下来考虑 $A \to \pi - 0$ 的情形. 注意到
$$\cos x - \cos A = 2\cos^2 \frac{x}{2} - 2\cos^2 \frac{A}{2} \leqslant 2\cos^2 \frac{x}{2},$$
于是
$$T_A = 4\frac{1}{\sqrt{2}a} \int_0^A \frac{dx}{\sqrt{\cos x - \cos A}} \geqslant \frac{2}{a} \int_0^A \frac{dx}{\cos \frac{x}{2}}.$$

由于当 $A \to \pi - 0$ 时,
$$\int_0^A \frac{dx}{\cos \frac{x}{2}} \to +\infty,$$
因此
$$\lim_{A \to \pi - 0} T_A = +\infty.$$

回到方程 (2.63). 假设 $f(x_0) = 0$. 令
$$F(x) = \int_{x_0}^x f(s) ds,$$
则 $F(x_0) = 0$. 如果 $F''(x_0) > 0$, 只要 $c > 0$ 适当小, 则方程 (2.63) 在初始状态 $(x_0, 0)$ 附近的解均在闭曲线族
$$\frac{1}{2}y^2 + F(x) = c$$
上, 而且这族曲线是凸的. 由此可知, 只要 c 适当小, 方程 (2.63) 的每个解都是周期的. 如果 $F''(x_0) < 0$, 则在初始状态 $(x_0, 0)$ 附近的解

均在曲线族 $\frac{1}{2}y^2 + F(x) = c$ 上, 但是这族曲线不是封闭的. 此时, 可以知道, 方程 (2.63) 在初始状态 $(x_0, 0)$ 附近的解将会远离 $(x_0, 0)$, 即解 $x(t) \equiv x_0$ 不是 Lyapunov 稳定的. 关于解的 Lyapunov 稳定性的讨论见第九章.

我们感兴趣的是方程 (2.63) 的每个解都是周期解时的情形.

依据上面对方程 (2.63) 的讨论, 引入变量 $y = \dfrac{\mathrm{d}x}{\mathrm{d}t}$, 则方程 (2.63) 转化成微分方程组

$$\begin{cases} \dfrac{\mathrm{d}x}{\mathrm{d}t} = y, \\[2mm] \dfrac{\mathrm{d}y}{\mathrm{d}t} = -f(x). \end{cases} \tag{2.66}$$

当 $(x(t), y(t))$ 是方程组 (2.66) 的解时, 有

$$\begin{aligned} \frac{\mathrm{d}}{\mathrm{d}t}\left(\frac{1}{2}y^2(t) + \int_0^{x(t)} f(s)\mathrm{d}s \right) &= y\frac{\mathrm{d}y}{\mathrm{d}t} + f(x(t))\frac{\mathrm{d}x}{\mathrm{d}t} \\ &= \frac{\mathrm{d}x}{\mathrm{d}t}\left(\frac{\mathrm{d}y}{\mathrm{d}t} + f(x(t)) \right) \\ &= 0, \end{aligned}$$

即 $\dfrac{1}{2}y^2(t) + \displaystyle\int_0^{x(t)} f(s)\mathrm{d}s$ 与 t 无关.

在以下的讨论中, 假定

$$f(0) = 0, \quad xf(x) > 0 \ (x \neq 0).$$

令

$$F(x) = \int_0^x f(s)\mathrm{d}s.$$

由上面的条件可知

$$F(x) > 0, \quad x \neq 0,$$

因此

$$\Gamma_h : \frac{1}{2}y^2 + F(x) = h$$

(h 为任意正常数) 是 (x,y)-平面上的一族闭曲线. 将这族曲线与坐标轴的交点分别记为 $(x_+(h),0)$, $(x_-(h),0)$ 和 $(0,\sqrt{2h})$, $(0,-\sqrt{2h})$ (图 2.7), 其中 $x_-(h) < 0 < x_+(h)$.

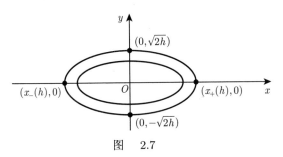

图　2.7

由刚才的讨论可知, 方程组 (2.66) 的每个解均在曲线族 Γ_h 中的某条曲线上. 显然, 只要 $h > 0$, 则 $\left(\dfrac{\mathrm{d}x}{\mathrm{d}t}, \dfrac{\mathrm{d}y}{\mathrm{d}t}\right) \neq (0,0)$. 因此, 方程组 (2.66) 的每个解 (除去 $(0,0)$ 外) 都是周期解. 假设位于曲线族 Γ_h 上的解的周期为 T_h. 我们有下面的结论.

定理 2.8 T_h 与 h 无关的充要条件是, 存在常数 $c_0 > 0$, 使得对于一切的 $h > 0$, 有

$$x_+(h) - x_-(h) = c_0\sqrt{h}. \tag{2.67}$$

证明 由方程组 (2.66) 可知

$$\mathrm{d}x = y\mathrm{d}t, \quad \frac{1}{2}y^2 + F(x) = h.$$

对于任意的 h, 曲线 $\dfrac{1}{2}y^2 + F(x) = h$ 关于 x 轴是对称的. 注意到 $y = \dfrac{\mathrm{d}x}{\mathrm{d}t}$, 于是

$$\mathrm{d}t = \frac{\mathrm{d}x}{\pm\sqrt{2(h - F(x))}}.$$

因此

$$\frac{1}{2}T_h = \int_{x_-(h)}^{x_+(h)} \frac{1}{\sqrt{2(h - F(x))}} \mathrm{d}x$$

$$= \int_{x_-(h)}^{0} \frac{1}{\sqrt{2(h - F(x))}} \mathrm{d}x + \int_{0}^{x_+(h)} \frac{1}{\sqrt{2(h - F(x))}} \mathrm{d}x.$$

引入积分变量 s:

$$F(x) = s,$$

则

$$\int_{0}^{x_+(h)} \frac{1}{\sqrt{2(h - F(x))}} \mathrm{d}x = \int_{0}^{h} \frac{1}{\sqrt{2(h - s)}} \frac{1}{f(x_+(s))} \mathrm{d}s,$$

其中 $x_+(s) > 0$, 且满足 $F(x_+(s)) = s$. 同理, 有

$$\int_{x_-(h)}^{0} \frac{1}{\sqrt{2(h - F(x))}} \mathrm{d}x = \int_{0}^{h} \frac{1}{\sqrt{2(h - s)}} \frac{-1}{f(x_-(s))} \mathrm{d}s,$$

其中 $x_-(s) < 0$, 且满足 $F(x_-(s)) = s$. 由此得到

$$\frac{1}{2}T_h = \int_{0}^{h} \frac{1}{\sqrt{2(h - s)}} \left(\frac{1}{f(x_+(s))} - \frac{1}{f(x_-(s))} \right) \mathrm{d}s. \qquad (2.68)$$

上式对于任意的 h 均成立. 上式两端乘以函数 $\dfrac{1}{\sqrt{H - h}}$ $(H > h)$, 然后对 h 积分, 得到

$$\frac{1}{2} \int_{0}^{H} \frac{T_h}{\sqrt{H - h}} \mathrm{d}h$$

$$= \int_{0}^{H} \frac{\mathrm{d}h}{\sqrt{H - h}} \int_{0}^{h} \frac{1}{\sqrt{2(h - s)}} \left(\frac{1}{f(x_+(s))} - \frac{1}{f(x_-(s))} \right) \mathrm{d}s.$$

交换上式右端的积分次序, 得到

$$\frac{1}{2}\int_0^H \frac{T_h}{\sqrt{H-h}}\mathrm{d}h$$

$$= \int_0^H \left(\frac{\mathrm{d}s}{f(x_+(s))} - \frac{\mathrm{d}s}{f(x_-(s))}\right)\int_s^H \frac{1}{\sqrt{2(H-h)(h-s)}}\mathrm{d}h.$$

注意到

$$\int_a^b \frac{1}{\sqrt{(b-x)(x-a)}}\mathrm{d}x = \int_a^b \frac{1}{\sqrt{\left(\dfrac{b-a}{2}\right)^2 - \left(x-\dfrac{a+b}{2}\right)^2}}\mathrm{d}x$$

$$= \int_{-1}^1 \frac{1}{\sqrt{1-t^2}}\mathrm{d}t = \pi,$$

于是

$$\frac{1}{2}\int_0^H \frac{T_h}{\sqrt{H-h}}\mathrm{d}h = \frac{\pi}{\sqrt{2}}\int_0^H \left(\frac{1}{f(x_+(s))} - \frac{1}{f(x_-(s))}\right)\mathrm{d}s.$$

再令 $s = F(x)$, 则

$$\frac{1}{2}\int_0^H \frac{T_h}{\sqrt{H-h}}\mathrm{d}h = \frac{\pi}{\sqrt{2}}\left(\int_0^{x_+(H)} \frac{f(x_+(s))}{f(x_+(s))}\mathrm{d}x + \int_{x_-(H)}^0 \frac{f(x_-(s))}{f(x_-(s))}\mathrm{d}x\right),$$

即

$$\frac{1}{\sqrt{2}}\int_0^H \frac{T_h}{\sqrt{H-h}}\mathrm{d}h = \pi(x_+(H) - x_-(H)). \qquad (2.69)$$

现在来证明定理的结论. 如果 $T_h = T_0$ 与 h 无关, 则

$$\frac{1}{\sqrt{2}}\int_0^H \frac{T_h}{\sqrt{H-h}}\mathrm{d}h = \sqrt{2}T_0\sqrt{H}.$$

于是

$$x_+(H) - x_-(H) = \frac{\sqrt{2}T_0}{\pi}\sqrt{H}.$$

这说明充分性成立.

反之, 如果

$$x_+(H) - x_-(H) = c_0\sqrt{H},$$

则由 (2.69) 式可知

$$\int_0^H \frac{T_h}{\sqrt{H-h}}\mathrm{d}h = \sqrt{2}\pi c_0 \sqrt{H}.$$

这个等式两端乘以函数 $\dfrac{1}{\sqrt{\beta - H}}$ $(\beta > H)$, 然后对 H 积分, 得到

$$\int_0^\beta \frac{1}{\sqrt{\beta - H}}\mathrm{d}H \int_0^H \frac{T_h}{\sqrt{H-h}}\mathrm{d}h = \sqrt{2}\pi c_0 \int_0^\beta \frac{1}{\sqrt{\beta - H}}\sqrt{H}\mathrm{d}H.$$

将上式左端的积分交换次序, 并再次利用

$$\int_a^b \frac{1}{\sqrt{(b-x)(x-a)}}\mathrm{d}x = \pi,$$

得到

$$\pi \int_0^\beta T_h \mathrm{d}h = \sqrt{2}\pi c_0 \int_0^\beta \frac{\sqrt{H}}{\sqrt{\beta - H}}\mathrm{d}H = c_1 \beta,$$

其中

$$c_1 = 2\sqrt{2}\pi c_0 \int_0^1 \frac{s^2}{\sqrt{1-s^2}}\mathrm{d}s = \frac{\sqrt{2}}{2}\pi^2 c_0.$$

上式两端对 β 求导数, 得到

$$T_\beta = \frac{\sqrt{2}}{2}\pi c_0.$$

这说明, T_h 与 h 无关, 即必要性得证. $\square$

注 2.18   当 T_h 与 h 无关时, 显然周期 T_h 与初值点的位置无关. 这样的系统称为**等时系统**.

例 2.26   证明: 微分方程

$$\frac{\mathrm{d}^2 x}{\mathrm{d}t^2} + ax^+ - bx^- = 0,$$

的每个解都是周期的, 且周期相同, 其中 a, b 均为正常数, $x^+ = \max(x, 0)$, $x^- = x - x^+$.

证明 此时 $x_+(h) = \dfrac{\sqrt{2h}}{\sqrt{a}}$, $x_-(h) = -\dfrac{\sqrt{2h}}{\sqrt{b}}$, 因此

$$x_+(h) - x_-(h) = \left(\sqrt{\frac{2}{a}} + \sqrt{\frac{2}{b}}\right)\sqrt{h}.$$

于是, 由定理 2.8 及其前面的讨论可知, 该方程的每个解都是周期的, 且其周期为

$$T = \frac{\pi}{\sqrt{2}}\left(\sqrt{\frac{2}{a}} + \sqrt{\frac{2}{b}}\right) = \pi\left(\sqrt{\frac{1}{a}} + \sqrt{\frac{1}{b}}\right).$$

例 2.27 证明: 微分方程

$$\frac{\mathrm{d}^2 x}{\mathrm{d}t^2} + \frac{x+1}{4} - \frac{1}{4(1+x)^3} = 0$$

的每个解是 2π-周期的.

证明 这里

$$f(x) = \frac{x+1}{4} - \frac{1}{4(1+x)^3}, \quad f(0) = 0.$$

对于 $x > -1$, 有

$$x f(x) > 0 \quad (x \neq 0).$$

令

$$F(x) = \int_0^x f(s)\mathrm{d}s = \frac{(x+1)^2}{8} + \frac{1}{8(x+1)^2} - \frac{1}{4}.$$

注意到 $x > -1$, 可以得到对于任意的 $h > 0$, 闭曲线

$$\Gamma_h : \frac{1}{2}y^2 + F(x) = \frac{1}{2}y^2 + \frac{(x+1)^2}{8} + \frac{1}{8(x+1)^2} - \frac{1}{4} = h$$

与 x 轴的两个交点 $(x_+(h), 0)$ 和 $(x_-(h), 0)$ 满足

$$x_+(h) = -1 + \sqrt{4h + 1 + \sqrt{(4h+1)^2 - 1}},$$

$$x_-(h) = -1 + \sqrt{4h + 1 - \sqrt{(4h+1)^2 - 1}},$$

于是

$$x_+(h) - x_-(h)$$
$$= \sqrt{4h + 1 + \sqrt{(4h+1)^2 - 1}} - \sqrt{4h + 1 - \sqrt{(4h+1)^2 - 1}}.$$

上式两端平方, 得到

$$(x_+(h) - x_-(h))^2 = 8h.$$

由此可知

$$x_+(h) - x_-(h) = 2\sqrt{2h}.$$

再由定理 2.8 的证明可知

$$T_h = \frac{\pi}{\sqrt{2}} \cdot 2\sqrt{2} = 2\pi,$$

即结论成立.

习 题 2.6

1. 求曲线族 $x^2 + y^2 = cx$ 的正交轨线族, 其中 c 为任意常数.

2. 求一曲线, 使其任一点处的切线与横轴的交点到切点的距离等于该交点到原点的距离.

3. 设 $y = \phi(x)$ 满足

$$y' + a(x)y \leqslant 0, \quad x \geqslant 0.$$

证明:

$$\phi(x) \leqslant \phi(0)\mathrm{e}^{-\int_0^x a(s)\mathrm{d}s}, \quad x \geqslant 0.$$

4. 求解方程

$$y = \int_0^x y(t)\mathrm{d}t + x + 1.$$

5. 证明: 单摆方程 $y'' + \sin y = 0$ 有当 $x \to +\infty$ 时趋向于 π 的解.

6. 设函数 $f(x)$ 在区间 $(0, +\infty)$ 上可导, 且

$$\int_1^{xy} f(t)\mathrm{d}t = x \int_1^y f(t)\mathrm{d}t + y \int_1^x f(t)\mathrm{d}t, \quad x, y > 0.$$

如果 $f(1) = 3$, 求 $f(x)$.

7. 设当 $x > -1$ 时, 可微函数 $f(x)$ 满足

$$f'(x) + f(x) - \frac{1}{x+1} \int_0^x f(t)\mathrm{d}t = 0,$$

且 $f(0) = 1$. 证明: 当 $x \geqslant 0$ 时, $\mathrm{e}^{-x} \leqslant f(x) \leqslant 1$.

8. (追线) 在 (x, y)-平面上, 设点 B 的初始位置为 (x_1, y_1), 它以常速度 b 沿直线 $y = kx + l$ 做运动; 点 A 从 (x_0, y_0) 处出发追赶点 B, 它的速度为常值 a $(a > b)$. 求点 A 追上点 B 的时间以及点 A 的轨迹.

第三章 解的存在和唯一性

第二章利用一些技巧讨论了某些特殊类型微分方程的解法. 然而, 在实际遇到的问题中, 绝大部分微分方程是没有初等函数解的, 例如 Riccati 方程 $y' = x^2 + y^2$, 单摆方程 $y'' + a^2 \sin y = 0$ 等. 因此, 对于给定的微分方程, 研究解的存在性就显得非常重要.

本章讨论微分方程满足何种条件时解一定存在. 此外, 还要讨论解的延伸、奇解 (当解不唯一时) 的存在性及判别条件.

§3.1 准备知识

引理 3.1 (Gronwall 不等式) 假设函数 $f(x), g(x)$ 在区间 $[a, b]$ 上连续, $g(x) \geqslant 0$, c 是一个常数. 如果

$$f(x) \leqslant c + \int_a^x g(s) f(s) \mathrm{d}s,$$

则

$$f(x) \leqslant c \, \mathrm{e}^{\int_a^x g(s) \mathrm{d}s}.$$

证明 令

$$\Phi(x) = \int_a^x g(s) f(s) \mathrm{d}s,$$

则由已知条件可知

$$\Phi'(x) = g(x) f(x) \leqslant g(x)(c + \Phi(x)),$$

即

$$\Phi'(x) - g(x) \Phi(x) \leqslant c \, g(x).$$

在这个不等式两端乘以 $\mathrm{e}^{-\int_a^x g(s)\mathrm{d}s}$ 并积分, 得到

$$\mathrm{e}^{-\int_a^x g(s)\mathrm{d}s}\varPhi(x) - \mathrm{e}^{-\int_a^a g(s)\mathrm{d}s}\varPhi(a) \leqslant \int_a^x cg(s)\mathrm{e}^{-\int_a^s g(t)\mathrm{d}t}\mathrm{d}s.$$

注意到 $\varPhi(a) = 0$, 于是

$$\varPhi(x) \leqslant c\left(\mathrm{e}^{\int_a^x g(s)\mathrm{d}s} - 1\right).$$

因此

$$f(x) \leqslant c + \varPhi(x) \leqslant c\,\mathrm{e}^{\int_a^x g(s)\mathrm{d}s}. \qquad \square$$

注 3.1 Gronwall 不等式是数学中一个常用的不等式, 经常用于微分方程解的估计. 运用该不等式及压缩映像原理来证明某些解的存在性也是常微分方程研究中的一种常见方法.

注 3.2 当 $f(x) \geqslant 0$, $c \leqslant 0$ 时, 可以得到 $f(x) \equiv 0$.

注 3.3 Gronwall 不等式可以推广到更为一般的情况. 建议读者自行完成下面结果的证明: 假设函数 $f(x), g(x), h(x) \in C^0[a,b]$, $g(x) \geqslant 0$, 如果

$$f(x) \leqslant h(x) + \int_a^x g(s)f(s)\mathrm{d}s,$$

则

$$f(x) \leqslant h(x) + \mathrm{e}^{\int_a^x g(s)\mathrm{d}s}\int_a^x h(s)g(s)\mathrm{e}^{-\int_a^s g(t)\mathrm{d}t}\mathrm{d}s.$$

特别地, 如果 $h(x)$ 单调递增, 可以进一步得到

$$f(x) \leqslant h(x)\mathrm{e}^{\int_a^x g(s)\mathrm{d}s}.$$

接下来我们讨论函数族的一致收敛问题.

定义 3.1 设 $\varLambda$ 是一个无限集合, 集合 $I \subseteq \mathbb{R}$, 称定义在 I 上的函数族 $\{f_\alpha\}_{\alpha \in \varLambda}$ 在 I 上是**一致有界**的, 如果存在一个常数 $M > 0$, 使得

$$|f_\alpha(x)| \leqslant M, \quad \forall \alpha \in \varLambda, \ \forall x \in I.$$

定义 3.2   设 Λ 是一个无限集合, 集合 $I \subseteq \mathbb{R}$, 称定义在 I 上的函数族 $\{f_\alpha\}_{\alpha \in \Lambda}$ 在 I 上是**等度连续**的, 如果对于任意的 $\varepsilon > 0$, 存在 $\delta > 0$, 使得对于任意的 $x, y \in I$, $|x - y| < \delta$ 和任意的 α, 有

$$|f_\alpha(x) - f_\alpha(y)| < \varepsilon.$$

注 3.4 $\delta > 0$ 是用来刻画函数 f_α 的连续程度的量, 因此这个量一般来说与函数 f_α 有关. 函数族等度连续的含义就是这族函数的连续程度是差不多的.

下面是分析学中的一个经典结果.

引理 3.2 (Ascoli[①]-Arzelà[②]引理)   设 Λ 是一个可数集. 如果函数列 $\{f_\alpha\}_{\alpha \in \Lambda}$ 在区间 $[a, b]$ 上一致有界且等度连续, 则一定存在该函数列的一个在 $[a, b]$ 上一致收敛的子序列 $\{f_{\alpha_k}\}$.

为了完成 Ascoli-Arzelà 引理的证明, 先来证明下面两个引理.

引理 3.3   设 Λ 是一个可数集. 如果函数列 $\{f_\alpha\}_{\alpha \in \Lambda}$ 在集合 $E \subset \mathbb{R}$ 上一致有界, 则对于任意的可数点列 $\{x_m\} \subset E$, 存在该函数列的一个子序列 $\{f_{\alpha_k}\}$, 使得数列 $\{f_{\alpha_k}(x_m)\}$ 是收敛的.

证明   显然, 数列 $\{f_\alpha(x_1)\}_{\alpha \in \Lambda}$ 是有界的. 由 Weierstrass[③]-Bolzano[④] 引理可知, 该数列存在一个收敛的子数列, 记为

$$f_{11}(x_1),\ f_{12}(x_1),\ \cdots,\ f_{1n}(x_1),\ \cdots.$$

现在考虑数列

$$f_{11}(x_2),\ f_{12}(x_2),\ \cdots,\ f_{1n}(x_2),\ \cdots.$$

---

① G. Ascoli (1843—1896), 意大利数学家.

② C. Arzelà (1847—1912), 意大利数学家.

③ K. T. W. Weierstrass (1815—1897), 德国伟大的数学家, 被誉为现代分析之父. 他在数学分析领域中的最大贡献是: 在 Cauchy, Abel 等开创的数学分析的严格化潮流中, 以 ε-δ 语言系统地建立了实分析和复分析的基础, 基本上完成分析的算术化. 他引入了一致收敛的概念, 并由此阐明了函数项级数的逐项微分和逐项积分定理. 在建立分析基础的过程中, 引入了实数轴和 n 维欧氏空间中的一系列拓扑概念, 并将 Riemann 积分的被积函数推广到可数集上不连续函数的情形. 1872 年, 他给出了一个处处连续但处处不可微的函数例子, 使人们意识到连续性与可微性的差异, 由此引出了一系列诸如 Peano 曲线函数等反常性态函数的研究.

④ B. Bolzano (1781—1848), 捷克数学家.

由引理条件可知该数列也是有界数列, 再次利用 Weierstrass-Bolzano
引理可得, 存在该数列的一个收敛子数列, 记为

$$f_{21}(x_2), \ f_{22}(x_2), \ \cdots, \ f_{2n}(x_2), \ \cdots.$$

由 $f_{21}, f_{22}, \cdots, f_{2n}, \cdots$ 的选取可知, 如下两个数列均收敛:

$$f_{21}(x_1), \ f_{22}(x_1), \ \cdots, \ f_{2n}(x_1), \ \cdots;$$

$$f_{21}(x_2), \ f_{22}(x_2), \ \cdots, \ f_{2n}(x_2), \ \cdots.$$

继续刚才的过程, 可以选择 $f_{31}, f_{32}, \cdots, f_{3n}, \cdots$, 使得如下三个数列
都是收敛的:

$$f_{31}(x_1), \ f_{32}(x_1), \ \cdots, \ f_{3n}(x_1), \ \cdots;$$

$$f_{31}(x_2), \ f_{32}(x_2), \ \cdots, \ f_{3n}(x_2), \ \cdots;$$

$$f_{31}(x_3), \ f_{32}(x_3), \ \cdots, \ f_{3n}(x_3), \ \cdots.$$

重复这样的过程, 得到 $f_{k1}, f_{k2}, \cdots, f_{kn}, \cdots$, 使得数列

$$f_{k1}(x_j), \ f_{k2}(x_j), \ \cdots, \ f_{kn}(x_j), \ \cdots$$

对于 $1 \leqslant j \leqslant k$ 均是收敛的. 现在选择子序列

$$f_{11}, \ f_{22}, \ \cdots, \ f_{kk}, \ \cdots,$$

则这个子序列在每个 x_m 上均收敛. □

注 3.5 引理 3.3 的证明中选取子序列 $\{f_{kk}\}$ 的方法, 称为**对角
线法**. 这是数学上的一种常用手法, 希望读者理解并加以体会, 掌握
这种技巧.

引理 3.4 设函数列 $\{f_n\}$ 在紧集 $E \subseteq \mathbb{R}$ 上是等度连续的, 且存
在 E 的一个稠密子集 E_0, 使得 $\{f_n\}$ 在该子集上是收敛的, 则 $\{f_n\}$
在 E 上是一致收敛的.

证明　由 Cauchy[①]收敛原理可知, 我们只要证明下面的结论即可: 对于任意的 $\varepsilon > 0$, 存在 $N > 0$, 使得对于一切的 $n, m > N$ 和 $x \in E$, 有

$$|f_n(x) - f_m(x)| < \varepsilon.$$

由 $\{f_n\}$ 的等度连续性可知, 存在 $\delta > 0$, 使得只要 $x, x' \in E$ 且 $|x - x'| < \delta$, 则对于任意的 n, 有

$$|f_n(x) - f_n(x')| < \frac{\varepsilon}{9}.$$

现在考虑 x 的 δ 邻域 $B_\delta(x) = \{y \in \mathbb{R} \,|\, |y - x| < \delta\}$. 显然, $\bigcup\limits_{x \in E} B_\delta(x)$ 构成 E 的一个开覆盖. 由于 E 是紧的, 因此该开覆盖存在有限子覆盖 $B_\delta(x_j)$, $j = 1, 2, \cdots, k_0$, 使得

$$E \subseteq \bigcup_{j=1}^{k_0} B_\delta(x_j).$$

由于 E_0 在 E 中稠密, 因此对于每个 $B_\delta(x_j)$, 存在一个 $y_j \in E_0$, 使得 $y_j \in B_\delta(x_j)$.

由假设 f_n 在 E_0 上收敛知, 对于每个 $y_j \in E_0$, $f_n(y_j)$ 收敛. 又由于 $1 \leqslant j \leqslant k_0$, 即 j 有限, 因此存在 N, 使得只要 $n, m > N$, 就有

$$|f_n(y_j) - f_m(y_j)| < \frac{\varepsilon}{9}, \quad 1 \leqslant j \leqslant k_0.$$

由此可知, 只要 $n, m > N$, 就有

$$\begin{aligned}
|f_n(x_j) - f_m(x_j)| &\leqslant |f_n(x_j) - f_n(y_j)| + |f_n(y_j) - f_m(y_j)| \\
&\quad + |f_m(y_j) - f_m(x_j)| < \frac{\varepsilon}{3}.
\end{aligned}$$

---

① A. L. Cauchy (1789—1857), 法国伟大的数学家. 他对数学分析严谨化做出了卓越贡献. 他的研究及后来科学家们的艰苦工作, 使数学分析的基本概念得到严格的论述, 从而结束了微积分在思想上长达 200 年的混乱局面, 把微积分及其推广从对几何概念、运动和直观了解的完全依赖中解放出来, 并使微积分发展成现代数学中最基础、最庞大的学科. 复变函数的微积分理论也是由他创立的. 他在代数、理论物理、光学、弹性理论方面也有突出贡献.

注意到, 对于任意的 $x \in E$, 存在 $j \in \{1, 2, \cdots, k_0\}$, 使得 $x \in B_\delta(x_j)$, 于是

$$|f_n(x) - f_m(x)| \leqslant |f_n(x) - f_n(x_j)| + |f_m(x) - f_m(x_j)|$$
$$+ |f_n(x_j) - f_m(x_j)| < \varepsilon. \qquad \square$$

Ascoli-Arzelà 引理的证明 注意到 $[a, b]$ 是 $\mathbb{R}$ 上的紧区间, 且 $\mathbb{Q} \cap [a, b]$ 是在 $[a, b]$ 上稠密的, 由引理 3.3 可知存在 $\{f_\alpha\}_{\alpha \in \Lambda}$ 的一个在 $\mathbb{Q} \cap [a, b]$ 上收敛的子序列. 再由引理 3.4 可知, 该子序列在 $[a, b]$ 上一致收敛. $\qquad \square$

注 3.6 在 Ascoli-Arzelà 引理中, 闭区间 $[a, b]$ 可以改成开区间 (a, b).

习 题 3.1

1. 设 $\phi(t), \psi(t), \chi(t)$ 是区间 $[a, b]$ 上的连续函数, $\chi(t) > 0$. 证明: 如果

$$\phi(t) \leqslant \psi(t) + \int_a^t \chi(s)\phi(s)\mathrm{d}s,$$

则

$$\phi(t) \leqslant \psi(t) + \int_a^t \chi(s)\psi(s)\mathrm{e}^{\int_s^t \chi(\tau)\mathrm{d}\tau}\mathrm{d}s.$$

2. 设函数 f 定义在 (t, x)-平面中的区域 D 上, 称其是 **Lip 类** 的, 如果存在可积函数 $k(t)$, 使得对于一切的 $(t, x), (t, \bar{x}) \in D$, 有

$$|f(t, x) - f(t, \bar{x})| \leqslant k(t)|x - \bar{x}|.$$

现在假设 f 是 Lip 类的, $\phi_1(t), \phi_2(t)$ 是区间 $I = [a, b]$ 上的连续函数, $f(t, \phi_j(t))$ $(j = 1, 2)$ 在 I 上可积,

$$\phi_j(t) = \phi_j(\tau) + \int_\tau^t f(s, \phi_j(s))\mathrm{d}s + E_j(t), \quad j = 1, 2,$$

并且 $|\phi_1(\tau) - \phi_2(\tau)| \leqslant \delta$, 其中 $\tau \in I$, 常数 $\delta > 0$, $E_j(t)(j = 1, 2)$ 是定义在 I 上的连续函数. 令 $E(t) = |E_1(t)| + |E_2(t)|$. 证明: 对于 $\tau \leqslant t \leqslant b$, 有

$$|\phi_1(t) - \phi_2(t)| \leqslant \delta e^{\int_\tau^t k(s)ds} + E(t) + \int_\tau^t E(s)k(s)e^{\int_s^t k(u)du}ds.$$

对于 $a \leqslant t \leqslant \tau$, 也有类似的结论.

3. 证明: 若一个函数序列在有界区间 I 上一致有界且等度连续, 则在 I 上它至少有一个一致收敛的子序列. 该结论在无限区间上成立吗?

§3.2   Picard 定 理

考虑微分方程

$$\frac{dy}{dx} = f(x, y), \tag{3.1}$$

其中函数 $f(x, y)$ 在矩形闭区域

$$D : |x - x_0| \leqslant a, |y - y_0| \leqslant b$$

上连续.

定义 3.3   称函数 $f(x, y)$ 在区域 G 上对 y 满足 **Lipschitz**[①]**条件**, 如果存在常数 L, 使得对于任意的 $(x, y_1), (x, y_2) \in G$, 有

$$|f(x, y_1) - f(x, y_2)| \leqslant L|y_1 - y_2|.$$

注 3.7   若函数 $f(x, y)$ 在闭区域 D 上对 y 有连续的偏导数, 则 $f(x, y)$ 对 y 满足 Lipschitz 条件.

注 3.8   函数 $f(x, y) = |y|$ 对 y 满足 Lipschitz 条件.

接下来讨论方程 (3.1) 满足初始条件

$$y(x_0) = y_0 \tag{3.2}$$

的解的存在性. 下面的结果表明, 当方程 (3.1) 中 $f(x, y)$ 对 y 满足 Lipschitz 条件时, 满足初始条件 (3.2) 的解在局部范围是存在且唯一的.

[①] R. O. S. Lipschitz (1832—1903), 德国数学家.

定理 3.1 (Picard①定理) 假设函数 $f(x, y)$ 在闭区域 D 上连续且对 y 满足 Lipschitz 条件, 则微分方程初值问题 (3.1), (3.2) 的解在区间 $|x - x_0| \leqslant h$ 上存在且唯一, 其中

$$h = \min \left\{ a, \frac{b}{M} \right\}, \quad M = \max_{(x,y) \in D} |f(x, y)|.$$

注 3.9 Cauchy 研究过初值问题 (3.1), (3.2) 的解的存在和唯一性. 他证明了当 $f(x, y)$ 对 y 有连续的偏导数时, 该初值问题的解是存在且唯一的. 因此, 初值问题 (3.1), (3.2) 也称为 **Cauchy 问题**.

证明 我们分如下几步来完成证明:

第一步, 把问题转化. Cauchy 问题 (3.1), (3.2) 与下面的积分方程等价:

$$y(x) = y_0 + \int_{x_0}^{x} f(s, y(s)) \mathrm{d}s. \tag{3.3}$$

显然, 如果 $y = \phi(x)$ 是 Cauchy 问题 (3.1), (3.2) 的解, 那么方程 (3.1) 两端积分, 立即得到

$$\phi(x) = y_0 + \int_{x_0}^{x} f(s, \phi(s)) \mathrm{d}s.$$

反之, 设 $y = \phi(x)$ 满足方程 (3.3), 则 $\phi(x_0) = y_0$, 且方程 (3.3) 两端求导数, 得到

$$\phi'(x) = f(x, \phi(x)).$$

第二步, 构造 Picard 序列.

令 $y_0(x) = y_0$, 定义

$$y_1(x) = y_0 + \int_{x_0}^{x} f(s, y_0(s)) \mathrm{d}s, \quad |x - x_0| \leqslant h.$$

---

① C. E. Picard (1856—1941), 法国数学家. 他的主要贡献在解析函数论、微分方程、代数几何和力学等方面. 他提出的 Picard 第一定理、Picard 第二定理成为复变函数论许多新方向的起点. 他将 Poincaré 自守函数的方法推广到二元复变函数上, 进而研究了代数曲面, 导致了 Picard 群的建立. 他推广了逐步逼近法, 研究了含复变量的微分方程和积分方程的解的存在和唯一性.

容易验证, 对于 $|x - x_0| \leqslant h$, 有 $|y_1(x) - y_0| \leqslant b$, 即

$$\{(x, y_1(x)) | |x - x_0| \leqslant h\} \subset D.$$

因此, 可以定义

$$y_2(x) = y_0 + \int_{x_0}^{x} f(s, y_1(s)) \mathrm{d}s, \quad |x - x_0| \leqslant h.$$

当 $|x - x_0| \leqslant h$ 时,

$$|y_2(x) - y_0| \leqslant \left| \int_{x_0}^{x} f(s, y_1(s)) \mathrm{d}s \right| \leqslant M|x - x_0| \leqslant b,$$

于是 $\{(x, y_2(x)) | |x - x_0| \leqslant h\} \subset D$, 进而可以定义

$$y_3(x) = y_0 + \int_{x_0}^{x} f(s, y_2(s)) \mathrm{d}s, \quad |x - x_0| \leqslant h.$$

一般地, 定义

$$y_n(x) = y_0 + \int_{x_0}^{x} f(s, y_{n-1}(s)) \mathrm{d}s, \quad |x - x_0| \leqslant h.$$

这样定义了一个连续函数序列 $\{y_n(x)\}$. 称这个序列为 **Picard 序列**.
可以归纳地证明: 当 $|x - x_0| \leqslant h$ 时,

$$|y_n(x) - y_0| \leqslant b, \quad n = 0, 1, 2, \cdots,$$

如图 3.1 所示.

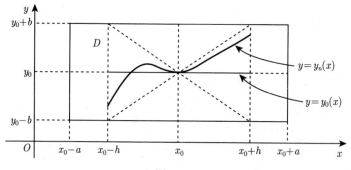

图　3.1

第三步, 证明解的存在性. 只要证明 Picard 序列 $\{y_n(x)\}$ 在区间 $|x - x_0| \leqslant h$ 上一致收敛到方程 (3.3) 的解即可.

由于

$$|y_1(x) - y_0(x)| = \left| \int_{x_0}^x f(s, y_0(s)) \mathrm{d}s \right| \leqslant M|x - x_0|,$$

$$|y_2(x) - y_1(x)| = \left| \int_{x_0}^x f(s, y_1(s)) \mathrm{d}s - \int_{x_0}^x f(s, y_0(s)) \mathrm{d}s \right|$$

$$\leqslant L \left| \int_{x_0}^x |y_1(s) - y_0(s)| \mathrm{d}s \right| = \frac{LM}{2} |x - x_0|^2.$$

利用数学归纳法, 可以证明

$$|y_n(x) - y_{n-1}(x)| \leqslant \frac{M}{L} \cdot \frac{L^n}{n!} |x - x_0|^n, \quad n = 1, 2, \cdots.$$

注意到数项级数

$$Mh + \frac{ML}{2!} h^2 + \cdots + \frac{ML^{n-1}}{n!} h^n + \cdots$$

是收敛的, 因此

$$y_n(x) = (y_n(x) - y_{n-1}(x)) + \cdots + (y_1(x) - y_0(x)) + y_0(x)$$

在区间 $|x - x_0| \leqslant h$ 上是一致收敛的. 假设其收敛到 $\phi(x)$. 由于 $y_n(x)$ 是连续的, 因此 $\phi(x)$ 在区间 $|x - x_0| \leqslant h$ 上连续.

在等式

$$y_n(x) = y_0 + \int_{x_0}^x f(s, y_{n-1}(s)) \mathrm{d}s, \quad |x - x_0| \leqslant h$$

两边令 $n \to \infty$, 得到

$$\phi(x) = y_0 + \int_{x_0}^x f(s, \phi(s)) \mathrm{d}s, \quad |x - x_0| \leqslant h.$$

这就证明了 $y = \phi(x)$ 是方程 (3.3) 的解, 也就是 Cauchy 问题 (3.1), (3.2) 的解.

第四步, 证明解的唯一性.

假设 $y = \phi(x)$ 与 $y = \psi(x)$ 均是 Cauchy 问题 (3.1), (3.2) 在区间 $|x - x_0| \leqslant h$ 的连续解, 即

$$\phi(x) = y_0 + \int_{x_0}^{x} f(s, \phi(s)) \mathrm{d}s,$$

$$\psi(x) = y_0 + \int_{x_0}^{x} f(s, \psi(s)) \mathrm{d}s.$$

将上面两式相减, 得到

$$|\phi(x) - \psi(x)| = \left| \int_{x_0}^{x} (f(s, \phi(s)) - f(s, \psi(s))) \mathrm{d}s \right|$$

$$\leqslant L \left| \int_{x_0}^{x} |\phi(s) - \psi(s)| \mathrm{d}s \right|.$$

令 $\Phi(x) = \int_{x_0}^{x} |\phi(s) - \psi(s)| \mathrm{d}s$, 则

$$\Phi(x) \geqslant 0, \ x \geqslant x_0; \quad \Phi(x) \leqslant 0, \ x \leqslant x_0.$$

于是, 当 $x \geqslant x_0$ 时, 可以得到

$$\Phi'(x) \leqslant L\Phi(x).$$

由 Gronwall 不等式可知

$$\Phi(x) \leqslant 0, \quad x \geqslant x_0,$$

因此

$$\Phi(x) \equiv 0, \quad x \geqslant x_0.$$

由此可知

$$\phi(x) \equiv \psi(x), \quad x \geqslant x_0.$$

同理, 可以证明

$$\phi(x) \equiv \psi(x), \quad x \leqslant x_0.$$

这样就完成 Picard 定理的证明. □

对于 Picard 序列 $\{y_n(x)\}$, 有

$$\lim_{n \to \infty} y_n(x) = \phi(x).$$

不仅如此, 还可以估计出 $y_n(x)$ 趋向于 $\phi(x)$ 的速度. 事实上, 有下面的引理.

引理 3.5 对于 Cauchy 问题 (3.1), (3.2), 当 $|x - x_0| \leqslant h$ 时, 有

$$|y_n(x) - \phi(x)| \leqslant \frac{ML^n}{(n+1)!}|x - x_0|^{n+1}.$$

证明 利用数学归纳法来证明上面的估计式.

对于 $n = 0$, 有

$$|y_0(x) - \phi(x)| = \left| \int_{x_0}^x f(s, \phi(s))\mathrm{d}s \right| \leqslant M|x - x_0|.$$

假设估计式对于 $n = m$ 成立, 即

$$|y_m(x) - \phi(x)| \leqslant \frac{ML^m}{(m+1)!}|x - x_0|^{m+1}.$$

对于 $n = m + 1$, 有

$$|y_{m+1}(x) - \phi(x)| = \left| \int_{x_0}^x (f(s, y_m(s)) - f(s, \phi(s)))\mathrm{d}s \right|.$$

由于 $f(x, y)$ 关于 y 满足 Lipschitz 条件, 因此

$$\begin{aligned}
|y_{m+1}(x) - \phi(x)| &\leqslant \left| \int_{x_0}^x L|y_m(s) - \phi(s)|\mathrm{d}s \right| \\
&\leqslant L\frac{ML^m}{(m+1)!} \left| \int_{x_0}^x |s - x_0|^{m+1}\mathrm{d}s \right| \\
&= \frac{ML^{m+1}}{(m+2)!}|x - x_0|^{m+2}.
\end{aligned}$$

根据数学归纳法, 对于一切自然数 n, 估计式成立. □

注 3.10　在定理 3.1 中, 如果去掉函数 $f(x, y)$ 对 y 的 Lipschitz 条件, 一般来说不能保证解的唯一性.

例 3.1　*初值问题*

$$\frac{\mathrm{d}y}{\mathrm{d}x} = y^{\frac{1}{3}}, \quad y(0) = 0$$

有两个解

$$y_1(x) \equiv 0, \quad y_2(x) = \begin{cases} 0, & x \leqslant 0, \\ \left(\dfrac{2}{3}x\right)^{\frac{3}{2}}, & x \geqslant 0. \end{cases}$$

事实上, 函数 $f(x, y) = y^{\frac{1}{3}}$ 在 $y = 0$ 时是不满足 Lipschitz 条件的.

例 3.2　*初值问题*

$$\begin{cases} y' = x^2 + y^2, \\ y(x_0) = y_0 \end{cases}$$

的解是存在且唯一的. 注意到

$$\frac{\partial}{\partial y}(x^2 + y^2) = 2y,$$

因此 $f(x, y) = x^2 + y^2$ 是满足 Lipschitz 条件的. 由 Picard 定理可知, 对于任意的初值点 (x_0, y_0), 微分方程 $y' = x^2 + y^2$ 的解是存在且唯一的. 由上一章关于 Riccati 方程的讨论可知, 微分方程 $y' = x^2 + y^2$ 的解是不能用初等积分法求出的.

关于 Cauchy 问题 (3.1), (3.2) 的解的唯一性, 有条件比 Picard 定理条件弱一些的结论. 在介绍这个结论之前, 先引入一个概念.

定义 3.4　设函数 $f(x, y)$ 在区域 G 内连续. 如果对于任意的 $(x, y_1), (x, y_2) \in G$, 有

$$|f(x, y_1) - f(x, y_2)| \leqslant F(|y_1 - y_2|),$$

其中 $F(r) > 0$ 是 $r(r > 0)$ 的连续函数, 并且

$$\int_0^\varepsilon \frac{1}{F(r)} \mathrm{d}r = +\infty, \quad \forall \varepsilon > 0,$$

则称 $f(x, y)$ 对 y 满足 **Osgood 条件**.

注 3.11 显然, 如果函数 $f(x,y)$ 满足 Lipschitz 条件, 则它满足 Osgood 条件. 事实上, 此时可以取 $F(r) = Lr$.

Osgood 证明了如下结果:

定理 3.2 (Osgood 定理) 设函数 $f(x,y)$ 在闭区域 D 内对 y 满足 Osgood 条件, 则对于任意的 $(x_0, y_0) \in D$, Cauchy 问题 (3.1), (3.2) 的解都是存在且唯一的.

证明 存在性由下一节的 Peano 定理保证. 现证唯一性.

假设存在 $(x_0, y_0) \in D$, 使得 Cauchy 问题 (3.1), (3.2) 有两个解

$$y = \phi_1(x), \quad y = \phi_2(x),$$

且存在 $x_1 \neq x_0$, 使得 $\phi_1(x_1) > \phi_2(x_1)$. 不妨设 $x_1 > x_0$. 令

$$\bar{x} = \max_{x \in [x_0, x_1]} \{x | \phi_1(x) = \phi_2(x)\},$$

则 $\bar{x} \in [x_0, x_1)$, 且

$$\phi_1(\bar{x}) = \phi_2(\bar{x}), \quad \phi_1(x) > \phi_2(x), \ x \in (\bar{x}, x_1].$$

定义

$$r(x) = \phi_1(x) - \phi_2(x),$$

则当 $x \in (\bar{x}, x_1)$ 时, $r(x) > 0$, 且

$$r'(x) = f(x, \phi_1(x)) - f(x, \phi_2(x)) \leqslant F(|\phi_1(x) - \phi_2(x)|) = F(r(x)).$$

于是

$$\frac{1}{F(r)} \mathrm{d}r \leqslant \mathrm{d}x.$$

因此

$$\int_0^{r_1} \frac{1}{F(r)} \mathrm{d}r \leqslant x_1 - \bar{x},$$

其中 $r_1 = r(x_1) > 0$. 这与 Osgood 条件矛盾. 所以, 在定理条件下, Cauchy 问题 (3.1), (3.2) 的解是唯一的. $\square$

例 3.3   研究微分方程

$$\frac{\mathrm{d}y}{\mathrm{d}x} = \begin{cases} 0, & y = 0, \\ y \ln |y|, & y \neq 0 \end{cases}$$

的解的唯一性.

解   当 $y \neq 0$ 时,

$$\frac{\mathrm{d}}{\mathrm{d}y}(y \ln |y|) = \ln |y| + 1,$$

因此由 Picard 定理可知, 所给方程满足初始条件 $y(x_0) = y_0 \neq 0$ 的解是唯一的. 而当 $y_0 = 0$ 时, 该方程显然有解 $y \equiv 0$. 由于对于任意的 $\varepsilon > 0$, 有

$$\int_0^\varepsilon \frac{1}{y \ln |y|} \mathrm{d}y = +\infty,$$

所以由 Osgood 定理可知, 所给方程满足初始条件 $y(x_0) = y_0 = 0$ 的解是唯一的.

注 3.12   由下面 Müller 给出的例子可以知道, 当函数 $f(x, y)$ 不满足 Lipschitz 条件时, Picard 序列可以是不收敛的.

例 3.4   考虑初值问题

$$\begin{cases} y' = f(x, y), \\ y(0) = 0, \end{cases}$$

其中

$$f(x, y) = \begin{cases} 0, & x = 0, -\infty < y < +\infty, \\ 2x, & 0 < x \leqslant 1, -\infty < y < 0, \\ 2x - \dfrac{4y}{x}, & 0 < x \leqslant 1, 0 \leqslant y < x^2, \\ -2x, & 0 < x \leqslant 1, x^2 \leqslant y < +\infty. \end{cases}$$

可以证明, $f(x, y)$ 在闭区域

$$0 \leqslant x \leqslant 1, \quad -\infty < y < +\infty$$

上连续, 但是对 y 不满足 Lipschitz 条件. 取 $y_0(x) \equiv 0$, 则 Picard 序列 $\{y_n(x)\}$ 为

$$y_0(x) \equiv 0, \quad y_n(x) = (-1)^{n+1} x^2 \, , \ n = 1, 2, \cdots .$$

显然, 这个函数序列不收敛. 此外, 可以验证

$$y = \frac{1}{3} x^2$$

是该初值问题的解. 再由下面的例子可以知道, 该初值问题的解是唯一的.

注 3.13 在上面的例子中, 由于

$$\lim_{n \to \infty} y_{2n}(x) = -x^2, \quad \lim_{n \to \infty} y_{2n+1}(x) = x^2,$$

因此 Picard 序列 $\{y_n(x)\}$ 的任何收敛子序列可以不收敛到 Cauchy 问题的解.

例 3.5 设连续函数 $f(x, y)$ 关于 y 是递减的. 证明: Cauchy 问题 (3.1), (3.2) 在右侧 ($x \geqslant x_0$ 时) 的解是唯一的.

证明 假设 $y = \phi_1(x)$ 和 $y = \phi_2(x)$ 是 Cauchy 问题 (3.1), (3.2) 的两个解, 且存在 $x_1 > x_0$, 使得

$$\phi_1(x_1) > \phi_2(x_1).$$

与 Osgood 定理的证明类似, 令

$$\bar{x} = \max_{x \in [x_0, x_1]} \{x | \phi_1(x) = \phi_2(x)\},$$

则

$$\phi_1(\bar{x}) = \phi_2(\bar{x}),$$

且

$$\phi_1(x) > \phi_2(x), \quad x \in (\bar{x}, x_1].$$

由 Lagrange 中值定理可知, 存在 $\xi \in (\bar{x}, x_1)$, 使得

$$\phi_1'(\xi) > \phi_2'(\xi).$$

由于 $\phi_1(x)$, $\phi_2(x)$ 均为方程 (3.1) 的解, 因此

$$\phi_1'(\xi) = f(\xi, \phi_1(\xi)), \quad \phi_2'(\xi) = f(\xi, \phi_2(\xi)).$$

再利用到 $\phi_1(\xi) > \phi_2(\xi)$ 以及 f 关于 y 是递减的, 有

$$\phi_1'(\xi) = f(\xi, \phi_1(\xi)) \leqslant f(\xi, \phi_2(\xi)) = \phi_2'(\xi),$$

矛盾. 所以, Cauchy 问题 (3.1), (3.2) 在右侧的解唯一.

习　题　3.2

1. 求出下面微分方程的 Picard 序列中的 y_0, y_1, y_2:

$$y' = x - y^2.$$

2. 求初值问题

$$\frac{\mathrm{d}y}{\mathrm{d}x} = x + y + 1, \quad y(0) = 0$$

的 Picard 序列, 并由此取极限求解.

3. 在定理 3.1 中, 将函数 $f(x, y)$ 的条件用下面的条件替代:

$$|f(x, y)| \leqslant k(x)(1 + |y|),$$
$$|f(x, y_1) - f(x, y_2)| \leqslant k(x)|y_1 - y_2|,$$

其中 $k(x)$ 是可积函数. 假设 $f(x, y)$ 是连续函数. 证明: 存在区间 $x_0 \leqslant x \leqslant x_0 + \alpha$, 使得 Picard 序列一致收敛到 Cauchy 问题 (3.1), (3.2) 的解.

4. 利用 Banach 压缩映像原理证明 Picard 定理.

5. 假设函数 $f(x,y)$ 在闭区域 $D = \{(x,y) | 0 \leqslant x \leqslant a, |y| \leqslant b\}$ 上连续. 进一步, 假设对于任意的 $y_1 \leqslant y_2$, 有 $f(x,y_1) \leqslant f(x,y_2)$, 且 $f(x,0) \geqslant 0$. 对于初值问题

$$\begin{cases} y' = f(x,y), \\ y(0) = 0, \end{cases}$$

构造 Picard 序列

$$y_0(x) \equiv 0, \quad y_n(x) = \int_0^x f(s, y_{n-1}(s)) \mathrm{d}s, \ n = 1, 2, \cdots.$$

证明: 该序列在区间 $0 \leqslant x \leqslant h$ 上收敛到上述初值问题的解, 其中

$$h = \min \left\{ a, \frac{b}{M} \right\}, \quad M = \max_{(x,y) \in D} |f(x,y)|.$$

§3.3　Peano 定 理

当微分方程 (3.1) 中的函数 $f(x,y)$ 对 y 不满足 Lipschitz 条件时, 一般来说, 不能保证 Cauchy 问题 (3.1), (3.2) 的解的存在和唯一性. 但是, 当 $f(x,y)$ 连续时, 可以证明 Cauchy 问题 (3.1), (3.2) 的解是存在的. 这就是本节要证明的 Peano[①]定理.

定理 3.3 (Peano 定理)　假设函数 $f(x,y)$ 在闭区域 $D : |x-x_0| \leqslant a, |y-y_0| \leqslant b$ 上连续, 则 Cauchy 问题 (3.1), (3.2) 在区间 $|x-x_0| \leqslant h$ 上至少有一个解, 其中 $h = \min \left\{ a, \dfrac{b}{M} \right\}$, $M = \max\limits_{(x,y) \in D} |f(x,y)|$.

证明　Cauchy 问题 (3.1), (3.2) 等价于下面的积分方程

$$y(x) = y_0 + \int_{x_0}^x f(s, y(s)) \mathrm{d}s, \quad |x - x_0| \leqslant h. \tag{3.4}$$

我们只考虑积分方程 (3.4) 在 $0 < x - x_0 \leqslant h$ 上的解 (称为**右侧解**) 的存在性. 而对于在 $-h \leqslant x - x_0 \leqslant 0$ 上的解 (称为**左侧解**), 可以类似处理.

---

① G. Peano (1858—1932), 意大利数学家.

对于任意的正整数 n, 在区间 $[x_0, x_0 + h]$ 中插入 $n - 1$ 个分点, 将其分成 n 等份:

$$x_0 < x_1 < x_2 < \cdots < x_n = x_0 + h.$$

在小区间 $[x_0, x_1]$ 上做小线段

$$l_1\colon y = y_0 + f(x_0, y_0)(x - x_0), x_0 \leqslant x \leqslant x_1.$$

记 $y_1 = y_0 + f(x_0, y_0)(x_1 - x_0)$. 然后, 在小区间 $[x_1, x_2]$ 上做小线段

$$l_2\colon y = y_1 + f(x_1, y_1)(x - x_1), x_1 \leqslant x \leqslant x_2.$$

记 $y_2 = y_1 + f(x_1, y_1)(x_2 - x_1)$. 继续在小区间 $[x_2, x_3]$ 做小线段 l_3. 依次下去, 我们可在 $[x_0, x_0 + h]$ 上做出一条折线

$$E_n = \bigcup_{s=1}^{n} l_s.$$

设 $y = y_n(x)$ 为其函数表达式. 对于任意的 $x \in (x_0, x_0 + h]$, 存在整数 j $(0 \leqslant j \leqslant n - 1)$, 使得

$$x_j < x \leqslant x_{j+1},$$

于是

$$y_n(x) = y_0 + \sum_{k=0}^{j-1} f(x_k, y_k)(x_{k+1} - x_k) + f(x_j, y_j)(x - x_j).$$

下面在区间 $(x_0, x_0 + h]$ 上估计误差

$$\left| y_n(x) - y_0 - \int_{x_0}^{x} f(s, y_n(s)) \mathrm{d}s \right|.$$

对于 $x \in (x_0, x_0 + h]$, 存在唯一的 j $(0 \leqslant j \leqslant n - 1)$, 使得

$$x_0 + \frac{j}{n} h = x_j < x \leqslant x_{j+1} = x_0 + \frac{j+1}{n} h.$$

注意到

$$f(x_i, y_i)(x_{i+1} - x_i) = \int_{x_i}^{x_{i+1}} f(x_i, y_i)\mathrm{d}x,$$

因此

$$\left| y_n(x) - y_0 - \int_{x_0}^{x} f(s, y_n(s))\mathrm{d}s \right| \leqslant \sum_{k=0}^{j-1} \int_{x_k}^{x_{k+1}} |f(x_k, y_k) - f(s, y_n(s))|\mathrm{d}s$$
$$+ \int_{x_j}^{x} |f(x_j, y_j) - f(s, y_n(s))|\mathrm{d}s.$$

由折线 E_n 的构造可知, 当 $x_i \leqslant x \leqslant x_{i+1}$ 时,

$$|x - x_i| \leqslant \frac{h}{n}, \quad |y_n(x) - y_i| \leqslant M|x - x_i| \leqslant \frac{Mh}{n}.$$

由于 $f(x, y)$ 在闭区域 D 上是连续的, 因此对于任意的 $\varepsilon > 0$, 存在 $N = N(\varepsilon) > 0$, 使得只要 $n > N$, 就有

$$|f(x_i, y_i) - f(x, y_n(x))| < \frac{\varepsilon}{h}, \quad x_i \leqslant x \leqslant x_{i+1}.$$

由此可知

$$\left| y_n(x) - y_0 - \int_{x_0}^{x} f(s, y_n(s))\mathrm{d}s \right| < \varepsilon.$$

接下来证明序列 $\{y_n\}$ 有一个子序列, 它一致收敛到积分方程 (3.4) 的解. 为此, 只要证明下面两点即可:

(1) 序列 $\{y_n\}$ 是一致有界的. 事实上, 由序列 $\{y_n\}$ 的构造可知

$$|y_n(x) - y_0| \leqslant M|x - x_0| \leqslant b.$$

(2) 序列 $\{y_n\}$ 是等度连续的. 实际上, 对于任意的 $s, t \in [x_0, x_0 + h]$, 有

$$|y_n(s) - y_n(t)| \leqslant M|s - t|.$$

由上面两点及 Ascoli-Arzelà 引理可知, 序列 $\{y_n\}$ 至少有一个一致收敛的子序列 $\{y_{n_j}(x)\}$. 对于这个子序列来讲, 由上面的讨论可知

$$y_{n_j}(x) = y_0 + \int_{x_0}^x f(s, y_{n_j}(s))\mathrm{d}s + \delta_{n_j}(x), \quad x \in [x_0, x_0 + h], \quad (3.5)$$

其中 $\delta_{n_j}(x)$ 满足

$$\lim_{j \to +\infty} \delta_{n_j}(x) \rightrightarrows 0.$$

设

$$\phi(x) = \lim_{j \to +\infty} y_{n_j}(x).$$

在 (3.5) 式两边取极限, 则

$$\phi(x) = y_0 + \int_{x_0}^x f(s, \phi(s))\mathrm{d}s, \quad x \in [x_0, x_0 + h],$$

即 $y = \phi(x)$ 是积分方程 (3.4) 的右侧解.

同理, 可以证明左侧解也是存在的. 这就完成 Peano 定理的证明. □

注 3.14 我们称 E_n 为 **Euler**[①]**折线**, 而称 $\{y_n\}$ 为 **Euler 序列**. 从线素场的几何意义可以看出, 将 Euler 折线看作 Cauchy 问题 (3.1), (3.2) 的一个近似解是合理的. 而且, n 越大, 这条折线越接近于真实的解. Euler 在研究 Cauchy 问题 (3.1), (3.2) 的解的存在性时试图利用这样的折线来逼近真正的解. 然而, 限于当时的分析工具, 他未能证明其收敛性.

注 3.15 当函数 $f(x, y)$ 不具有连续性时, Cauchy 问题 (3.1), (3.2) 可以没有连续解. 例如, 设函数

$$f(x, y) = \begin{cases} 1, & 1 \leqslant |x + y| < +\infty, \\ (-1)^n, & \dfrac{1}{n+1} \leqslant |x + y| < \dfrac{1}{n} \ (n = 1, 2, \cdots), \\ 0, & |x + y| = 0, \end{cases}$$

---

① L. Euler (1707—1783), 瑞士伟大的数学家. 他是 18 世纪数学界最杰出的人物之一, 他不但为数学界做出贡献, 更把整个数学推至物理学的领域. 他是数学史上最多产的数学家, 其著作《无穷小分析引论》《微分学原理》《积分学原理》等都成为数学界的经典. 他对数学的研究如此之广泛, 因此在许多数学分支中也可经常见到以他的名字命名的重要常数、公式和定理. 此外, 他还涉及建筑学、弹道学、航海学等领域. 法国数学家 Laplace 认为他是所有人的老师.

则可以验证

$$
\begin{cases}
y' = f(x, y), \\
y(0) = 0
\end{cases}
$$

没有连续解.

注 3.16　Lavrentieff 构造了一个连续函数 $f(x, y)$, 说明 Cauchy 问题 (3.1), (3.2) 可以在闭区域 D 上每一点处至少有两个解. 类似的例子可见文献 [8].

例 3.6　利用 Peano 定理来证明隐函数定理: 假设函数 $F(x, y)$ 在平面上区域 G 内连续可微, 且存在 $(x_0, y_0) \in G$, 使得

$$
F(x_0, y_0) = 0, \quad F'_y(x_0, y_0) \neq 0,
$$

则存在常数 $h > 0$, 使得方程

$$
F(x, y) = 0
$$

在区间 $|x - x_0| \leqslant h$ 上有唯一解 $y = \phi(x)$, 满足 $\phi(x_0) = y_0$.

证明　由于 $F(x, y)$ 在 G 上连续可微, 且 $F'_y(x_0, y_0) \neq 0$, 因此存在 $a, b > 0$, 使得当

$$
(x, y) \in \{(x, y) | |x - x_0| \leqslant a, |y - y_0| \leqslant b\} \triangleq D \subset G
$$

时, 有

$$
F'_y(x, y) \neq 0. \tag{3.6}
$$

考虑初值问题

$$
\begin{cases}
\dfrac{\mathrm{d}y}{\mathrm{d}x} = -\dfrac{F'_x(x, y)}{F'_y(x, y)}, \\
y(x_0) = y_0.
\end{cases}
$$

由 Peano 定理可知, 存在 $h > 0$, 使得该初值问题在区间 $|x - x_0| \leqslant h$ 上至少有一个解 $y = \phi(x)$, 即

$$
\phi'(x) = -\frac{F'_x(x, \phi(x))}{F'_y(x, \phi(x))}, \quad \phi(x_0) = y_0.
$$

由此可知

$$\frac{\mathrm{d}}{\mathrm{d}x}F(x,\phi(x))=0.$$

又由 $\phi(x_0)=y_0$ 和 $F(x_0,y_0)=0$ 可知

$$F(x,\phi(x))\equiv 0,\quad |x-x_0|\leqslant h.$$

接下来证明解 $y=\phi(x)$ 的唯一性. 假设在区间 $|x-x_0|\leqslant h$ 上有另一个解 $y=\psi(x)$, 则它满足

$$F(x,\psi(x))\equiv 0,\quad \psi(x_0)=y_0.$$

于是

$$0=F(x,\phi(x))-F(x,\psi(x))$$
$$=(\phi(x)-\psi(x))\int_0^1 F_y'(x,t\phi(x)+(1-t)\psi(x))\mathrm{d}t.$$

由于

$$|\psi(x)-y_0|\leqslant b,\quad |\phi(x)-y_0|\leqslant b,$$

因此 $\{(x,t\psi(x)+(1-t)\phi(x))||x-x_0|\leqslant h,0\leqslant t\leqslant 1\}\subset D$. 由 (3.6) 式推出 $\phi(x)\equiv\psi(x)$.

例 3.7 假设函数 $f(y)$ 是连续的. 证明: 初值问题

$$\begin{cases}\dfrac{\mathrm{d}y}{\mathrm{d}x}=x^2+1+(f(y))^2,\\ y(x_0)=y_0\end{cases}$$

的解存在且唯一.

证明 由 Peano 定理可知, 该初值问题的解是存在的. 假设 $y=\phi(x)$ 是解, 则

$$\phi'(x)=1+x^2+(f(\phi(x)))^2>0.$$

§3.3 Peano 定理 103

由此可知 $y = \phi(x)$ 的反函数 $x = \psi(y)$ 是存在的, 且它满足初值问题

$$\begin{cases} \dfrac{\mathrm{d}u}{\mathrm{d}y} = \dfrac{1}{1 + u^2 + (f(y))^2}, \\ u(y_0) = x_0. \end{cases}$$

注意到此初值问题中微分方程的右端对 u 是连续可微的, 于是由 Picard 定理可知这个初值问题的解存在且唯一. 再利用反函数的唯一性可知原初值问题的解是存在且唯一的.

<h3 style="text-align:center">习 题 3.3</h3>

1. 考虑与 Cauchy 问题 (3.1), (3.2) 等价的积分方程

$$y(x) = y_0 + \int_{x_0}^{x} f(s, y(s))\mathrm{d}s.$$

在区间 $I = [x_0, x_0 + h]$ 上 (h 的意义与 Picard 定理中的相同) 构造序列 $\{y_n(x)\}$ 如下: 对于每个正整数 n, 将区间 I 等分, 其分点为 $x_k = x_0 + kd_n$, 其中 $d_n = \dfrac{h}{n}$, $k = 1, 2, \cdots, n-1$, 并记 $x_n = x_0 + h$, 进而定义

$$y_n(x) = \begin{cases} y_0, & x \in [x_0, x_1], \\ y_0 + \displaystyle\int_{x_0}^{x-d_n} f(s, y_n(s))\mathrm{d}s, & x \in [x_1, x_0 + h], \end{cases} \quad n = 1, 2, \cdots.$$

称序列

$$y_1(x), \ y_2(x), \ \cdots, \ y_n(x), \ \cdots$$

为 **Tonelli 序列**.

(1) 用 Tonelli 序列和 Ascoli-Arzelà 引理来证明 Peano 定理.

(2) 用 Tonelli 序列来证明 Picard 定理, 即在 Picard 定理的条件下, Tonelli 序列是一致收敛的.

2. 令函数

$$\alpha(x) = \begin{cases} 0, & x = 0, \\ \displaystyle\int_0^x e^{-\frac{1}{s^2}} ds, & 0 < x \leqslant 1. \end{cases}$$

在条形闭区域

$$G : 0 \leqslant x \leqslant 1, -\infty < y < +\infty$$

上定义连续函数 $f(x, y)$, 使得

$$f(x, y) = \begin{cases} x, & 0 \leqslant x \leqslant 1, y > \alpha(x), \\ x \cos \dfrac{\pi}{x}, & 0 \leqslant x \leqslant 1, y = 0, \\ -x, & 0 \leqslant x \leqslant 1, y < -\alpha(x). \end{cases}$$

考虑初值问题

$$\begin{cases} y' = f(x, y), \\ y(0) = 0. \end{cases}$$

将区间 $0 \leqslant x \leqslant 1$ 分成 n 等份, 仿照本节的方法构造一条 Euler 折线 $y = \phi_n(x)$ $(0 \leqslant x \leqslant 1)$. 证明: 当 $\dfrac{2}{n} \leqslant x \leqslant 1$ 时, 有

(1) 若 n 为偶数, 则 $\phi_n(x) \geqslant \alpha(x)$;

(2) 若 n 为奇数, 则 $\phi_n(x) \leqslant -\alpha(x)$.

由此可知 Euler 序列 $\{\phi_n(x)\}$ 是不收敛的. 进一步, 证明该初值问题的解不是唯一的.

§3.4 解 的 延 伸

由前面的讨论得到了关于初值问题解存在性的一些结果. 无论 Picard 定理还是 Peano 定理, 所得到的解的存在区间均为闭区间 $|x - x_0| \leqslant h$. 特别地, $y(x_0 + h) = y_h$ 有定义. 因此, 可以考虑初值问题

$$\begin{cases} y' = f(x, y), \\ y(x_0 + h) = y_h. \end{cases}$$

利用 Peano 定理可知, 存在 $h_1 > 0$, 使得此初值问题的解在闭区间 $|x - (x_0 + h)| \leqslant h_1$ 上存在. 特别地, $y(x_0 + h + h_1) = y_{h+h_1}$ 存在, 因此可以考虑初值问题

$$\begin{cases} y' = f(x, y), \\ y(x_0 + h + h_1) = y_{h+h_1}. \end{cases}$$

再由 Peano 定理可知, 存在 $h_2 > 0$, 使得此初值问题的解在闭区间 $|x - (x_0 + h + h_1)| \leqslant h_2$ 上存在. 一直继续这样的过程, 可将解的存在区间一步一步地扩大. 然而, 并不能认为解的存在区间一定可以无限扩大.

例 3.8　*考虑初值问题*

$$\begin{cases} y' = 1 + y^2, \\ y(0) = 0. \end{cases}$$

该初值问题有唯一解 $y = \tan x$, 它的存在区间为 $\left(-\dfrac{\pi}{2}, \dfrac{\pi}{2}\right)$.

这个例子表明, 尽管微分方程右端函数在整个 (x, y)-平面上都有定义, 从而关于 x 的定义区间为 $(-\infty, +\infty)$, 然而并不能得到解在 $(-\infty, +\infty)$ 上是存在的.

本节的主要结果是下面的定理.

定理 3.4 (解的延伸定理)　考虑 Cauchy 问题

$$\begin{cases} y' = f(x, y), \\ y(x_0) = y_0, \end{cases} \tag{3.7}$$

其中函数 $f(x, y)$ 在区域 G 内连续. 该 Cauchy 问题的任意解曲线 Γ 均可延伸至 G 的边界, 即对于 G 内的任意有界闭区域 G_1 及 $(x_0, y_0) \in G_1$, 该 Cauchy 问题的解曲线 Γ 可以延伸到 $G \setminus G_1$.

证明　仅考虑解的正向延伸, 即 $x \geqslant x_0$ 时的延伸. 设满足初始条件 $y(x_0) = y_0$ 的解为 $y = \phi(x)$. 我们来证明 $y = \phi(x)$ 作为 Cauchy 问题 (3.7) 的解必可以正向延伸到 $G \setminus G_1$, 其中 $G_1 \subset G$ 是包含点 (x_0, y_0) 的任意有界闭区域.

记 $M = \max\limits_{(x,y) \in G_1} |f(x,y)| + 1 < +\infty$. 由于 G 是开集, 因此存在 $\delta_0 > 0$, 使得 $\{(x,y)||x-a| \leqslant \delta_0, |y-b| \leqslant \delta_0, (a,b) \in G_1\} \subset G$. 在矩形闭区域 $\{(x,y)||x-x_0| \leqslant \delta_0, |y-y_0| \leqslant \delta_0\} \subset G$ 上考虑初值问题

$$\begin{cases} y' = f(x,y), \\ y(x_0) = y_0. \end{cases}$$

由 Peano 定理可知, 该初值问题在 $|x-x_0| \leqslant \delta_0' = \dfrac{\delta_0}{M} < \delta_0$ 上存在解 $y = \phi(x)$. 不妨设 $(x_0 + \delta_0', \phi(x_0 + \delta_0')) \in G_1$. 考虑初值问题

$$\begin{cases} y' = f(x,y), \\ y(x_0 + \delta_0') = \phi(x_0 + \delta_0'). \end{cases}$$

在矩形闭区域

$$\{(x,y) \in G \,||x-(x_0+\delta_0')| \leqslant \delta_0, |y-\phi(x_0+\delta_0')| \leqslant \delta_0\}$$

上应用 Peano 定理可知, 存在区间 $|x-(x_0+\delta_0')| \leqslant \delta_0'$ 上的解. 这样解 $y = \phi(x)$ 就向右侧延伸到区间 $[x_0, x_0 + 2\delta_0']$ 上. 重复这样的过程, 只要 $(x_0 + n\delta_0', y(x_0 + n\delta_0')) \in G_1$, $y = \phi(x)$ 就可以向右侧延伸到区间 $[x_0, x_0 + (n+1)\delta_0']$ 上. 注意到

$$\lim_{n \to \infty} n\delta_0' = +\infty,$$

必存在一个正整数 n, 使得 $(x_0 + n\delta_0', \phi(x_0 + n\delta_0')) \in G \setminus G_1$. 这就完成定理的证明. □

由定理 3.4 及 Picard 定理可以立即得到下面的推论.

推论 3.1　设函数 $f(x,y)$ 在区域 G 上连续, 对 y 满足局部 Lipschitz 条件, 即对于任意的点 $(x,y) \in G$, 存在以它为中心的一个矩形区域 $Q \subset G$, 使得 $f(x,y)$ 在 Q 上对 y 满足 Lipschitz 条件, 则对于任一点 $P_0(x_0, y_0) \in G$, 微分方程

$$y' = f(x,y)$$

存在唯一的过点 P_0 的积分曲线 Γ, 并且 Γ 在 G 内可以延伸至边界.

注 3.17 如果 G 为有界闭区域, 函数 $f(x,y)$ 在 G 上连续, 则 $f(x,y)$ 在 G 上对 y 满足局部 Lipschitz 条件等价于它在 G 上满足 Lipschitz 条件: 存在常数 $L > 0$, 对于任意的 $(x, y_1), (x, y_2) \in G$, 有

$$|f(x, y_1) - f(x, y_2)| \leqslant L|y_1 - y_2|.$$

由例子 $f(x,y) = y^2$ 可知, 在开区域上局部 Lipschitz 条件弱于 Lipschitz 条件. 如果 $f(x,y)$ 关于 y 连续可微, 则 $f(x,y)$ 一定满足局部 Lipschitz 条件.

例 3.9 证明: 微分方程

$$y' = x^2 + y^2$$

的每个解的存在区间均是有界的.

证明 由于 $f(x,y) = x^2 + y^2$ 对 y 有连续的偏导数, 因此它满足局部 Lipschitz 条件. 由 Picard 定理可知, 该方程的过给定点 P_0 的解是存在且唯一的. 而且, 由定理 3.4 可知, 其积分曲线将延伸至无穷远. 然而, 我们并不能说解的存在区间是无限的. 事实上, 解的存在区间是有限的.

设 $y = \phi(x)$ 是该方程满足初始条件 $\phi(x_0) = y_0$ 的解. 假设它在 $[x_0, \beta)$ 上存在. 我们来证明 $\beta < +\infty$.

不妨设 $\beta > 0$, 此时存在 $x_1 > 0$, 使得 $x_0 < x_1 < \beta$. 由该方程可知

$$\phi'(x) = x^2 + \phi^2(x) \geqslant x_1^2 + \phi^2(x), \quad x \in (x_1, \beta).$$

由此可知

$$\frac{\mathrm{d}\phi(x)}{x_1^2 + \phi^2(x)} \geqslant \mathrm{d}x.$$

上式两端积分, 得到

$$\frac{1}{x_1}\left(\arctan\frac{\phi(x)}{x_1} - \arctan\frac{\phi(x_1)}{x_1}\right) \geqslant x - x_1 > 0.$$

这意味着

$$0 \leqslant x - x_1 \leqslant \frac{\pi}{x_1}, \quad x_1 \leqslant x < \beta.$$

由此可知

$$\beta \leqslant x_1 + \frac{\pi}{x_1} < +\infty.$$

同理可证, 如果解 $y = \phi(x)$ 在 $(\alpha, x_0]$ 上存在, 则 α 有限. 于是, 解 $y = \phi(x)$ 的存在区间是有限的.

例 3.10 证明: 微分方程

$$y' = (x^2 + y^2 + 1)\sin \pi y$$

的每个解都是单调的, 并且存在区间为 $(-\infty, +\infty)$.

证明 设 $f(x, y) = (x^2 + y^2 + 1)\sin \pi y$, 显然 $f(x, y)$ 关于 y 是连续可微的, 因此该方程的过任意初值点 (x_0, y_0) 的解是存在且唯一的.

注意到 $f(x, n) = 0 \ (n \in \mathbb{Z})$, 于是 $y \equiv n$ 是该方程的解. 由解的唯一性可知, 只要 $y_0 = n$, 则 $y \equiv n$. 再由解的唯一性可知, 其他的解曲线与直线 $y = n \ (n = 0, \pm 1, \pm 2, \cdots)$ 不相交.

对于任意点 $(x_0, y_0) \in \mathbb{R}^2$, 如果 $y_0 = n$, 则过点 (x_0, y_0) 的解曲线就是直线 $y = n$. 显然它是单调的, 且解的存在区间为 $(-\infty, +\infty)$. 否则, 存在 n, 使得 $n < y_0 < n + 1$. 由刚才的讨论可知, 此时过点 (x_0, y_0) 的解曲线 $y = \phi(x)$ 一定满足

$$n < \phi(x) < n + 1.$$

由此可知

$$f(x, \phi(x)) = (x^2 + \phi^2(x) + 1)\sin \pi \phi(x)$$

定号, 因此 $\phi'(x)$ 定号, 即 $y = \phi(x)$ 是单调的. 由于 $n < \phi(x) < n+1$, 因此解曲线 $(x, \phi(x)) \subset (-\infty, +\infty) \times (n, n+1) \triangleq D$. 由定理 3.4 知道, 解曲线 $(x, \phi(x))$ 一定可以延伸至 D 的边界, 于是 $y = \phi(x)$ 的存在区间为 $(-\infty, +\infty)$.

上面两个例子表明, 解的存在区间问题依赖于微分方程右端函数 $f(x, y)$ 的具体形式. 一般来讲, 没有一个有效的判别方法来确定解的存在区间的大小.

例 3.11 考虑初值问题

$$
\begin{cases}
y' = (y^2 - 2y - 3)\mathrm{e}^{(x+y)^2}, \\
y(x_0) = y_0,
\end{cases}
$$

其中 (x_0, y_0) 是 (x,y)-平面上任一点. 证明: 该初值问题解的存在区间为 $a < x < b$, 这里 $a = -\infty$ 和 $b = +\infty$ 中至少有一个成立.

证明 令

$$
f(x,y) = (y^2 - 2y - 3)\mathrm{e}^{(x+y)^2}.
$$

显然, $f(x,y)$ 关于 y 具有连续的偏导数. 由此可知, $f(x,y)$ 对 y 满足局部 Lipschitz 条件, 因此该初值问题的解是存在且唯一的.

注意到 $f(x,3) = f(x,-1) = 0$, 因此 $y \equiv 3$ 和 $y \equiv -1$ 是该初值问题中微分方程的解. 由此可知, 当 $y_0 = 3$ 和 $y_0 = -1$ 时, 解的存在区间为 $(-\infty, +\infty)$.

记满足初始条件 $y(x_0) = y_0$ 的解曲线为

$$
\Gamma = \{(x,y)|y = \phi(x), x \in J\},
$$

其中 J 为解最大存在区间.

当 $-1 < y_0 < 3$ 时, 考虑区域

$$
D_1 = \{(x,y)|x \in (-\infty, +\infty), -1 < y < 3\}.
$$

由解的延伸定理可知 Γ 可延伸至 D_1 的边界, 然而 $y \equiv -1$ 和 $y \equiv 3$ 均是该初值问题中微分方程的解, 又由解的唯一性可知 Γ 不可能与 D_1 的上、下边界相交, 因此 Γ 只能向左、右侧延伸至无穷远, 此时 $J = (-\infty, +\infty)$.

当 $y_0 > 3$ 时, 由解的唯一性可知 $\phi(x) > 3$, 因此 $f(x, \phi(x)) > 0$, 即 $\phi'(x) > 0$. 这意味着, $\phi(x)$ 是严格单调递增的. 在区域

$$
D_2 = \{(x,y)| -\infty < x < +\infty, 3 < y < y_0\}
$$

上考虑解向左侧延伸. 由于 $\phi(x)$ 是严格单调递增的, 所以当 $x < x_0$ 时, $\phi(x) < \phi(x_0) = y_0$. 再由解的唯一性可知 $\phi(x) > 3$. 根据解的延

伸定理, $\phi(x)$ 向左侧可以延伸至 D_2 的边界, 于是 $\phi(x)$ 向左侧可以延伸到 $x = -\infty$.

同理可证, 当 $y_0 < -1$ 时, $\phi(x)$ 向右侧可以延伸到 $x = +\infty$.

习　题　3.4

1. 对于怎样的 a, 下列微分方程的每个解都能延伸到无穷区间 $(-\infty, +\infty)$ 上?

(1) $y' = |y|^a$;

(2) $y' = (y^2 + e^x)^a$;

(3) $y' = |y|^{a-1} + x|y|^{\frac{2a}{3}}$.

2. 证明: 初值问题

$$\begin{cases} y' = x^3 - y^3, \\ y(x_0) = y_0 \end{cases}$$

的解在区间 $[x_0, +\infty)$ 上存在.

3. 考虑初值问题

$$\begin{cases} y' = f(x, y), \\ y(0) = y_0, \end{cases}$$

其中函数 $f(x, y)$ 在闭区域 $0 \leqslant x \leqslant a, -\infty < y < +\infty$ 上连续, 且满足

$$|f(x, y) - f(x, z)| \leqslant \frac{q}{x}|y - z|,$$

这里 q $(0 < q < 1)$ 为常数. 证明: 该初值问题的解在区间 $[0, a]$ 上是存在且唯一的.

4. 假设函数 $f(x, y)$ 在闭区域 $0 \leqslant x \leqslant a,\ -\infty < y < +\infty$ 上连续. 记 $\phi(x, \xi)$ 是微分方程 $y' = f(x, y)$ 满足初始条件 $\phi(0, \xi) = \xi$ 的解. 进一步, 假设 $\phi(x, \xi)$ 在区间 $[0, \bar{x})$ 上存在, $\bar{x} < a$. 证明下列三个结论之一成立:

(1) $\lim\limits_{x \to \bar{x} - 0} \phi(x, \xi)$ 有限, 此时解 $y = \phi(x, \xi)$ 可以延伸至 $x = \bar{x}$;

(2) $\lim\limits_{x \to \bar{x} - 0} \phi(x, \xi) = +\infty$;

(3) $\lim\limits_{x\to\bar{x}-0}\phi(x,\xi)=-\infty$.

5. 假设函数 $f(x,y)$ 在闭区域 $0\leqslant x\leqslant a,\ -\infty<y<+\infty$ 上连续, 并且存在定义在区间 $[0,+\infty)$ 上的连续函数 $\psi(y)$ 以及常数 $\delta_0\geqslant 0$, 使得

$$|f(x,y)|<\psi(|y|),\quad \int_{\delta_0}^{+\infty}\frac{1}{\psi(y)}\mathrm{d}y=+\infty.$$

证明: 微分方程 $y'=f(x,y)$ 满足初始条件 $y(0)=\xi$ 的解的存在区间为 $[0,a]$.

6. 假设函数 $f(x,y)$ 在有界闭区域 G 上连续且对 y 满足局部 Lipschitz 条件. 证明: $f(x,y)$ 在 G 上对 y 满足 Lipschitz 条件, 即存在常数 $L>0$, 使得对于任意的 $(x,y_1),(x,y_2)\in G$, 有

$$|f(x,y_1)-f(x,y_2)|\leqslant L|y_1-y_2|.$$

§3.5　比　较　定　理

由上一节的结果可知, 微分方程初值问题的解可以延伸到边界, 但是这一结果并不能给出解的存在区间的大小. 在微分方程的研究中, 往往需要知道解在多大范围内存在. 在对微分方程解的存在区间做出估计时, 需要对具体微分方程的右端函数进行分析. 本节给出的比较定理为这样的分析提供了一般的工具.

定理 3.5 (第一比较定理)　设函数 $f(x,y)$ 和 $F(x,y)$ 均在区域 G 内连续, 且

$$f(x,y)<F(x,y),\quad (x,y)\in G,\tag{3.8}$$

又设函数 $y=\phi(x)$ 和 $y=\Phi(x)$ 在区间 (a,b) 上分别是初值问题

$$y'=f(x,y),\quad y(x_0)=y_0$$

和

$$y'=F(x,y),\quad y(x_0)=y_0$$

的解, 其中 $(x_0, y_0) \in G$, 则

$$
\begin{cases}
\phi(x) < \Phi(x), & x_0 < x < b, \\
\phi(x) > \Phi(x), & a < x < x_0.
\end{cases}
\tag{3.9}
$$

证明   令

$$
\psi(x) = \Phi(x) - \phi(x),
$$

则 $\psi(x)$ 在 (a, b) 上连续可微, 且

$$
\psi(x_0) = 0, \quad \psi'(x_0) = F(x_0, y_0) - f(x_0, y_0) > 0.
$$

因此, 存在 $\delta > 0$, 使得

$$
\begin{cases}
\psi(x) > 0, & x \in (x_0, x_0 + \delta], \\
\psi(x) < 0, & x \in [x_0 - \delta, x_0).
\end{cases}
\tag{3.10}
$$

现在来证明 (3.9) 式的第一个不等式成立, 第二个不等式的证明类似. 若不然, 则存在 $x_1 > x_0$, 使得 $\Phi(x_1) \leqslant \phi(x_1)$, 即 $\psi(x_1) \leqslant 0$. 令

$$
\alpha = \min\{x \in (x_0 + \delta, b) | \psi(x) = 0\},
$$

则由 (3.10) 式的第一个式子和 α 的定义可知

$$
\psi(\alpha) = 0, \quad \psi(x) > 0, \ x \in (x_0, \alpha).
$$

由此可得到 $\psi'(\alpha) \leqslant 0$. 但是, 由 (3.8) 式可知

$$
\psi'(\alpha) = F(\alpha, \Phi(\alpha)) - f(\alpha, \phi(\alpha)) > 0,
$$

矛盾.   □

注 3.18   定理 3.5 的几何意义是明显的: 斜率小的曲线向右不可能从斜率大的曲线的下方穿越到上方. 由于两个函数 (线素场) 只能在同一点比较, 因此 α 的选择是必要的.

作为定理 3.5 的一个应用, 我们来证明下面的结论.

定理 3.6　考虑微分方程

$$y' = f(x, y), \tag{3.11}$$

其中函数 $f(x, y)$ 在条形区域

$$D : a < x < b, -\infty < y < +\infty$$

内连续, 并且满足

$$|f(x, y)| \leqslant A(x)|y| + B(x), \tag{3.12}$$

这里 $A(x) \geqslant 0$ 和 $B(x) \geqslant 0$ 在区间 (a, b) 上连续. 方程 (3.11) 的每个解的存在区间均为 (a, b).

为了证明定理 3.6, 我们需要下面的结论.

引理 3.6　初值问题

$$\begin{cases} y' = A(x)|y| + B(x) + 1, \\ y(x_0) = y_0 \end{cases} \tag{3.13}$$

的解在区间 (a, b) 上存在且唯一, 其中 $A(x), B(x)$ 在 (a, b) 上是非负的连续函数.

证明　注意到初值问题 (3.13) 中微分方程的右端函数关于 y 满足局部 Lipschitz 条件, 因此该初值问题的解 $y = \phi(x)$ 是存在且唯一的. 接下来证明它是大范围存在的.

由于初值问题 (3.13) 中微分方程的右端函数是正的, 因此 $\phi(x)$ 是严格单调递增的函数. 由此可知 $\phi(x)$ 在 (a, b) 上至多有一个零点. 假如 $\phi(x)$ 不变号, 不妨设 $\phi(x) \geqslant 0$, 则 $y = \phi(x)$ 满足微分方程

$$y' = A(x)y + B(x) + 1.$$

由第二章中关于线性微分方程的结论可知, $\phi(x)$ 在 (a, b) 上存在.

如果存在 $x_1 \in (a, b)$, 使得 $\phi(x_1) = 0$, 则由 $\phi(x)$ 的单调性可知

$$\phi'(x) = A(x)\phi(x) + B(x) + 1, \quad \phi(x_1) = 0, \quad x \in [x_1, b),$$

以及

$$\phi'(x) = -A(x)\phi(x) + B(x) + 1, \quad \phi(x_1) = 0, \quad x \in (a, x_1].$$

再由第二章中关于线性微分方程的结论可知, $\phi(x)$ 在 (a, b) 上存在. 这样就完成引理的证明. $\square$

类似地, 可以证明下面的结论.

引理 3.7 *初值问题*

$$\begin{cases} y' = -A(x)|y| - B(x) - 1, \\ y(x_0) = y_0, \end{cases} \tag{3.14}$$

的解 $y = \psi(x)$ 在 (a, b) 上存在且唯一, 其中 $A(x), B(x)$ 在 (a, b) 上是非负的连续函数.

现在给出定理 3.6 的证明.

定理 3.6 的证明 假设 $y = \varPhi(x)$ 是方程 (3.11) 满足初始条件 $y(x_0) = y_0$ 的解, $x_0 \in (a, b)$. 下面证明 $\varPhi(x)$ 的存在区间为 (a, b).

由定理假设可知

$$-A(x)|y| - B(x) - 1 < f(x, y) < A(x)|y| + B(x) + 1.$$

根据比较定理, 有

$$\begin{cases} \psi(x) < \varPhi(x) < \phi(x), \quad x > x_0, \\ \phi(x) < \varPhi(x) < \psi(x), \quad x < x_0, \end{cases}$$

其中 $\phi(x)$ 和 $\psi(x)$ 分别是初值问题 (3.13) 和 (3.14) 的解. 由引理 3.6 和引理 3.7 可知 $\phi(x)$ 和 $\psi(x)$ 的存在区间均为 (a, b), 因此 $\varPhi(x)$ 的存在区间也为 (a, b). 定理的证明完成. $\square$

现在考虑 Cauchy 问题 (3.1), (3.2), 即初值问题

$$\begin{cases} y' = f(x, y), \\ y(x_0) = y_0. \end{cases} \tag{3.15}$$

假设函数 $f(x, y)$ 在矩形闭区域

$$D = \{(x, y) \mid |x - x_0| \leqslant a, \ |y - y_0| \leqslant b\}$$

上连续, 令

$$M = \max_{(x,y) \in D} |f(x, y)|, \quad h = \min\left\{a, \frac{b}{M}\right\}.$$

由 Peano 定理可知, 初值问题 (3.15) 在区间 $|x - x_0| \leqslant h$ 上至少有一个解. 一般来说, 这样的解不是唯一的.

定义 3.5　*如果初值问题 (3.15) 在区间 $|x - x_0| \leqslant a$ 上有两个解 $\varPhi(x)$ 和 $\varPsi(x)$, 使得对于该初值问题的任意解 $y(x)$, 有*

$$\varPsi(x) \leqslant y(x) \leqslant \varPhi(x), \quad |x - x_0| \leqslant a,$$

*则分别称 $\varPsi(x)$ 和 $\varPhi(x)$ 是该初值问题在区间 $|x - x_0| \leqslant a$ 上的**最小解**和**最大解**.*

显然, 最大解和最小解是唯一的. 接下来证明它们的存在性.

定理 3.7　*存在正数 τ, 使得在区间 $|x - x_0| \leqslant \tau$ 上, 初值问题 (3.15) 的最大解和最小解存在.*

证明　考虑初值问题

$$\begin{cases} y' = f_n(x, y) \triangleq f(x, y) + \varepsilon_n, \\ y(x_0) = y_0, \end{cases} \tag{3.16}$$

其中 $\varepsilon_n > 0 \ (n = 1, 2, \cdots)$, 并且单调递减趋向于零. 由 Peano 定理可知, 初值问题 (3.16) 的解在区间 $|x - x_0| \leqslant h_n$ 上存在, 其中

$$h_n = \min\left\{a, \frac{b}{M_n}\right\}, \quad M_n = \max_{(x,y) \in D} |f_n(x, y)|.$$

注意到

$$\lim_{n \to \infty} h_n = h = \min\left\{a, \frac{b}{\max\limits_{(x,y) \in D} |f(x, y)|}\right\}.$$

由此可知, 存在正数 $\tau < h$, 使得初值问题 (3.15) 和 (3.16) 的解均在区间 $I : |x - x_0| \leqslant \tau$ 上存在. 假设 $y = \phi_n(x)(n = 1, 2, \cdots)$ 是初值问题 (3.16) 的解.

接下来证明序列 $\{\phi_n(x)\}$ 有一个收敛到初值问题 (3.15) 的解的子序列.

事实上, 由初值问题 (3.16), 对于 $x \in I$, 有

$$|\phi_n(x) - y_0| \leqslant b, \quad n = 1, 2, \cdots,$$

以及对于 $x_1, x_2 \in I$, 有

$$|\phi_n(x_1) - \phi_n(x_2)| \leqslant \left| \int_{x_1}^{x_2} (f(s, \phi_n(s)) + \varepsilon_n) \mathrm{d}s \right|$$
$$\leqslant (M + \varepsilon_1)|x_2 - x_1|.$$

因此, 序列 $\{\phi_n(x)\}$ 在有界闭区间 I 上是等度连续且一致有界的. 由 Ascoli-Arzelà 引理可知, 存在一个一致收敛的子序列 $\{\phi_{n_j}\}$:

$$\lim_{j \to +\infty} \phi_{n_j}(x) = \phi(x), \quad x \in I.$$

由初值问题 (3.16) 可知

$$\phi_{n_j}(x) = y_0 + \int_{x_0}^{x} \left(f(s, \phi_{n_j}(s)) + \varepsilon_{n_j} \right) \mathrm{d}s.$$

令 $j \to +\infty$, 则有

$$\phi(x) = y_0 + \int_{x_0}^{x} f(s, \phi(s)) \mathrm{d}s,$$

即 $y = \phi(x)$ 是初值问题 (3.15) 的解.

现在来证明 $y = \phi(x)$ 是初值问题 (3.15) 在区间 $0 \leqslant x - x_0 \leqslant \tau$ 上的最大解和在区间 $-\tau \leqslant x - x_0 \leqslant 0$ 上的最小解, 即对于初值问题 (3.15) 的任意解 $y = y(x)$, 有

$$\begin{cases} y(x) \leqslant \phi(x), & 0 \leqslant x - x_0 \leqslant \tau, \\ y(x) \geqslant \phi(x), & -\tau \leqslant x - x_0 \leqslant 0. \end{cases} \tag{3.17}$$

注意到 $\varepsilon_n > 0$, 由比较定理可知

$$\begin{cases} y(x) \leqslant \phi_n(x), & 0 \leqslant x - x_0 \leqslant \tau, \\ y(x) \geqslant \phi_n(x), & -\tau \leqslant x - x_0 \leqslant 0. \end{cases}$$

取 $n = n_j$, 然后令 $j \to +\infty$, 就可以得到 (3.17) 式.

在初值问题 (3.16) 中将 ε_n 换成 $-\varepsilon_n$, 可以得到初值问题 (3.15) 的左侧最大解和右侧最小解 $\psi(x)$. 现在令

$$\Phi(x) = \begin{cases} \phi(x), & x \in [x_0, x_0 + \tau], \\ \psi(x), & x \in [x_0 - \tau, x_0), \end{cases}$$

$$\Psi(x) = \begin{cases} \psi(x), & x \in [x_0, x_0 + \tau], \\ \phi(x), & x \in [x_0 - \tau, x_0), \end{cases}$$

则 $\Phi(x)$ 和 $\Psi(x)$ 就是初值问题 (3.15) 在区间 I 上的最大解和最小解. $\square$

注 3.19 初值问题 (3.15) 的解唯一的充要条件是它的最大解和最小解恒相等.

注 3.20 类似于解的延伸定理, 可以将最大解和最小解从局部延拓到区域 G 的边界.

注 3.21 对扇形闭区域 $\{(x, y) | x_0 \leqslant x \leqslant x_0 + \tau, \Psi(x) \leqslant y \leqslant \Phi(x)\}$ 中的任一点 (x_1, y_1), 由解的延伸定理可以证明, 一定存在过点 (x_0, y_0) 和 (x_1, y_1) 的解曲线. 我们称这个扇形闭区域为 **Peano 扫帚** (图 3.2).

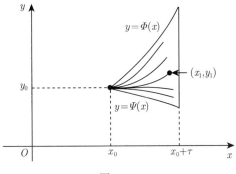

图 3.2

定理 3.8 (第二比较定理)   设函数 $f(x, y)$ 和 $F(x, y)$ 都在区域 G 内连续, 且

$$f(x, y) \leqslant F(x, y), \quad (x, y) \in G,$$

又设函数 $y = \phi(x)$ 和 $y = \Phi(x)$ 在区间 (a, b) 上分别是初值问题

$$E_1 : \begin{cases} y' = f(x, y), \\ y(x_0) = y_0 \end{cases}$$

和

$$E_2 : \begin{cases} y' = F(x, y), \\ y(x_0) = y_0 \end{cases}$$

的解 $((x_0, y_0) \in G)$, 并且 $y = \phi(x)$ 是初值问题 E_1 的右侧最小解和左侧最大解 (或 $y = \Phi(x)$ 是初值问题 E_2 的右侧最大解和左侧最小解), 则

$$\begin{cases} \phi(x) \leqslant \Phi(x), \quad x_0 \leqslant x < b, \\ \phi(x) \geqslant \Phi(x), \quad a < x \leqslant x_0. \end{cases}$$

证明   假设 $y = \phi(x)$ 是初值问题 E_1 的右侧最小解和左侧最大解. 考虑初值问题

$$\begin{cases} y' = f(x, y) - \varepsilon_n, \\ y(x_0) = y_0, \end{cases}$$

其中 $\varepsilon_n > 0$ $(n = 1, 2, \cdots)$ 是单调递减的. 由定理 3.7 的证明可知, 存在该初值问题的解序列 $\{\phi_n(x)\}$ 的一个子序列 $\{\phi_{n_j}(x)\}$, 使得

$$\phi_{n_j}(x) \rightrightarrows \phi(x).$$

注意到 $f(x, y) - \varepsilon_n < F(x, y)$, 由第一比较定理可知, $\phi_n(x)$ 满足

$$\begin{cases} \phi_n(x) < \Phi(x), \quad x > x_0, \\ \phi_n(x) > \Phi(x), \quad x < x_0. \end{cases}$$

于是, 在上式中取 $n = n_j$, 然后令 $j \to +\infty$, 即可得到结论. $\square$

利用第二比较定理, 可以对解的存在区间做一些精细的估计.

例 3.12 设初值问题

$$
\begin{cases}
y' = x^2 + (y+1)^2, \\
y(0) = 0
\end{cases}
\tag{3.18}
$$

的解向右侧可延伸的最大存在区间为 $[0, \beta)$. 证明:

$$
\frac{\pi}{4} < \beta < 1.
$$

证明 由 Picard 定理和解的延伸定理可知, 该初值问题的解是存在且唯一的, 且可延伸至任意包含原点的有界闭区域的边界.

先利用第二比较定理来证明 $\frac{\pi}{4} \leqslant \beta \leqslant 1$.

当 $|x| \leqslant 1$ 时, 显然有

$$
(y+1)^2 \leqslant x^2 + (y+1)^2 \leqslant 1 + (y+1)^2.
$$

将初值问题 (3.18) 与下面两个初值问题进行比较:

$$
\mathrm{E}_1 : \begin{cases}
y' = (y+1)^2, \\
y(0) = 0
\end{cases}
$$

和

$$
\mathrm{E}_2 : \begin{cases}
y' = 1 + (y+1)^2, \\
y(0) = 0,
\end{cases}
$$

由第二比较定理可知

$$
\phi_1(x) \leqslant \phi(x) \leqslant \phi_2(x),
$$

其中 $\phi(x)$ 是初值问题 (3.18) 的解, 而

$$
\phi_1(x) = \frac{1}{1-x} - 1, \quad \phi_2(x) = -1 + \tan\left(x + \frac{\pi}{4}\right)
$$

分别是初值问题 E_1 和 E_2 的解, 它们的右侧存在区间分别是 $[0, 1)$ 和 $\left[0, \dfrac{\pi}{4}\right)$. 由此可知

$$
\frac{\pi}{4} \leqslant \beta \leqslant 1.
$$

下面来证明上式的不等号是严格的. 由初值问题 (3.18) 中的微分方程可知

$$\phi'(x) = x^2 + (1 + \phi(x))^2 > 0,$$

因此 $x = x(\phi)$ 存在, 且单调递增. 由解的延伸定理可知

$$\lim_{x \to \beta - 0} \phi(x) = +\infty.$$

于是

$$\beta = \int_0^{+\infty} \frac{\mathrm{d}\phi}{x^2(\phi) + (1 + \phi)^2}.$$

由此可知

$$\int_0^{+\infty} \frac{\mathrm{d}\phi}{1 + (1 + \phi)^2} < \beta < \int_0^{+\infty} \frac{\mathrm{d}\phi}{(1 + \phi)^2}.$$

此不等式的左端为 $\dfrac{\pi}{2} - \dfrac{\pi}{4} = \dfrac{\pi}{4}$, 而右端为 1, 即

$$\frac{\pi}{4} < \beta < 1.$$

习 题 **3.5**

1. 考虑初值问题

$$\begin{cases} y' = f(x, y), \\ y(x_0) = y_0. \end{cases}$$

设函数 $f(x, y)$ 在矩形闭区域 $D = \{(x, y) \mid |x - x_0| \leqslant a, |y - y_0| \leqslant b\}$ 上连续, 令

$$h = \min\left\{a, \frac{b}{M}\right\}, \quad M = \max_{(x, y) \in D} |f(x, y)|.$$

证明: 该初值问题的最大解 $y = Z(x)$ 与最小解 $y = W(x)$ 之间充满了其他解, 即对于任一满足

$$|x_1 - x_0| \leqslant h, \quad W(x_1) \leqslant y_1 \leqslant Z(x_1)$$

的点 (x_1, y_1), 该初值问题在 $|x - x_0| \leqslant h$ 上至少有一个解 $y = \phi(x)$, 满足 $\phi(x_1) = y_1$.

2. 证明引理 3.7.

§3.6 奇 解

本节将要讨论微分方程初值问题解的唯一性被破坏时的情况. 为此, 先给出奇解的定义.

定义 3.6 考虑微分方程

$$F(x, y, y') = 0. \tag{3.19}$$

设 $\Gamma = \{(x,y)|y = \phi(x),\ x \in J\}$ 是它的一条解曲线. 如果对于 Γ 上的任一点 Q, 在点 Q 的任意邻域内都有方程 (3.19) 的不同于 Γ 的一条解曲线, 它与 Γ 在点 Q 处相切, 则称 $y = \phi(x)$ 是该方程的**奇解**.

注 3.22 所谓**奇解**, 就是指在该解的每点处, 微分方程的解都不是唯一的, 即微分方程解的唯一性被破坏.

例 3.13 微分方程

$$y = xy' - \frac{1}{2}(y')^2$$

的解 $y = \dfrac{1}{2}x^2$ 是奇解. 由上一章中隐式微分方程的解法可知, 该方程的通解为

$$y = cx - \frac{1}{2}c^2$$

(c 为任意常数), 一个特解为

$$y = \frac{1}{2}x^2.$$

对于抛物线 $y = \dfrac{1}{2}x^2$ 上的任一点, 均有直线族 $y = cx - \dfrac{1}{2}c^2$ 中的某一条, 它与该抛物线在这点处相切 (图 3.3).

例 3.14 微分方程

$$y^2 + (y')^2 = 1$$

的解 $y \equiv \pm 1$ 是奇解. 这是因为该方程的解为

$$y = \sin(x + c)$$

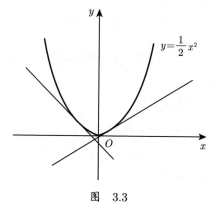

图 3.3

(c 为任意常数) 和

$$y \equiv \pm 1.$$

显然, 对于直线 $y = \pm 1$ 上的任一点, 均有曲线族 $y = \sin(x + c)$ 中的某一条, 它与直线 $y = \pm 1$ 在这点处相切 (图 3.4).

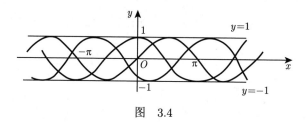

图 3.4

下面给出奇解存在的必要条件.

定理 3.9 假设函数 $F(x, y, p)$ 在区域 $G \subseteq \mathbb{R}^3$ 内连续, 且关于 y 和 p 有连续偏导数 $F'_y(x, y, p)$, $F'_p(x, y, p)$. 若函数 $y = \phi(x)(x \in J)$ 是方程 (3.19) 的一个奇解, 并且

$$(x, \phi(x), \phi'(x)) \in G, \quad x \in J,$$

则 $y = \phi(x)$ 满足

$$F(x, y, p) = 0, \quad F'_p(x, y, p) = 0 \quad (p = y'). \tag{3.20}$$

证明 由于 $y = \phi(x)$ 是方程 (3.19) 的解, 因此 (3.20) 式的第一个等式成立.

现在来证明第二个等式成立. 如若不然, 存在 $(x_0, y_0, p_0) \in G$, 使得

$$F_p'(x_0, y_0, p_0) \neq 0,$$

其中 $y_0 = \phi(x_0)$, $p_0 = \phi'(x_0)$. 由于

$$F(x_0, y_0, p_0) = 0,$$

由隐函数定理可知, $F(x, y, p) = 0$ 在点 (x_0, y_0) 附近唯一地确定了函数 $f(x, y)$, 使得 $p = f(x, y)$, 即

$$y' = f(x, y), \tag{3.21}$$

其中 $f(x, y)$ 满足 $f(x_0, y_0) = p_0$. 这意味着, 方程 (3.19) 满足初始条件 $y(x_0) = y_0$ 的解均是方程 (3.21) 的解.

又由于 $f(x, y)$ 是连续的, 且

$$\frac{\partial f(x, y)}{\partial y} = -\frac{F_y'(x, y, f(x, y))}{F_p'(x, y, f(x, y))},$$

因此 $f(x, y)$ 对于 y 满足局部 Lipschitz 条件. 由 Picard 定理可知, 方程 (3.21) 满足初始条件 $y(x_0) = y_0$ 的解是存在且唯一的. 这就证明了方程 (3.19) 在点 (x_0, y_0) 附近没有异于解曲线 $\Gamma : y = \phi(x)$ $(x \in J)$ 且与之相切于点 (x_0, y_0) 的解曲线. 这与 $y = \phi(x)$ 是奇解的假设矛盾. $\square$

注 3.23 称 (3.20) 式为方程 (3.19) 的 **p-判别式**. 设从 (3.20) 式中消去 p 得到方程

$$\Delta(x, y) = 0. \tag{3.22}$$

称方程 $\Delta(x, y) = 0$ 所确定的曲线为方程 (3.19) 的 **p-判别曲线**.

例 3.15 求微分方程 $y = px \ln x + (xp)^2$ 的 p-判别曲线, 其中 $p = y'$.

解 令
$$F(x, y, p) = px \ln x + (xp)^2 - y.$$
由
$$F(x, y, p) = 0, \quad F'_p(x, y, p) = 0$$
解出
$$p = -\frac{\ln x}{2x}, \quad y = px \ln x + (xp)^2.$$
消去 p 得到
$$y = -\frac{1}{4}(\ln x)^2.$$
这就是该方程的 p-判别曲线. 容易验证它是该方程的解曲线.

下面的例子表明, 由 p-判别式 (3.20) 得到的函数 $y = \phi(x)$ 可以不是原方程的解, 即使是原方程的解, 也未必是奇解.

例 3.16 考虑微分方程
$$(y')^2 + y - x = 0.$$
该方程的 p-判别式为
$$p^2 + y - x = 0, \quad 2p = 0.$$
由此消去 p 得到 $y = x$. 然而, $y = x$ 并不是该方程的解.

例 3.17 微分方程
$$(y')^2 - y^2 = 0,$$
的 p-判别式为
$$p^2 - y^2 = 0, \quad 2p = 0.$$
消去 p 得到 $y \equiv 0$. 这个函数是该方程的解, 但是它不是奇解, 因为该方程的所有解为
$$y = c\,e^{\pm x}$$
(c 为任意常数), 而这些解与 $y \equiv 0$ 或者重合, 或者不相交.

由上面的例子可以知道, 尽管将寻找奇解的范围缩小到 p-判别式, 但是由 p-判别式规定的函数不一定是奇解, 甚至不是解. 下面的定理给出了奇解存在的充分条件.

定理 3.10 设函数 $F(x, y, p) \in C^2(G)$, 再假设由方程 (3.19) 的 p-判别式 (3.20) 得到的函数 $y = \psi(x)$ $(x \in J)$ 是方程 (3.19) 的解, 并且

$$\frac{\partial F}{\partial y}(x, \psi(x), \psi'(x)) \neq 0, \quad \frac{\partial^2 F}{\partial p^2}(x, \psi(x), \psi'(x)) \neq 0 \quad (3.23)$$

及

$$\frac{\partial F}{\partial p}(x, \psi(x), \psi'(x)) = 0 \quad (3.24)$$

对 $x \in J$ 成立, 则 $y = \psi(x)(x \in J)$ 是方程 (3.19) 的奇解.

例 3.18 考虑微分方程

$$\left[(y - 1)\frac{\mathrm{d}y}{\mathrm{d}x}\right]^2 = y\mathrm{e}^{xy}.$$

它的 p-判别式为

$$(y - 1)^2 p^2 - y\mathrm{e}^{xy} = 0, \quad 2p(y - 1)^2 = 0.$$

由此得到 $y \equiv 0$. 显然, $y \equiv 0$ 是该方程的解. 又由于

$$\frac{\partial}{\partial y}\left\{\left[(y - 1)\frac{\mathrm{d}y}{\mathrm{d}x}\right]^2 - y\mathrm{e}^{xy}\right\}_{y=0,\, p=0} = -1$$

及

$$\frac{\partial^2}{\partial p^2}\left\{\left[(y - 1)\frac{\mathrm{d}y}{\mathrm{d}x}\right]^2 - y\mathrm{e}^{xy}\right\}_{y=0,\, p=0} = 2$$

$$\frac{\partial}{\partial p}\left\{\left[(y - 1)\frac{\mathrm{d}y}{\mathrm{d}x}\right]^2 - y\mathrm{e}^{xy}\right\}_{y=0,\, p=0} = 0,$$

因此由定理 3.10 可知 $y \equiv 0$ 是奇解.

例 3.19 考虑 Clairaut 方程

$$y = xp + f(p), \quad p = y', \ f''(p) \neq 0.$$

令 $F(x, y, p) = xp + f(p) - y$, 则 p-判别式为

$$xp + f(p) - y = 0, \quad x + f'(p) = 0.$$

由上面第二个等式及条件 $f''(p) \neq 0$, 可以得到 $p = w(x)$($w(x)$ 是某个函数). 将其代入第一个等式, 得到函数 $y = \psi(x) = xw(x) + f(w(x))$. 容易验证, $y = \psi(x)$ 是该方程的解. 又由于

$$\frac{\partial F}{\partial y}(x, \psi(x), \psi'(x)) = -1 \neq 0,$$

$$\frac{\partial^2 F}{\partial p^2}(x, \psi(x), \psi'(x)) = f''(\psi'(x)) \neq 0,$$

$$\frac{\partial F}{\partial p}(x, \psi(x), \psi'(x)) = x + f'(\psi'(x)) = 0,$$

因此 $y = \psi(x)$ 是奇解.

定理 3.10 可以看作下面结果的推论.

定理 3.11 假设函数 $F(x, y, p)$ 对 $(x, y, p) \in G$ 是光滑的, 且由方程 (3.19) 的 p-判别式

$$F(x, y, p) = 0, \quad F'_p(x, y, p) = 0 \tag{3.25}$$

得到的函数 $y = \psi(x)$ $(x \in J)$ 是方程 (3.19) 的解. 进一步, 假设

$$\begin{cases} \dfrac{\partial^{k+l} F}{\partial y^k \partial p^l}(x, \psi(x), \psi'(x)) = 0, \quad 0 \leqslant k \leqslant m-1, 0 \leqslant l \leqslant n-1, \\[2mm] \dfrac{\partial^m F}{\partial y^m}(x, \psi(x), \psi'(x)) \neq 0, \\[2mm] \dfrac{\partial^n F}{\partial p^n}(x, \psi(x), \psi'(x)) \neq 0 \end{cases} \tag{3.26}$$

对 $x \in J$ 成立, 其中 n, m 为正整数. 如果 $n > m$, 且 m, n 之一为奇数, 则 $y = \psi(x)$ 是奇解.

例 3.20　考虑微分方程

$$\left(\frac{\mathrm{d}y}{\mathrm{d}x}\right)^4 - \left(\frac{\mathrm{d}y}{\mathrm{d}x}\right)^3 - y^2\frac{\mathrm{d}y}{\mathrm{d}x} + y^2 = 0.$$

显然, $y \equiv 0$ 是该方程的一个解. 令

$$F(x, y, p) = p^4 - p^3 - y^2 p + y^2,$$

则

$$\frac{\partial^3 F}{\partial p^3}(x, 0, 0) = -6 \neq 0, \quad \frac{\partial^2 F}{\partial y^2}(x, 0, 0) = 2 \neq 0.$$

容易验证, 对于任意的 k, l $(k + l \leqslant 3, 0 \leqslant k \leqslant 1, 0 \leqslant l \leqslant 2)$, 有

$$\frac{\partial^{k+l} F}{\partial y^k \partial p^l}(x, 0, 0) = 0.$$

因此, 由定理 3.11 可知, $y \equiv 0$ 是该方程的奇解.

为了证明定理 3.11, 先来证明下面的引理.

引理 3.8　考虑微分方程

$$u' = \pm A(x, u)|u|^{\alpha}, \quad 0 < \alpha < 1, \tag{3.27}$$

其中函数 $A(x, u)$ 连续, 而当 $u \neq 0$ 时连续可微, 且存在常数 c_0, c_1, 使得在闭区域 $D: |x - x_0| \leqslant a, |u| \leqslant b$ 上, 有

$$0 < c_0 \leqslant A(x, u) \leqslant c_1$$

成立, 则 $u \equiv 0$ 是该方程的一个奇解.

证明　考虑方程 (3.27) 在如下初始条件下的初值问题:

$$u(x_0) = 0.$$

显然, $u \equiv 0$ 是该初值问题的解.

现在来证明: 该方程存在另一个不恒为零的解 $u = \phi(x)$, 满足 $\phi(x_0) = 0$ 以及在 x_0 的一个空心邻域中 $\phi(x) \neq 0$. 于是, 根据奇解的定义可知, $u \equiv 0$ 是奇解.

不妨设方程 (3.27) 右端的符号为正. 当右端符号为负时, 可以类似证明.

注意到, 对于 $u \neq 0$, 方程 (3.27) 的右端函数关于 u 是可微的, 因此该方程满足初始条件

$$u(\xi_0) = u_0 > 0$$

的解存在且唯一, 并且这个解关于初值 (ξ_0, u_0) 连续 (见定理 4.5).

由于 $A(x, u) > 0$, 当 $\xi_1 < \xi_2$ 时, $u(\xi_1) < u(\xi_2)$. 依据解的延伸定理, 这个解向左侧延伸时, 我们来证明存在 $\xi(x_0 - a < \xi < \xi_0)$, 使得

$$u(\xi) = 0, \quad u(\eta) > 0, \quad \eta \in (\xi, \xi_0),$$

且 ξ 连续依赖于 u_0, ξ_0. 注意到

$$u'(x) = A(x, u)u^{\alpha},$$

于是存在 ξ, 使得

$$\int_0^{u_0} \frac{\mathrm{d}u}{u^{\alpha}} = \int_{\xi}^{\xi_0} A(s, u(s))\mathrm{d}s.$$

再由假设 $0 < c_0 \leqslant A(x, u) \leqslant C_0$ 可知

$$c_0(\xi_0 - \xi) \leqslant \frac{1}{1 - \alpha}u_0^{1-\alpha} \leqslant C_0(\xi_0 - \xi).$$

由此得到

$$\xi_0 - \frac{1}{c_0}\frac{1}{1 - \alpha}u_0^{1-\alpha} \leqslant \xi \leqslant \xi_0 - \frac{1}{C_0}\frac{1}{1 - \alpha}u_0^{1-\alpha}. \tag{3.28}$$

接下来证明: 存在 ξ_0, 使得 $\xi = x_0$. 事实上, 先选择 $\widetilde{\xi_0} \leqslant x_0$, 则相应的 $\widetilde{\xi} < \widetilde{\xi_0} \leqslant x_0$. 再由 (3.28) 式可知, 只要 u_0 充分小, 就有 $\widetilde{\xi} > x_0 - a$. 再选择 $\bar{\xi}_0 \in (x_0, x_0 + a)$, 使得相应的 $\bar{\xi} > x_0$. 由 (3.28) 式可知, 只要 u_0 充分小, 这一点是可以做到的 (图 3.5). 注意到 ξ 是

连续依赖于 ξ_0 的, 于是存在 $\xi_0 \in (\widetilde{\xi}_0, \bar{\xi}_0)$, 使得相应的 $\xi = x_0$. 由我们的选择可知

$$u(x_0) = 0, \quad u(x) \neq 0, \quad x_0 < x < \xi_0.$$

这就证明了 $u \equiv 0$ 是奇解. $\square$

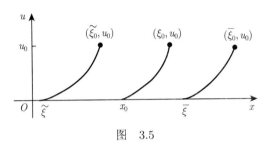

图　3.5

现在回到关于定理 3.11 证明的讨论. 由于 $y = \psi(x)$ 是方程 (3.19) 的解, 因此

$$F(x, \psi(x), \psi'(x)) = 0, \quad x \in J. \tag{3.29}$$

由 (3.26) 式可知

$$\frac{\partial F}{\partial p}(x, \psi(x), \psi'(x)) = 0, \quad x \in J. \tag{3.30}$$

令 $y = \psi(x) + u$, 则方程 (3.19) 可以写成

$$H(x, u, q) = 0, \quad q = \frac{\mathrm{d}u}{\mathrm{d}x}, \tag{3.31}$$

其中函数

$$H(x, u, q) = F(x, \psi(x) + u, \psi'(x) + q)$$

对 (x, u, q) 在某个区域内是连续可微的.

要证明 $y = \psi(x)$ 是方程 (3.19) 的奇解, 只要证明 $u \equiv 0$ 是方程 (3.31) 的奇解即可.

注意到 $H(x, 0, 0) = F(x, \psi(x), \psi'(x)) = 0$, 且由 (3.26) 式可知

$$\frac{\partial^m H}{\partial u^m}(x, 0, 0) \neq 0, \quad \frac{\partial^n H}{\partial q^n}(x, 0, 0) \neq 0$$

及

$$\frac{\partial^{k+j} H}{\partial u^k \partial q^j}(x,0,0) \equiv 0, \quad 0 \leqslant k \leqslant m-1, 0 \leqslant j \leqslant n-1. \tag{3.32}$$

引理 3.9 函数 $H(x,u,q)$ 可以写成如下形式:

$$H(x,u,q) = H_1(x,u,q)u^m + H_2(x,u,q)q^n, \tag{3.33}$$

其中函数 $H_1(x,u,q), H_2(x,u,q)$ 均是光滑的, 且

$$H_1(x,0,0) = \frac{1}{m!}\frac{\partial^m H}{\partial u^m}(x,0,0),$$
$$H_2(x,0,0) = \frac{1}{n!}\frac{\partial^n H}{\partial q^n}(x,0,0).$$

证明 考虑 $H(x,u,q)$ 在 $q=0$ 处的 Taylor 展开式, 并定义

$$H_2(x,u,q) = \begin{cases} \dfrac{H(x,u,q) - T_n(x,u,q)}{q^n}, & q \neq 0, \\ \dfrac{1}{n!}\dfrac{\partial^n H}{\partial q^n}(x,u,0), & q = 0, \end{cases}$$

其中

$$T_n(x,u,q) = H(x,u,0) + \frac{\partial H}{\partial q}(x,u,0)q + \cdots$$
$$+ \frac{1}{(n-1)!}\frac{\partial^{n-1} H}{\partial q^{n-1}}(x,u,0)q^{n-1}.$$

容易验证 $H_2(x,u,q)$ 是光滑的.

令

$$H_1(x,u,q)$$
$$= \begin{cases} \dfrac{T_n(x,u,q)}{u^m}, & u \neq 0, \\ \dfrac{1}{m!}\left(\dfrac{\partial^m H}{\partial u^m} + q\dfrac{\partial^{m+1} H}{\partial u^m \partial q} + \cdots + \dfrac{q^{n-1}}{(n-1)!}\dfrac{\partial^{m+n-1} H}{\partial u^m \partial q^{n-1}}\right), & u = 0, \end{cases}$$

其中 $H = H(x, 0, 0)$, 则 $H_1(x, u, q)$ 是光滑的.

由 $H_1(x, u, q), H_2(x, u, q)$ 的定义可知

$$H(x, u, q) = H_1(x, u, q)u^m + H_2(x, u, q)q^n,$$

且

$$H_1(x, 0, 0) = \frac{1}{m!}\frac{\partial^m H}{\partial u^m}(x, 0, 0),$$
$$H_2(x, 0, 0) = \frac{1}{n!}\frac{\partial^n H}{\partial q^n}(x, 0, 0).$$

引理证毕. □

注 3.24 由定理 3.11 的假设可知, 当 $|u|, |q|$ 充分小时,

$$H_1(x, u, q) \neq 0, \quad H_2(x, u, q) \neq 0.$$

引理 3.10 在定理 3.11 的条件下, 存在连续可微函数 $A(x, u)$, 使得

$$q = \pm A(x, u)|u|^{\frac{m}{n}}.$$

证明 由引理 3.9 可知, $H(x, u, q) = 0$ 等价于

$$H_1(x, u, q)u^m + H_2(x, u, q)q^n = 0.$$

下面分情况讨论:

(1) n 为奇数. 此时

$$q = \left(-\frac{H_1(x, u, q)}{H_2(x, u, q)}\right)^{\frac{1}{n}} u^{\frac{m}{n}} = \pm \left|\frac{H_1(x, u, q)}{H_2(x, u, q)}\right|^{\frac{1}{n}} |u|^{\frac{m}{n}}. \qquad (3.34)$$

(2) n 为偶数, m 为奇数. 此时注意到, 当 $|u|, |q|$ 充分小时,

$$\frac{H_1(x, u, q)}{H_2(x, u, q)} \neq 0,$$

因此可以选择 u 的符号, 使得

$$-\frac{H_1(x, u, q)}{H_2(x, u, q)}u^m > 0,$$

从而又可以得到方程 (3.34).

如果

$$\frac{\partial^m H}{\partial u^m}(x,0,0) \cdot \frac{\partial^n H}{\partial q^n}(x,0,0) < 0,$$

则只要 $|u|, |q|$ 充分小, 就有

$$-\frac{H_1(x,u,q)}{H_2(x,u,q)} > 0.$$

此时依然可以得到方程 (3.34).

在方程 (3.34) 中引入变量 $s = |u|^{\frac{m}{n}}$, 则该方程写成

$$G(x,u,q,s) = q \pm s \left| \frac{H_1(x,u,q)}{H_2(x,u,q)} \right|^{\frac{1}{n}} = 0. \tag{3.35}$$

注意到 $H_1(x,0,0) \neq 0$ 和 $H_2(x,0,0) \neq 0$, 因此当 $|u|, |q|$ 充分小时, G 是连续可微的, 且

$$G(x,u,0,0) = 0, \quad \frac{\partial G}{\partial q}(x,u,0,0) = 1 \neq 0.$$

所以, 当 s 充分小且不为零时,

$$\frac{\partial G}{\partial q}(x,u,0,s) \neq 0.$$

由隐函数定理可知, 存在连续可微函数 $Q(x,u,s)$, 使得

$$q = Q(x,u,s), \quad Q(x,u,0) = 0$$

是方程 (3.35) 的解. 再由方程 (3.35) 可知

$$Q_s'(x,u,0) = \mp \left| \frac{H_1(x,u,0)}{H_2(x,u,0)} \right|^{\frac{1}{n}} \neq 0.$$

由于

$$Q(x,u,s) = \int_0^1 Q_s'(x,u,st)s\mathrm{d}t \triangleq B(x,u,s)s,$$

因此

$$q = B(x, u, |u|^{\frac{m}{n}})|u|^{\frac{m}{n}} \triangleq A(x, u)|u|^{\frac{m}{n}}.$$

这样就完成引理的证明.　□

有了前面的准备, 下面来证明定理 3.11.

定理 3.11 的证明　注意到 $q = u'$, 因此

$$u'(x) = q = A(x, u)|u|^{\frac{m}{n}}. \tag{3.36}$$

下面只要证明方程 (3.36) 的解 $u \equiv 0$ 为奇解即可. 注意到 $n > m$ 及

$$A(x, 0) = B(x, 0, 0) = Q'_s(x, 0, 0) \neq 0,$$

且当 $u \neq 0$ 时, $A(x, u)$ 是连续可微的, 因此方程 (3.36) 满足引理 3.8 的所有条件. 由此得到 $u \equiv 0$ 为奇解. 定理证毕.　□

习　题　3.6

1. 设连续函数 $E(y)$ 满足条件

$$E(0) = 0, \quad E(y) \neq 0, \quad 0 < y \leqslant 1.$$

证明: $y \equiv 0$ 是微分方程

$$y' = E(y)$$

的奇解的充要条件是 $\displaystyle\int_0^1 \frac{\mathrm{d}y}{E(y)}$ 收敛.

2. 求函数 f, 使 $y = \sin x$ 是微分方程 $y = xy' + f(y')$ 的奇解.

3. 给定平面上一条连续可微曲线 $\gamma: y = f(x)$, 试找出一个以 $y = f(x)$ 为奇解的微分方程.

§3.7　包　络

本节利用曲线族包络的概念来阐明微分方程的奇解和通解之间的关系, 并给出求奇解的方法.

考虑 (x, y)-平面上的一个单参数曲线族

$$K(c): V(x, y, c) = 0, \tag{3.37}$$

其中函数 V 关于 $(x, y, c) \in D \subset \mathbb{R}^3$ 是连续可微的.

例 3.21   曲线族

$$x^2 + y^2 = c \quad (c > 0)$$

描述的是圆心在原点的圆族, 而曲线族

$$y - (x - c)^2 = 1$$

描述的是顶点位于直线 $y = 1$ 上的抛物线族.

下面给出曲线族 $K(c)$ 的包络的定义.

定义 3.7   设在 (x, y)-平面上有一条连续可微曲线 $\varGamma$. 若对于 $\varGamma$ 上任一点 P, 曲线族 $K(c)$ 中都有一条在该点处与 $\varGamma$ 相切的曲线 $K(c^*)$, 且 $K(c^*)$ 与 $\varGamma$ 在点 P 的任意邻域内都不相同, 则称 $\varGamma$ 是曲线族 $K(c)$ 的一支**包络**.

注 3.25   这里包络的定义与几何学中包络的定义略有不同. 在几何学中, 要求 $K(c)$ 中的每条曲线均与包络相切.

例 3.22   曲线族 $y - (x - c)^2 = 1$ 有包络 $y = 1$, 而直线族 $y = cx - \dfrac{1}{4}c^2$ 有包络 $y = x^2$.

定理 3.12   设微分方程

$$F\left(x, y, \frac{\mathrm{d}y}{\mathrm{d}x}\right) = 0 \tag{3.38}$$

有通积分

$$U(x, y, c) = 0 \tag{3.39}$$

(c 为任意常数), 又设曲线族 (3.39) 有包络为

$$\varGamma : y = \phi(x) \quad (x \in J),$$

则 $y = \phi(x)$ 是方程 (3.38) 的奇解.

证明　由奇解和包络的定义可知, 只要证明 $y = \phi(x)$ 是方程 (3.38) 的解即可.

在曲线 Γ 上任取一点 (x_0, y_0), 其中 $y_0 = \phi(x_0)$. 由包络的定义可知, 曲线族 (3.39) 中有一条曲线 $y = u(x, c_0)$ 与 Γ 在点 (x_0, y_0) 处相切, 于是

$$\phi(x_0) = u(x_0, c_0), \quad \phi'(x_0) = u'(x_0, c_0).$$

由于 $y = u(x, c)$ 是方程 (3.38) 的解, 因此

$$F(x_0, u(x_0, c_0), u'(x_0, c_0)) = 0,$$

即

$$F(x_0, \phi(x_0), \phi'(x_0)) = 0.$$

再由 (x_0, y_0) 的任意性可知, $y = \phi(x)$ 是方程 (3.38) 的解. $\quad\square$

定理 3.12 的结论表明, 求微分方程的奇解归结为求该方程的积分曲线族的包络.

定理 3.13　设 Γ 是曲线族 (3.37) 的一支包络. 假设对于每个 c, Γ 与曲线 (3.37) 相交于点 $(f(c), g(c))$, 其中 $f(c), g(c)$ 关于 c 连续可微, 则 Γ 满足如下判别式:

$$V(x, y, c) = 0, \quad V_c'(x, y, c) = 0. \tag{3.40}$$

(3.40) 式称为 c-**判别式**.

证明　假设可知, 对于 Γ 上的每个点 $P(c) = (f(c), g(c))$, 均有曲线 $V(x, y, c) = 0$ 与 Γ 在此点处相切, 因此

$$V(f(c), g(c), c) \equiv 0 \quad (c \in I),$$

即 (3.40) 式的第一个等式成立.

现在证明 (3.40) 式的第二个等式也是成立的. 两端对 c 求导数, 得到

$$V_x' f'(c) + V_y' g'(c) + V_c' = 0. \tag{3.41}$$

如果存在 c, 使得 $(V'_x, V'_y) = (0,0)$ 或 $(f'(c), g'(c)) = (0,0)$, 则由上式可知 $V'_c(f(c), g(c), c) = 0$. 现在假设

$$(V'_x(f(c), g(c), c), V_y(f(c), g(c), c)) \neq (0,0),$$

且

$$(f'(c), g'(c)) \neq (0,0).$$

这意味着, Γ 在点 $P(c)$ 处的切向量 $(f'(c), g'(c))$ 非退化. 此外, 通过点 $P(c)$ 的曲线族 (3.37) 中的曲线 $V(x, y, c) = 0$ 在该点处的切向量也是非退化的. 由于这两条曲线在该点处相切, 因此它们的切向量共线. 于是

$$V'_x(f(c), g(c), c)f'(c) + V'_y(f(c), g(c), c)g'(c) = 0.$$

由此得到

$$V'_c(f(c), g(c), c) = 0.$$

这说明 (3.40) 式的第二个等式成立. $\square$

定理 3.13 表明, 曲线族 (3.37) 的包络一定满足 c-判别式, 但是并不是每条满足 c-判别式的曲线都是曲线族 (3.37) 的一支包络. 下面的定理给出了一条曲线是曲线族 (3.37) 的一支包络的充分条件.

定理 3.14   设曲线族 (3.37) 的 c-判别式

$$V(x, y, c) = 0, \quad V'_c(x, y, c) = 0$$

确定一条连续可微且不含于曲线族 (3.37) 的曲线

$$\Gamma : x = \phi(c), y = \psi(c) \ (c \in I),$$

它满足非退化条件

$$(V'_x(\phi(c), \psi(c), c), V'_y(\phi(c), \psi(c), c)) \neq (0,0)$$

和

$$(\phi'(c), \psi'(c)) \neq (0,0),$$

则 Γ 是曲线族 (3.37) 的一支包络.

证明 在 Γ 上任取一点 $P(c) = (\phi(c), \psi(c))$, 则

$$V(\phi(c), \psi(c), c) = 0, \quad V_c'(\phi(c), \psi(c), c) = 0. \qquad (3.42)$$

由于

$$(V_x'(\phi(c), \psi(c), c), V_y'(\phi(c), \psi(c), c)) \neq (0, 0).$$

对方程 (3.37) 在点 $P(c)$ 处利用隐函数定理, 可以确定一条可微曲线 $\gamma_c : y = h(x)$ (或 $x = h(y)$), 它在点 $P(c)$ 处的切向量为

$$(-V_y'(\phi(c), \psi(c), c), V_x'(\phi(c), \psi(c), c)).$$

而 Γ 在点 $P(c)$ 处的切向量为 $(\phi'(c), \psi'(c))$. 在 (3.42) 式的第一个等式中对 c 求导数, 再利用第二个等式, 可以得到

$$V_x'(\phi(c), \psi(c), c)\phi'(c) + V_y'(\phi(c), \psi(c), c)\psi'(c) = 0.$$

这意味着上述两个切向量是共线的, 即曲线族 (3.37) 中有曲线 γ_c 与 Γ 在点 $P(c)$ 处相切. 再由假设, Γ 与 γ_c 是不同的, 因此 Γ 是曲线族 (3.37) 的一支包络. $\quad\square$

例 3.23 求 Clairaut 方程

$$y = xp + f(p) \quad (p = y')$$

的通积分及积分曲线族的包络, 其中 $f''(p) \neq 0$.

解 该方程两端对 x 求导数, 得到

$$(x + f'(p))\frac{\mathrm{d}p}{\mathrm{d}x} = 0.$$

由 $\dfrac{\mathrm{d}p}{\mathrm{d}x} = 0$ 得到该方程的通积分

$$V(x, y, c) = cx + f(c) - y = 0,$$

其中 c 为任意常数.

上式两端对 c 求导数, 得到

$$x + f'(c) = 0.$$

这样得到一条曲线

$$\Gamma : x = -f'(c), y = -cf'(c) + f(c).$$

由已知条件得

$$(x'_c, y'_c) = (-f''(c), -cf''(c)) \neq (0, 0),$$
$$(V'_x, V'_y) = (c, -1) \neq (0, 0),$$

因此 Γ 满足定理 3.14 的非退化条件. 于是, Γ 是积分曲线族的一支包络.

例 3.24　求一条曲线, 使其任一点处的切线截两条坐标轴所得截距的倒数平方和等于 1.

解　假设所求曲线为 $y = y(x)$. 由条件可知

$$\frac{1}{(y - xy')^2} + \frac{1}{\left(x - \dfrac{y}{y'}\right)^2} = 1,$$

整理后得到

$$(xy' - y)^2 = 1 + (y')^2.$$

由此可知

$$y = xy' \pm \sqrt{1 + (y')^2}.$$

在上式中, 令 $y' = p$, 并两端对 x 求导数, 得到

$$\left(x \pm \frac{p}{\sqrt{1 + p^2}}\right) \frac{\mathrm{d}p}{\mathrm{d}x} = 0.$$

由 $\dfrac{\mathrm{d}p}{\mathrm{d}x} = 0$ 得到通解

$$y = cx \pm \sqrt{1 + c^2},$$

其中 c 为任意常数. 下面求积分曲线族的包络.

令 $V(x, y, c) = cx - y \pm \sqrt{1 + c^2}$. 由

$$V(x, y, c) = 0, \quad V_c'(x, y, c) = 0$$

得出

$$x = \mp \frac{c}{\sqrt{1 + c^2}}, \quad y = \mp \frac{c^2}{\sqrt{1 + c^2}} \pm \sqrt{1 + c^2} = \pm \frac{1}{\sqrt{1 + c^2}}.$$

由此可知

$$x^2 + y^2 = 1.$$

这是积分曲线族的一支包络, 也就是所求曲线, 它为圆心在原点的单位圆周.

习 题 **3.7**

1. 求微分方程

$$\left(\frac{\mathrm{d}y}{\mathrm{d}x}\right)^4 - \left(\frac{\mathrm{d}y}{\mathrm{d}x}\right)^3 - y^2 \frac{\mathrm{d}y}{\mathrm{d}x} + y^2 = 0$$

的通积分及积分曲线族的包络.

2. 已知微分方程的通解如下 (c 为任意常数), 求出微分方程的奇解:

(1) $y = cx^2 - c^2$; (2) $cy = (x - c)^2$;

(3) $y = c(x - c)^2$; (4) $xy = cy - c^2$.

3. 求一条曲线, 使其任一点处的切线与两条坐标轴所围成三角形的面积为 a^2.

第四章 解对初值和参数的依赖性

一般来讲, 将一个实际问题转化为微分方程时, 微分方程往往会依赖于一些参数, 因此微分方程的解也依赖于这些参数. 此外, 初值往往是通过观测得到的, 难免有误差. 所以, 研究微分方程的解对初值和参数的依赖关系就显得尤其重要. 本章将要讨论微分方程的解对初值和参数的依赖关系, 包括解对初值和参数的连续依赖性、可微性等.

§4.1　n 维线性空间中的微分方程

实际问题中的微分方程通常不是单个出现的, 也不是只包含一个未知函数的, 而是包含若干个未知函数以及它们的导数的微分方程组, 例如第二章中讨论的捕食系统、n 体问题等. 在一个微分方程组中, 各未知函数导数的最高阶数之和称为该微分方程组的**阶**.

本节的主要目的是建立 n 维空间中微分方程初值问题解的存在和唯一性.

考虑 n 阶微分方程

$$\frac{\mathrm{d}^n y}{\mathrm{d}x^n} = F\left(x, y, \frac{\mathrm{d}y}{\mathrm{d}x}, \cdots, \frac{\mathrm{d}^{n-1}y}{\mathrm{d}x^{n-1}}\right). \tag{4.1}$$

如果引入变量

$$y_1 = y, \quad y_2 = \frac{\mathrm{d}y}{\mathrm{d}x}, \quad \cdots, \quad y_n = \frac{\mathrm{d}^{n-1}y}{\mathrm{d}x^{n-1}},$$

则方程 (4.1) 等价于下面的微分方程组

$$\begin{cases} \dfrac{\mathrm{d}y_1}{\mathrm{d}x} = y_2, \\ \cdots\cdots \\ \dfrac{\mathrm{d}y_{n-1}}{\mathrm{d}x} = y_n, \\ \dfrac{\mathrm{d}y_n}{\mathrm{d}x} = F(x, y_1, \cdots, y_n). \end{cases} \quad (4.2)$$

这里等价的含义是: 若 $y = \phi(x)$ 是方程 (4.1) 的解, 则 $y_1 = \phi(x)$, $y_2 = \phi'(x), \cdots, y_n = \phi^{(n-1)}(x)$ 是方程组 (4.2) 的解; 反之, 若方程组 (4.2) 有解 $y_1(x), y_2(x), \cdots, y_n(x)$, 则 $y = y_1(x)$ 是方程 (4.1) 的解.

更一般地, 可以将含有多个未知函数的高阶微分方程组转化成只含一阶微分方程的方程组. 例如, 微分方程组

$$\begin{cases} \dfrac{\mathrm{d}^2 u}{\mathrm{d}x^2} = U\left(x, u, \dfrac{\mathrm{d}u}{\mathrm{d}x}, v, \dfrac{\mathrm{d}v}{\mathrm{d}x}, \dfrac{\mathrm{d}^2 v}{\mathrm{d}x^2}, w\right) \\ \dfrac{\mathrm{d}^3 v}{\mathrm{d}x} = V\left(x, u, \dfrac{\mathrm{d}u}{\mathrm{d}x}, v, \dfrac{\mathrm{d}v}{\mathrm{d}x}, \dfrac{\mathrm{d}^2 v}{\mathrm{d}x^2}, w\right) \\ \dfrac{\mathrm{d}w}{\mathrm{d}x} = W\left(x, u, \dfrac{\mathrm{d}u}{\mathrm{d}x}, v, \dfrac{\mathrm{d}v}{\mathrm{d}x}, \dfrac{\mathrm{d}^2 v}{\mathrm{d}x^2}, w\right) \end{cases}$$

可以改写成

$$\begin{cases} \dfrac{\mathrm{d}y_1}{\mathrm{d}x} = f_1(x, y_1, \cdots, y_6), \\ \dfrac{\mathrm{d}y_2}{\mathrm{d}x} = f_2(x, y_1, \cdots, y_6), \\ \cdots\cdots \\ \dfrac{\mathrm{d}y_6}{\mathrm{d}x} = f_6(x, y_1, \cdots, y_6), \end{cases}$$

其中

$$(y_1, y_2, \cdots, y_6) = \left(u, \dfrac{\mathrm{d}u}{\mathrm{d}x}, v, \dfrac{\mathrm{d}v}{\mathrm{d}x}, \dfrac{\mathrm{d}^2 v}{\mathrm{d}x^2}, w\right),$$

$$(f_1, f_2, \cdots, f_6)$$
$$= (y_2, U(x, y_1, \cdots, y_6), y_4, y_5, V(x, y_1, \cdots, y_6), W(x, y_1, \cdots, y_6)).$$

由上面的讨论可知, 微分方程组的一般形式为

$$
\begin{cases}
\dfrac{\mathrm{d}y_1}{\mathrm{d}x} = f_1(x, y_1, \cdots, y_n), \\[2mm]
\dfrac{\mathrm{d}y_2}{\mathrm{d}x} = f_2(x, y_1, \cdots, y_n), \\[2mm]
\cdots\cdots \\[1mm]
\dfrac{\mathrm{d}y_n}{\mathrm{d}x} = f_n(x, y_1, \cdots, y_n),
\end{cases}
\tag{4.3}
$$

其中 $f_1, f_2, \cdots, f_n$ 是变量 $(x, y_1, y_2, \cdots, y_n)$ 在某个区域 D 内的已知连续函数.

采用向量的记号, 可以将方程组 (4.3) 写得更为简洁. 令

$$
\begin{aligned}
&\boldsymbol{y} = (y_1, y_2, \cdots, y_n) \in \mathbb{R}^n, \\
&f_i(x, \boldsymbol{y}) = f_i(x, y_1, \cdots, y_n), \quad i = 1, 2, \cdots, n, \\
&\boldsymbol{f}(x, \boldsymbol{y}) = (f_1(x, \boldsymbol{y}), f_2(x, \boldsymbol{y}), \cdots, f_n(x, \boldsymbol{y})) \in \mathbb{R}^n,
\end{aligned}
$$

且规定

$$
\frac{\mathrm{d}\boldsymbol{y}}{\mathrm{d}x} = \left(\frac{\mathrm{d}y_1}{\mathrm{d}x}, \frac{\mathrm{d}y_2}{\mathrm{d}x}, \cdots, \frac{\mathrm{d}y_n}{\mathrm{d}x} \right),
$$

则方程组 (4.3) 可以写成

$$
\frac{\mathrm{d}\boldsymbol{y}}{\mathrm{d}x} = \boldsymbol{f}(x, \boldsymbol{y}),
\tag{4.4}
$$

其中 $\boldsymbol{f}$ 是一个关于变量 $(x, \boldsymbol{y}) \in D$ 的连续的 n 维向量函数. 考虑方程组 (4.4) 在如下初始条件下的初值问题:

$$
\boldsymbol{y}(x_0) = \boldsymbol{y}_0,
\tag{4.5}
$$

其中初值点 $(x_0, \boldsymbol{y}_0) \in D \subset \mathbb{R}^{n+1}$.

本节的主要结果是初值问题 (4.4), (4.5) 的解的存在和唯一性. 为了介绍此结果, 需要在 n 维线性空间 $\mathbb{R}^n$ 中引入模的概念.

在 n 维线性空间 $\mathbb{R}^n$ 中任取向量 $\boldsymbol{y} = (y_1, y_2, \cdots, y_n)$, 称 $|\boldsymbol{y}|$ 为 $\boldsymbol{y}$ 的**模**或**范数**, 如果它满足下面的条件:

(1) 正定性: $|\boldsymbol{y}| \geqslant 0$, 且 $|\boldsymbol{y}| = 0 \Longleftrightarrow \boldsymbol{y} = \boldsymbol{0}$;

(2) 正齐次性: $|k\boldsymbol{y}| = |k||\boldsymbol{y}|, \forall k \in \mathbb{R}$;

(3) 三角不等式: $|\boldsymbol{y} + \boldsymbol{z}| \leqslant |\boldsymbol{y}| + |\boldsymbol{z}, \forall \boldsymbol{z} \in \mathbb{R}^n$.

在 n 维线性空间 $\mathbb{R}^n$ 中, 常用的模有下面三种:

(1) $|\boldsymbol{y}|_2 = \sqrt{y_1^2 + y_2^2 + \cdots + y_n^2}$ (**Euclid 模**);

(2) $|\boldsymbol{y}|_1 = |y_1| + |y_2| + \cdots + |y_n|$ (l^1-**模**);

(3) $|\boldsymbol{y}|_\infty = \max\limits_{1 \leqslant j \leqslant n} |y_j|$ (l^∞-**模**).

容易证明, 这三种模彼此等价, 即由它们定义的开集是一样的. 这样一来, 可以按照上述三种模中的任意一种来理解向量的模. 在下面的讨论中, 我们不再区分具体使用的是哪一种模.

在 n 维线性空间 $\mathbb{R}^n$ 中一旦引入了模, 就称 $\mathbb{R}^n$ 为 n 维赋范线性空间. 在 n 维赋范线性空间 $\mathbb{R}^n$ 中, 可以建立大家熟知的微积分和无穷级数中的一致收敛等概念. 特别地, Ascoli-Arzelà 引理在 n 维赋范线性空间 $\mathbb{R}^n$ 中也是成立的.

现在假设方程 (4.4) 中的函数 $\boldsymbol{f}$ 在有界闭区域

$$R : |x - x_0| \leqslant a, |\boldsymbol{y} - \boldsymbol{y}_0| \leqslant b$$

上连续. 进一步, 称 $\boldsymbol{f}$ 在 R 上对 $\boldsymbol{y}$ 满足 **Lipschitz 条件**, 如果存在常数 $L > 0$, 使得对于任意的 $(x, \boldsymbol{y}_1), (x, \boldsymbol{y}_2) \in R$, 下式成立:

$$|\boldsymbol{f}(x, \boldsymbol{y}_1) - \boldsymbol{f}(x, \boldsymbol{y}_2)| \leqslant L|\boldsymbol{y}_1 - \boldsymbol{y}_2|.$$

类似于第三章中的 Picard 定理和 Peano 定理, 可以证明下面的结论成立.

定理 4.1 (Picard 定理) 假设函数 $\boldsymbol{f}$ 在有界闭区域 R 上连续, 且对 $\boldsymbol{y}$ 满足 Lipschitz 条件, 则初值问题 (4.4), (4.5) 的解在区间 $|x - x_0| \leqslant h$ 上存在且唯一, 其中

$$h = \min\left\{a, \frac{b}{\max\limits_{(x, \boldsymbol{y}) \in R} |\boldsymbol{f}(x, \boldsymbol{y})|}\right\}.$$

定理 4.2 (Peano 定理)   假设函数 $\boldsymbol{f}$ 在有界闭区域 R 上连续, 则初值问题 (4.4), (4.5) 的解在区间 $|x - x_0| \leqslant h$ 上存在, 其中

$$h = \min\left\{a, \frac{b}{\max\limits_{(x,\boldsymbol{y}) \in R} |\boldsymbol{f}(x, \boldsymbol{y})|}\right\}.$$

当函数 $f_i \ (i = 1, 2, \cdots, n)$ 对于 $y_j \ (j = 1, 2, \cdots, n)$ 均为线性函数, 即

$$f_i(x, y_1, \cdots, y_n) = \sum_{j=1}^{n} a_{ij}(x)y_j + e_i(x), \quad i = 1, 2, \cdots, n$$

时, 称方程组 (4.4) 是**线性**的; 否则, 称之为**非线性**的.

按照通常的习惯, 引入列向量

$$\boldsymbol{y} = \begin{pmatrix} y_1 \\ y_2 \\ \vdots \\ y_n \end{pmatrix}, \quad \boldsymbol{e}(x) = \begin{pmatrix} e_1(x) \\ e_2(x) \\ \vdots \\ e_n(x) \end{pmatrix}$$

及矩阵 $\boldsymbol{A}(x) = (a_{ij}(x))_{n \times n}$. 这样一来, 可以将线性方程组

$$\frac{\mathrm{d}y_i}{\mathrm{d}x} = \sum_{j=1}^{n} a_{ij}(x)y_j + e_i(x), \quad i = 1, 2, \cdots, n$$

写成更紧凑的形式:

$$\frac{\mathrm{d}\boldsymbol{y}}{\mathrm{d}x} = \boldsymbol{A}(x)\boldsymbol{y} + \boldsymbol{e}(x). \tag{4.6}$$

当 $\boldsymbol{A}(x)$ 和 $\boldsymbol{e}(x)$ 在区间 $a < x < b$ 上连续时, 容易证明下面的结论.

定理 4.3   方程组 (4.6) 对于任意的初始条件 $\boldsymbol{y}(x_0) = \boldsymbol{y}_0 \ (a < x_0 < b)$ 的解在整个区间 $a < x < b$ 上存在且唯一.

§4.2 解对初值和参数的连续依赖性

在将实际问题转化成求解微分方程时, 微分方程中往往带有一个或多个参数, 从而微分方程的解与这些参数有关. 此外, 微分方程的解也与初值有关. 由于初值往往是观测得到的, 因此一定的误差是难以避免的. 人们自然希望微分方程的解在初值的误差较小时与真实的情况相差不大. 所以, 研究微分方程的解对初值和参数的依赖关系是必要的. 本节我们的主要任务是研究微分方程的解对初值和参数的连续依赖性, 而将关于解对初值和参数的可微性的讨论放在下一节.

例 4.1 线性单摆方程

$$\frac{\mathrm{d}^2 x}{\mathrm{d}t^2} + a^2 x = 0$$

(参数 $a > 0$) 满足初始条件

$$x(t_0) = x_0, \quad x'(t_0) = x'_0$$

的唯一解为

$$x = x_0 \cos a(t - t_0) + \frac{x'_0}{a} \sin a(t - t_0).$$

显然, 这个解对于初值 (x_0, x'_0) 和参数 a 是连续依赖的. 注意到, 初值 (x_0, x'_0) 及参数 a 都是实际测量得到的, 存在一定的误差. 因此, "解对这些量是连续的"有着明确的物理意义: 只要误差足够小, 真实的线性单摆运动和通过求解的方法预测的运动相差很小.

现在来考虑一般的 n 阶微分方程组初值问题

$$\begin{cases} \dfrac{\mathrm{d}\boldsymbol{y}}{\mathrm{d}x} = \boldsymbol{f}(x, \boldsymbol{y}, \boldsymbol{\lambda}), \\ \boldsymbol{y}(x_0) = \boldsymbol{y}_0 \end{cases} \tag{4.7}$$

的解 $\boldsymbol{y} = \boldsymbol{y}(x; x_0, \boldsymbol{y}_0, \boldsymbol{\lambda})$ 对初值 $(x_0, \boldsymbol{y}_0)$ 和参数 $\boldsymbol{\lambda}$ 的依赖性, 其中 $\boldsymbol{f}$ 是 n 维向量函数, $\boldsymbol{\lambda} \in \mathbb{R}^m$.

做变换
$$t = x - x_0, \quad \boldsymbol{u} = \boldsymbol{y} - \boldsymbol{y}_0,$$
则 t 为新的自变量, $\boldsymbol{u}(t)$ 是新的未知函数, 初值问题 (4.7) 变成
$$\begin{cases} \dfrac{\mathrm{d}\boldsymbol{u}}{\mathrm{d}t} = \boldsymbol{f}(t + x_0, \boldsymbol{u} + \boldsymbol{y}_0, \boldsymbol{\lambda}), \\ \boldsymbol{u}(0) = \boldsymbol{0}. \end{cases} \tag{4.8}$$

注意, 原来的初值 $(x_0, \boldsymbol{y}_0)$ 在初值问题 (4.8) 中和 $\boldsymbol{\lambda}$ 一样以参数的形式出现, 而初值问题 (4.8) 的初值现在固定为 $\boldsymbol{u}(0) = \boldsymbol{0}$.

因此, 可以只考虑初值问题
$$\begin{cases} \dfrac{\mathrm{d}\boldsymbol{y}}{\mathrm{d}x} = \boldsymbol{f}(x, \boldsymbol{y}, \boldsymbol{\lambda}), \\ \boldsymbol{y}(0) = \boldsymbol{0} \end{cases} \tag{4.9}$$

的解对参数 $\boldsymbol{\lambda}$ 的依赖性.

定理 4.4 设 n 维向量函数 $\boldsymbol{f}(x, \boldsymbol{y}, \boldsymbol{\lambda})$ 在闭区域
$$G : |x| \leqslant a, |\boldsymbol{y}| \leqslant b, |\boldsymbol{\lambda}| \leqslant c$$
上连续, 且对 $\boldsymbol{y}$ 满足 Lipschitz 条件, 即对于任意的 $(x, \boldsymbol{y}_1, \boldsymbol{\lambda}), (x, \boldsymbol{y}_2, \boldsymbol{\lambda}) \in G$, 有
$$|\boldsymbol{f}(x, \boldsymbol{y}_1, \boldsymbol{\lambda}) - \boldsymbol{f}(x, \boldsymbol{y}_2, \boldsymbol{\lambda})| \leqslant L|\boldsymbol{y}_1 - \boldsymbol{y}_2|,$$
其中常数 $L > 0$. 令
$$M = \max_{(x, \boldsymbol{y}, \boldsymbol{\lambda}) \in G} |\boldsymbol{f}(x, \boldsymbol{y}, \boldsymbol{\lambda})|, \quad h = \min\left\{a, \frac{b}{M}\right\},$$
则初值问题 (4.9) 的解 $\boldsymbol{y} = \boldsymbol{\phi}(x, \boldsymbol{\lambda})$ 在闭区域
$$D : |x| \leqslant h, |\boldsymbol{\lambda}| \leqslant c$$
上是连续的.

证明 证明与 Picard 定理的证明类似, 在这里给出证明的梗概.

第一步, 初值问题 (4.9) 等价于积分方程
$$\boldsymbol{y}(x, \boldsymbol{\lambda}) = \int_0^x \boldsymbol{f}(x, \boldsymbol{y}(s, \boldsymbol{\lambda}), \boldsymbol{\lambda})\mathrm{d}s. \tag{4.10}$$

第二步, 构造 Picard 序列:

$$\phi_0(x, \boldsymbol{\lambda}) \equiv 0,$$

$$\phi_k(x, \boldsymbol{\lambda}) = \int_0^x \boldsymbol{f}(x, \phi_{k-1}(s, \boldsymbol{\lambda}), \boldsymbol{\lambda}) \mathrm{d}s, \quad k = 1, 2, \cdots.$$

由此可知 Picard 序列 $\{\phi_k(x, \boldsymbol{\lambda})\}$ 关于 $(x, \boldsymbol{\lambda}) \in D$ 是连续的.

第三步, 用数学归纳法证明

$$|\phi_{k+1}(x, \boldsymbol{\lambda}) - \phi_k(x, \boldsymbol{\lambda})| < \frac{M}{L} \frac{(L|x|)^{k+1}}{(k+1)!} \leqslant \frac{M}{L} \frac{(Lh)^{k+1}}{(k+1)!},$$

因此 Picard 序列 $\{\phi_k(x, \boldsymbol{\lambda})\}$ 对 $(x, \boldsymbol{\lambda}) \in D$ 是一致收敛的.

第四步, 令

$$\phi(x, \boldsymbol{\lambda}) = \lim_{k \to +\infty} \phi_k(x, \boldsymbol{\lambda}), \quad (x, \boldsymbol{\lambda}) \in D,$$

则 $\boldsymbol{y} = \phi(x, \boldsymbol{\lambda})$ 是初值问题 (4.9) 的唯一解. 再由上述 Picard 序列的一致收敛性可知, 极限函数 $\phi(x, \boldsymbol{\lambda})$ 关于 $(x, \boldsymbol{\lambda}) \in D$ 是连续的. □

推论 4.1 设 n 维向量函数 $\boldsymbol{f}(x, \boldsymbol{y})$ 在闭区域

$$R : |x - x_0| \leqslant a, |\boldsymbol{y} - \boldsymbol{y}_0| \leqslant b$$

上连续, 且对 $\boldsymbol{y}$ 满足 Lipschitz 条件, 则初值问题

$$\begin{cases} \dfrac{\mathrm{d}\boldsymbol{y}}{\mathrm{d}x} = \boldsymbol{f}(x, \boldsymbol{y}), \\ \boldsymbol{y}(x_0) = \boldsymbol{\eta} \end{cases} \tag{4.11}$$

的解 $\boldsymbol{y} = \phi(x, \boldsymbol{\eta})$ 在闭区域

$$Q : |x - x_0| \leqslant \frac{h}{2}, |\boldsymbol{\eta} - \boldsymbol{y}_0| \leqslant \frac{b}{2}$$

上连续, 其中

$$h = \min\left\{a, \frac{b}{M}\right\},$$

M 是函数 $\boldsymbol{f}(x, \boldsymbol{y})$ 的模在 R 中的一个上界.

注 4.1 利用这个推论, 可以对初值问题 (4.9) 中微分方程组在点 (x_0, y_0) 的邻域内的积分曲线做局部 "拉直". 事实上, 变换

$$T : x = x, y = \phi(x, \eta)$$

将闭区域 Q 内的直线

$$L_{\eta_0} : |x - x_0| \leqslant \frac{h}{2}, \eta = \eta_0$$

变成经过点 (x_0, η_0) 的一段积分曲线

$$\Gamma_{\eta_0} : |x - x_0| \leqslant \frac{h}{2}, y = \phi(x, \eta_0).$$

由解的存在和唯一性以及解对初值的连续依赖性, 容易验证变换 T 是一个同胚. 由此可知 T^{-1} 将积分曲线族 Γ_η 变成平行直线族 L_η (图 4.1). 进一步, 如果 $f \in C^1$, 不仅可以将积分曲线 "拉直", 而且可以将向量场 f "拉直". 这一点将在下一节中讨论.

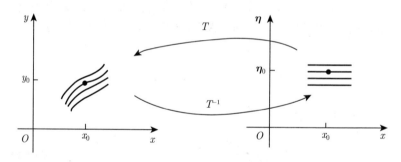

图 4.1

在定理 4.4 中, Lipschitz 条件不是必需的. 事实上, 只要假设初值问题 (4.7) 的解存在且唯一即可. 更准确地, 有下面的定理.

定理 4.5 考虑微分方程组

$$\frac{\mathrm{d}y}{\mathrm{d}x} = f(x, y, \lambda), \tag{4.12}$$

其中 f 是区域 $G \subset \mathbb{R} \times \mathbb{R}^n \times \mathbb{R}^m$ 上有界、连续的 n 维向量函数. 假设对于任意的初值点 (x_0, y_0), 该方程组的解 $y = \phi(x; x_0, y_0, \lambda)$ 是

在区间 I_0 上存在且唯一的, 其中 $I_0 \subset \mathbb{R}$ 是有界闭区间, 则对于任意的 $\varepsilon > 0$, 存在 $\delta > 0$, 只要 $(\xi, \boldsymbol{\eta}, \boldsymbol{\lambda}') \in G$, 且

$$|(\xi, \boldsymbol{\eta}, \boldsymbol{\lambda}') - (x_0, \boldsymbol{y}_0, \boldsymbol{\lambda})| < \delta,$$

就有

$$|\boldsymbol{\phi}(x; \xi, \boldsymbol{\eta}, \boldsymbol{\lambda}') - \boldsymbol{\phi}(x; x_0, \boldsymbol{y}_0, \boldsymbol{\lambda})| < \varepsilon, \quad x \in I_0,$$

即解对初值和参数是连续依赖的.

证明 引入变量 $\boldsymbol{z} = \boldsymbol{\lambda}$, 则

$$\frac{\mathrm{d}\boldsymbol{z}}{\mathrm{d}x} = \boldsymbol{0}.$$

方程 (4.12) 可写成

$$\frac{\mathrm{d}\boldsymbol{y}}{\mathrm{d}x} = \boldsymbol{f}(x, \boldsymbol{y}, \boldsymbol{z}), \quad \frac{\mathrm{d}\boldsymbol{z}}{\mathrm{d}x} = \boldsymbol{0},$$

而初始条件为

$$\boldsymbol{y}(x_0) = \boldsymbol{y}_0, \quad \boldsymbol{z}(x_0) = \boldsymbol{\lambda}.$$

于是, 可以将解对参数的依赖性转化成解对初值的依赖性.

以下仅仅对初值考虑依赖性, 即假设在方程 (4.12) 的右端函数 $\boldsymbol{f}$ 与参数 $\boldsymbol{\lambda}$ 无关.

假设结论不成立, 即存在 $\varepsilon_0 > 0$, 使得对于任意的 $i > 0$, 都存在 $(\xi_i, \boldsymbol{\eta}_i)$ 及 $x_i \in I_0$, 满足

$$|(\xi_i, \boldsymbol{\eta}_i) - (x_0, \boldsymbol{y}_0)| < \frac{1}{i},$$

但是

$$|\boldsymbol{\phi}(x_i; \xi_i, \eta_i) - \boldsymbol{\phi}(x_i; x_0, \boldsymbol{y}_0)| \geqslant \varepsilon_0. \tag{4.13}$$

由于 $x_i \in I_0$, I_0 是 $\mathbb{R}$ 上的有界闭区间, 因此 $\{x_i\}$ 有一个收敛的子数列. 不妨设 $x_i \to \bar{x} \in I_0(i \to +\infty)$.

注意到

$$\boldsymbol{\phi}(x; \xi, \boldsymbol{\eta}) = \boldsymbol{\eta} + \int_{\xi}^{x} \boldsymbol{f}(s, \boldsymbol{\phi}(s; \xi, \boldsymbol{\eta}))\mathrm{d}s,$$

容易证明序列 $\{\phi(x;\xi_i,\eta_i)\}$ 是一致有界且等度连续的. 事实上, 假设 $|\boldsymbol{f}|$ 在区域 G 上的上界为 M, 则

$$|\boldsymbol{\phi}(x;\boldsymbol{\xi},\boldsymbol{\eta}) - \boldsymbol{\eta}| \leqslant M|I_0|,$$
$$|\boldsymbol{\phi}(x;\boldsymbol{\xi},\boldsymbol{\eta}) - \boldsymbol{\phi}(x';\xi,\boldsymbol{\eta})| \leqslant 2M(|x - x'| + |\xi - \xi'| + |\boldsymbol{\eta} - \boldsymbol{\eta}'|).$$

根据 Ascoli-Arzelà 引理, 存在在 I_0 上一致收敛的子序列 $\{\boldsymbol{\phi}(x;\xi_{i_j},\boldsymbol{\eta}_{i_j})\}$: $\boldsymbol{\phi}(x;\xi_{i_j},\boldsymbol{\eta}_{i_j}) \rightrightarrows \boldsymbol{\psi}(x)$. 由上面 $\boldsymbol{\phi}(x;\boldsymbol{\xi},\boldsymbol{\eta})$ 的表达式可知

$$\boldsymbol{\phi}(x;\xi_{i_j},\boldsymbol{\eta}_{i_j}) = \boldsymbol{\eta}_{i_j} + \int_{\xi_{i_j}}^{x} \boldsymbol{f}(s,\boldsymbol{\phi}(s;\xi_{i_j},\boldsymbol{\eta}_{i_j}))\mathrm{d}s.$$

令 $j \to +\infty$, 得到

$$\boldsymbol{\psi}(x) = \boldsymbol{y}_0 + \int_{x_0}^{x} \boldsymbol{f}(s,\boldsymbol{\psi}(s))\mathrm{d}s,$$

即 $\boldsymbol{\psi}(x) \equiv \boldsymbol{\phi}(x;x_0,\boldsymbol{y}_0)$. 由 (4.13) 式可知

$$|\boldsymbol{\phi}(x_{i_j};\xi_{i_j},\boldsymbol{\eta}_{i_j}) - \boldsymbol{\phi}(x_{i_j};x_0,\boldsymbol{y}_0)| \geqslant \varepsilon_0.$$

令 $j \to +\infty$, 可得出矛盾, 所以结论成立.   □

注 4.2   从定理 4.5 的证明可看出, "对于任意的初值点 $(x_0,\boldsymbol{y}_0)$, 该方程组的解 $\boldsymbol{y} = \boldsymbol{\phi}(x;x_0,\boldsymbol{y}_0)$ 是存在且唯一的" 这一假设不是必要的. 只要假设对于某个初值 $(x_0,\boldsymbol{y}_0)$, 该方程组的解 $\boldsymbol{y} = \boldsymbol{y}(x;x_0,\boldsymbol{y}_0)$ 存在且唯一, 则解 $\boldsymbol{y} = \boldsymbol{y}(x;\boldsymbol{\xi},\boldsymbol{\eta})$ 就在 $(x_0,\boldsymbol{y}_0)$ 的一个邻域内连续.

注 4.3   结合定理 4.5 和注 4.1, 可以在积分曲线段 $\{(x,\boldsymbol{y})|\boldsymbol{y} = \boldsymbol{\phi}(x), x \in I_0\}$ 的一个 "细长管域" 内进行积分曲线的 "拉直".

注 4.4   在定理 4.5 中, 假设区间 I_0 是有界闭区间是必要的. 例如, 初值问题

$$\begin{cases} \dfrac{\mathrm{d}\boldsymbol{y}}{\mathrm{d}x} = \boldsymbol{y}, \\ \boldsymbol{y}(x_0) = \boldsymbol{y}_0 \end{cases}$$

的解为 $\boldsymbol{y}(x;x_0,\boldsymbol{y}_0) = \boldsymbol{y}_0\mathrm{e}^{x-x_0}$. 显然, 不等式

$$|\boldsymbol{y}(x;x_0,\boldsymbol{y}_0) - \boldsymbol{y}(x;x_0',\boldsymbol{y}_0')| < \varepsilon \tag{4.14}$$

不可能在无穷区间 $(x_0, +\infty)$ 上成立, 无论 $|x_0 - x_0'|, |y_0 - y_0'|$ 多么小.

当一个解 $y(x; x_0, y_0)$ 在 $(x_0, +\infty)$ 上满足 (4.14) 式时, 称它是 **Lyapunov 正向稳定**的. 对于微分方程组解的 Lyapunov 稳定性, 将在第九章中进行讨论.

习 题 4.2

1. 举例说明: 当微分方程初值问题的解不唯一时, 它的积分曲线族在局部范围内不能视作平行直线族.

2. 举例说明: 当微分方程初值问题的解不唯一时, 过某个初值点的最大解对于初值不是连续的.

3. 考虑初值问题

$$\begin{cases} \dfrac{\mathrm{d}y}{\mathrm{d}x} = f(x, y), \\ y(x_0) = y_0, \end{cases}$$

其中 $f(x, y)$ 是连续函数. 设 $y = \phi(x; x_0, y_0)$ 是该初值问题的最大解. 证明: $\phi(x; x_0, y_0)$ 对于 y_0 是右连续的, 即

$$\lim_{y_1 \to y_0 + 0} \phi(x; x_0, y_1) = \phi(x; x_0, y_0)$$

在 $|x - x_0| \leqslant \alpha$ 上成立, 其中 $\alpha > 0$ 是常数.

§4.3 解对初值和参数的连续可微性

本节将要讨论的是微分方程的解对初值和参数的连续可微性. 与上一节的处理类似, 可以将对初值的研究转化成对参数的研究. 因此, 只要考虑微分方程的解对参数的连续可微性即可.

考虑初值问题

$$\begin{cases} \dfrac{\mathrm{d}\boldsymbol{y}}{\mathrm{d}x} = \boldsymbol{f}(x, \boldsymbol{y}, \boldsymbol{\lambda}), \\ \boldsymbol{y}(0) = 0. \end{cases} \tag{4.15}$$

定理 4.6 设 n 维向量函数 $\boldsymbol{f}(x, \boldsymbol{y}, \boldsymbol{\lambda})$ 在闭区域

$$G : |x| \leqslant a, |\boldsymbol{y}| \leqslant b, |\boldsymbol{\lambda}| \leqslant c$$

上连续, 且对 $\boldsymbol{y}$ 和 $\boldsymbol{\lambda}$ 有连续偏导数, 则初值问题 (4.15) 的解 $\boldsymbol{y} = \boldsymbol{\phi}(x, \boldsymbol{\lambda})$ 在闭区域

$$D : |x| \leqslant h, |\boldsymbol{\lambda}| \leqslant c$$

上是连续可微的, 其中常数 h 的定义与定理 4.4 中的相同.

分析 假如 $\boldsymbol{\phi}(x, \boldsymbol{\lambda})$ 对于 $\boldsymbol{\lambda}$ 是连续可微的. 由

$$\boldsymbol{\phi}(x, \boldsymbol{\lambda}) = \int_0^x \boldsymbol{f}(s, \boldsymbol{\phi}(s, \boldsymbol{\lambda}), \boldsymbol{\lambda}) \mathrm{d}s,$$

两端对 $\boldsymbol{\lambda}$ 求导数, 得到

$$\frac{\partial \boldsymbol{\phi}(x, \boldsymbol{\lambda})}{\partial \boldsymbol{\lambda}} = \int_0^x \left(\frac{\partial \boldsymbol{f}}{\partial \boldsymbol{y}}(s, \boldsymbol{\phi}(s, \boldsymbol{\lambda}), \boldsymbol{\lambda}) \frac{\partial \boldsymbol{\phi}(x, \boldsymbol{\lambda})}{\partial \boldsymbol{\lambda}} + \frac{\partial \boldsymbol{f}}{\partial \boldsymbol{\lambda}}(s, \boldsymbol{\phi}(s, \boldsymbol{\lambda}), \boldsymbol{\lambda}) \right) \mathrm{d}s,$$

令 $\boldsymbol{U}(x, \boldsymbol{\lambda}) = \dfrac{\partial \boldsymbol{\phi}(x, \boldsymbol{\lambda})}{\partial \boldsymbol{\lambda}}$, 则矩阵 $\boldsymbol{U}(x, \boldsymbol{\lambda})$ 满足线性微分方程组

$$\frac{\mathrm{d}\boldsymbol{U}}{\mathrm{d}x} = \frac{\partial \boldsymbol{f}}{\partial \boldsymbol{y}}(x, \boldsymbol{\phi}(x, \boldsymbol{\lambda}), \boldsymbol{\lambda})\boldsymbol{U}(x, \boldsymbol{\lambda}) + \frac{\partial \boldsymbol{f}}{\partial \boldsymbol{\lambda}}(x, \boldsymbol{\phi}(x, \boldsymbol{\lambda}), \boldsymbol{\lambda})$$

及

$$\boldsymbol{U}(0, \boldsymbol{\lambda}) = \boldsymbol{0}.$$

于是, 只要证明以下结论即可: 当 $\boldsymbol{\lambda} \to \boldsymbol{\lambda}_0$ 时,

$$|\boldsymbol{\phi}(x, \boldsymbol{\lambda}) - \boldsymbol{\phi}(x, \boldsymbol{\lambda}_0) - \boldsymbol{U}(x, \boldsymbol{\lambda}_0)(\boldsymbol{\lambda} - \boldsymbol{\lambda}_0)| = o(|\boldsymbol{\lambda} - \boldsymbol{\lambda}_0|).$$

证明 记满足线性微分方程组

$$\frac{\mathrm{d}\boldsymbol{U}}{\mathrm{d}x} = \frac{\partial \boldsymbol{f}}{\partial \boldsymbol{y}}(x, \boldsymbol{\phi}(x, \boldsymbol{\lambda}), \boldsymbol{\lambda})\boldsymbol{U}(x, \boldsymbol{\lambda}) + \frac{\partial \boldsymbol{f}}{\partial \boldsymbol{\lambda}}(x, \boldsymbol{\phi}(x, \boldsymbol{\lambda}), \boldsymbol{\lambda}) \qquad (4.16)$$

及条件 $\boldsymbol{U}(0, \boldsymbol{\lambda}) = \boldsymbol{0}$ 的矩阵为 $\boldsymbol{U}(x, \boldsymbol{\lambda})$. 由 Picard 定理和解对初值和参数的连续依赖性 (定理 4.4) 可知, $\boldsymbol{U}(x, \boldsymbol{\lambda})$ 在区间 $|x| \leqslant h$ 上存在

且唯一, 对 $\boldsymbol{\lambda}$ 连续, 并且

$$\boldsymbol{U}(x,\boldsymbol{\lambda}) = \int_0^x \left(\frac{\partial \boldsymbol{f}}{\partial \boldsymbol{y}}(s,\boldsymbol{\phi}(s,\boldsymbol{\lambda}),\boldsymbol{\lambda})\boldsymbol{U}(s,\boldsymbol{\lambda}) + \frac{\partial \boldsymbol{f}}{\partial \boldsymbol{\lambda}}(s,\boldsymbol{\phi}(s,\boldsymbol{\lambda}),\boldsymbol{\lambda}) \right) \mathrm{d}s.$$

由于

$$\boldsymbol{\phi}(x,\boldsymbol{\lambda}) = \int_0^x \boldsymbol{f}(s,\boldsymbol{\phi}(s,\boldsymbol{\lambda}),\boldsymbol{\lambda})\mathrm{d}s,$$

所以

$$\boldsymbol{\phi}(x,\boldsymbol{\lambda}) - \boldsymbol{\phi}(x,\boldsymbol{\lambda}_0) - \boldsymbol{U}(x,\boldsymbol{\lambda}_0)(\boldsymbol{\lambda} - \boldsymbol{\lambda}_0)$$
$$= \int_0^x \Bigg[\boldsymbol{f}(s,\boldsymbol{\phi}(s,\boldsymbol{\lambda}),\boldsymbol{\lambda}) - \boldsymbol{f}(s,\boldsymbol{\phi}(s,\boldsymbol{\lambda}_0),\boldsymbol{\lambda}_0)$$
$$- \Bigg(\frac{\partial \boldsymbol{f}}{\partial \boldsymbol{y}}(s,\boldsymbol{\phi}(s,\boldsymbol{\lambda}_0),\boldsymbol{\lambda}_0)\boldsymbol{U}(s,\boldsymbol{\lambda}_0)$$
$$+ \frac{\partial \boldsymbol{f}}{\partial \boldsymbol{\lambda}}(s,\boldsymbol{\phi}(s,\boldsymbol{\lambda}_0),\boldsymbol{\lambda}_0) \Bigg)(\boldsymbol{\lambda} - \boldsymbol{\lambda}_0) \Bigg] \mathrm{d}s.$$

注意到

$$\boldsymbol{f}(s,\boldsymbol{\phi}(s,\boldsymbol{\lambda}),\boldsymbol{\lambda}) - \boldsymbol{f}(s,\boldsymbol{\phi}(s,\boldsymbol{\lambda}_0),\boldsymbol{\lambda}_0)$$
$$= \boldsymbol{f}(s,\boldsymbol{\phi}(s,\boldsymbol{\lambda}),\boldsymbol{\lambda}) - \boldsymbol{f}(s,\boldsymbol{\phi}(s,\boldsymbol{\lambda}_0),\boldsymbol{\lambda})$$
$$+ \boldsymbol{f}(s,\boldsymbol{\phi}(s,\boldsymbol{\lambda}_0),\boldsymbol{\lambda}) - \boldsymbol{f}(s,\boldsymbol{\phi}(s,\boldsymbol{\lambda}_0),\boldsymbol{\lambda}_0)$$
$$= \int_0^1 \frac{\partial \boldsymbol{f}}{\partial \boldsymbol{y}}(s,t\boldsymbol{\phi}(s,\boldsymbol{\lambda}) + (1-t)\boldsymbol{\phi}(s,\boldsymbol{\lambda}_0),\boldsymbol{\lambda})(\boldsymbol{\phi}(s,\boldsymbol{\lambda}) - \boldsymbol{\phi}(s,\boldsymbol{\lambda}_0))\mathrm{d}t$$
$$+ \int_0^1 \frac{\partial \boldsymbol{f}}{\partial \boldsymbol{\lambda}}(s,\boldsymbol{\phi}(s,\boldsymbol{\lambda}_0),t\boldsymbol{\lambda} + (1-t)\boldsymbol{\lambda}_0)(\boldsymbol{\lambda} - \boldsymbol{\lambda}_0)\mathrm{d}t.$$

令 $\boldsymbol{\phi}(\cdot) = \boldsymbol{\phi}(\cdot,\boldsymbol{\lambda})$, $\boldsymbol{\phi}_0(\cdot) = \boldsymbol{\phi}(\cdot,\boldsymbol{\lambda}_0)$, $\boldsymbol{U}(\cdot) = \boldsymbol{U}(\cdot,\boldsymbol{\lambda})$, $\boldsymbol{U}_0(\cdot) = \boldsymbol{U}(\cdot,\boldsymbol{\lambda}_0)$ 以及

$$\Delta(x) = |\boldsymbol{\phi}(x,\boldsymbol{\lambda}) - \boldsymbol{\phi}(x,\boldsymbol{\lambda}_0) - \boldsymbol{U}(x,\boldsymbol{\lambda}_0)(\boldsymbol{\lambda} - \boldsymbol{\lambda}_0)|,$$

则

$$\Delta(x) \leqslant \left| \int_0^x \int_0^1 \left| \frac{\partial \boldsymbol{f}}{\partial \boldsymbol{y}}(s,t\boldsymbol{\phi} + (1-t)\boldsymbol{\phi}_0,\boldsymbol{\lambda})\mathrm{d}t \right| \Delta(s)\mathrm{d}s \right|$$

$$+\left|\int_0^x \int_0^1 \left|\frac{\partial \boldsymbol{f}}{\partial \boldsymbol{y}}(s, t\boldsymbol{\phi}+(1-t)\boldsymbol{\phi}_0, \boldsymbol{\lambda})\right.\right.$$
$$\left.\left.-\frac{\partial \boldsymbol{f}}{\partial \boldsymbol{y}}(s, \boldsymbol{\phi}_0, \boldsymbol{\lambda}_0)\right||\boldsymbol{U}_0||\boldsymbol{\lambda}-\boldsymbol{\lambda}_0|\mathrm{d}t\mathrm{d}s\right|$$
$$+\left|\int_0^x \left|\int_0^1 \left(\frac{\partial \boldsymbol{f}}{\partial \boldsymbol{\lambda}}(s, \boldsymbol{\phi}_0, t\boldsymbol{\lambda}+(1-t)\boldsymbol{\lambda}_0)\right.\right.\right.$$
$$\left.\left.\left.-\frac{\partial \boldsymbol{f}}{\partial \boldsymbol{\lambda}}(s, \boldsymbol{\phi}_0, \boldsymbol{\lambda}_0)\right)(\boldsymbol{\lambda}-\boldsymbol{\lambda}_0)\mathrm{d}t\right|\mathrm{d}s\right|.$$

由定理假设以及解对初值与参数的连续依赖性可知, 对于任意的 $\varepsilon > 0$, 存在 $\delta > 0$, 只要 $|\boldsymbol{\lambda}-\boldsymbol{\lambda}_0| < \delta$, 当 $|x| \leqslant h$ 时, 就有

$$|\boldsymbol{\phi}(x, \boldsymbol{\lambda}) - \boldsymbol{\phi}(x, \boldsymbol{\lambda}_0)| < \varepsilon,$$
$$\left|\frac{\partial \boldsymbol{f}}{\partial \boldsymbol{y}}(s, t\boldsymbol{\phi}+(1-t)\boldsymbol{\phi}_0, \boldsymbol{\lambda}) - \frac{\partial \boldsymbol{f}}{\partial \boldsymbol{y}}(s, \boldsymbol{\phi}_0, \boldsymbol{\lambda}_0)\right| < \varepsilon,$$
$$\left|\frac{\partial \boldsymbol{f}}{\partial \boldsymbol{\lambda}}(s, \boldsymbol{\phi}_0, t\boldsymbol{\lambda}+(1-t)\boldsymbol{\lambda}_0) - \frac{\partial \boldsymbol{f}}{\partial \boldsymbol{\lambda}}(s, \boldsymbol{\phi}_0, \boldsymbol{\lambda}_0)\right| < \varepsilon,$$

以及存在常数 $M > 0$, 使得

$$\left|\frac{\partial \boldsymbol{f}}{\partial \boldsymbol{y}}(s, t\boldsymbol{\phi}+(1-t)\boldsymbol{\phi}_0, \boldsymbol{\lambda})\mathrm{d}t\right| \leqslant M, \quad |\boldsymbol{U}(x, \boldsymbol{\lambda}_0)| \leqslant M.$$

不妨设 $x > 0$ (当 $x < 0$ 时, 可做类似的讨论). 由上面的式子可知

$$\Delta(x) \leqslant M \int_0^x \Delta(s)\mathrm{d}s + \varepsilon(M+1)h|\boldsymbol{\lambda}-\boldsymbol{\lambda}_0|.$$

由 Gronwall 不等式 (引理 3.1) 可以得到

$$\Delta(x) \leqslant (M+1)he^{Mh}\varepsilon|\boldsymbol{\lambda}-\boldsymbol{\lambda}_0|.$$

这意味着, 当 $\boldsymbol{\lambda} \to \boldsymbol{\lambda}_0$ 时, $\Delta(x) = o(|\boldsymbol{\lambda}-\boldsymbol{\lambda}_0|)$. 因此, 得到

$$\frac{\partial \boldsymbol{\phi}(x, \boldsymbol{\lambda})}{\partial \boldsymbol{\lambda}} = \boldsymbol{U}(x, \boldsymbol{\lambda}).$$

注意到 $\boldsymbol{U}(x, \boldsymbol{\lambda})$ 是方程组 (4.16) 的解, 由定理的条件和定理 4.4 可知, $\boldsymbol{U}(x, \boldsymbol{\lambda})$ 关于 $\boldsymbol{\lambda}$ 是连续的. 定理证毕. $\square$

推论 4.2 设 n 维向量函数 $\boldsymbol{f}(x, \boldsymbol{y})$ 在闭区域 $R: |x - x_0| \leqslant a,$ $|\boldsymbol{y} - \boldsymbol{y}_0| \leqslant b$ 上连续, 且对 $\boldsymbol{y}$ 有连续偏导数 $\boldsymbol{f}_{\boldsymbol{y}}'(x, \boldsymbol{y})$, 则对于 $|\boldsymbol{\eta} - \boldsymbol{y}_0| < \dfrac{b}{2}$, 初值问题

$$\begin{cases} \dfrac{\mathrm{d}\boldsymbol{y}}{\mathrm{d}x} = \boldsymbol{f}(x, \boldsymbol{y}), \\ \boldsymbol{y}(x_0) = \boldsymbol{\eta} \end{cases}$$

的解 $\boldsymbol{y} = \boldsymbol{\phi}(x, \boldsymbol{\eta})$ 在闭区域 $D: |x - x_0| \leqslant \dfrac{h}{2}, |\boldsymbol{\eta} - \boldsymbol{y}_0| \leqslant \dfrac{b}{2}$ 上是连续可微的.

与定理 4.6 的证明类似, 可以得到下面的结论.

定理 4.7 假设函数 $\boldsymbol{f}(x, \boldsymbol{y}, \boldsymbol{\lambda})$ 在闭区域

$$G: |x - x_0| \leqslant a, \ |\boldsymbol{y} - \boldsymbol{y}_0| \leqslant b, \ |\boldsymbol{\lambda}| \leqslant c$$

上连续, 对 $\boldsymbol{y}$ 和 $\boldsymbol{\lambda}$ 有连续偏导数, 则初值问题

$$\begin{cases} \dfrac{\mathrm{d}\boldsymbol{y}}{\mathrm{d}x} = \boldsymbol{f}(x, \boldsymbol{y}, \boldsymbol{\lambda}), \\ \boldsymbol{y}(x_0) = \boldsymbol{y}_0 \end{cases}$$

在闭区域 $R: |x - x_0| \leqslant h, |\boldsymbol{\lambda}| \leqslant c$ 上的唯一解 $\boldsymbol{y} = \boldsymbol{\phi}(x; x_0, \boldsymbol{y}_0, \boldsymbol{\lambda})$ 对 $(x_0, \boldsymbol{y}_0, \boldsymbol{\lambda})$ 可微.

由上面解对初值和参数的可微性, 可以得到解对初值和参数的偏导数应该满足的微分方程. 假设 $\boldsymbol{y} = \boldsymbol{\phi}(x; x_0, \boldsymbol{y}_0, \boldsymbol{\lambda})$ 是定理 4.7 中初值问题的解, 则

$$\boldsymbol{\phi}(x; x_0, \boldsymbol{y}_0, \boldsymbol{\lambda}) = \boldsymbol{y}_0 + \int_{x_0}^{x} \boldsymbol{f}(s, \boldsymbol{\phi}(s; x_0, \boldsymbol{y}_0, \boldsymbol{\lambda}), \boldsymbol{\lambda}) \mathrm{d}s. \tag{4.17}$$

在这个等式两边分别对 $x_0, \boldsymbol{y}_0, \boldsymbol{\lambda}$ 求导数, 得到

$$\frac{\partial \boldsymbol{\phi}}{\partial x_0} = -\boldsymbol{f}(x_0, \boldsymbol{y}_0, \boldsymbol{\lambda}) + \int_{x_0}^{x} \frac{\partial \boldsymbol{f}}{\partial \boldsymbol{y}}(s, \boldsymbol{\phi}(s; x_0, \boldsymbol{y}_0, \boldsymbol{\lambda}), \boldsymbol{\lambda}) \frac{\partial \boldsymbol{\phi}}{\partial x_0} \mathrm{d}s,$$

$$\frac{\partial \boldsymbol{\phi}}{\partial \boldsymbol{y}_0} = \boldsymbol{E}_n + \int_{x_0}^{x} \frac{\partial \boldsymbol{f}}{\partial \boldsymbol{y}}(s, \boldsymbol{\phi}(s; x_0, \boldsymbol{y}_0, \boldsymbol{\lambda}), \boldsymbol{\lambda}) \frac{\partial \boldsymbol{\phi}}{\partial \boldsymbol{y}_0} \mathrm{d}s,$$

$$\frac{\partial \phi}{\partial \lambda} = \int_{x_0}^{x} \left(\frac{\partial f}{\partial y}(s, \phi(s; x_0, y_0, \lambda), \lambda) \frac{\partial \phi}{\partial \lambda} \right.$$
$$\left. + \frac{\partial f}{\partial \lambda}(s, \phi(s; x_0, y_0, \lambda), \lambda) \right) \mathrm{d}s,$$

其中 E_n 为 n 阶单位矩阵. 令

$$u(x; x_0, y_0, \lambda) = \frac{\partial \phi}{\partial x_0}(x; x_0, y_0, \lambda),$$
$$V(x; x_0, y_0, \lambda) = \frac{\partial \phi}{\partial y_0}(x; x_0, y_0, \lambda),$$
$$W(x; x_0, y_0, \lambda) = \frac{\partial \phi}{\partial \lambda}(x; x_0, y_0, \lambda),$$
$$A(x; x_0, y_0, \lambda) = \frac{\partial f}{\partial y}(x, \phi(x; x_0, y_0, \lambda), \lambda),$$
$$B(x; x_0, y_0, \lambda) = \frac{\partial f}{\partial \lambda}(x, \phi(x; x_0, y_0, \lambda), \lambda),$$

则 u, V, W 满足的微分方程组和初始条件分别为

$$\frac{\mathrm{d}u}{\mathrm{d}x} = A(x; x_0, y_0, \lambda)u, \quad u(x_0) = -f(x_0, y_0, \lambda),$$
$$\frac{\mathrm{d}V}{\mathrm{d}x} = A(x; x_0, y_0, \lambda)V, \quad V(x_0) = E_n,$$
$$\frac{\mathrm{d}W}{\mathrm{d}x} = A(x; x_0, y_0, \lambda)W + B(x; x_0, y_0, \lambda), \quad W(x_0) = 0.$$

注意到, 如果 y, λ 均是一维的, 则函数 f, u, V, W, A, B 分别为相应的纯量函数 f, u, V, W, A, B, 且 u, V, W 满足的是一阶线性微分方程. 此时, 可以利用第二章中关于线性微分方程的解法得到

$$u = -f(x_0, y_0, \lambda)\mathrm{e}^{\int_{x_0}^{x} A(s)\mathrm{d}s},$$
$$V = \mathrm{e}^{\int_{x_0}^{x} A(s)\mathrm{d}s},$$
$$W = \mathrm{e}^{\int_{x_0}^{x} A(s)\mathrm{d}s} \int_{x_0}^{x} B(t)\mathrm{e}^{-\int_{x_0}^{t} A(s)\mathrm{d}s}\mathrm{d}t.$$

例 4.2 设函数 $y = y(x, \mu)$ 是初值问题

$$\begin{cases} \dfrac{\mathrm{d}y}{\mathrm{d}x} = y + \mu(x + y^2), \\ y(0) = 1 \end{cases}$$

的解. 求 $\left.\dfrac{\partial y}{\partial \mu}\right|_{\mu=0}$.

解 由假设可知

$$y(x, \mu) = 1 + \int_0^x [y(s, \mu) + \mu(s + y^2(s, \mu))]\mathrm{d}s.$$

由此得到

$$\frac{\partial y}{\partial \mu} = \int_0^x \left(\frac{\partial y}{\partial \mu} + s + y^2(s, \mu) + 2\mu y(s, \mu)\frac{\partial y}{\partial \mu}\right)\mathrm{d}s,$$

因此函数 $\dfrac{\partial y}{\partial \mu}$ 满足微分方程

$$u' = x + y^2(x, \mu) + (1 + 2\mu y(x, \mu))u$$

及初始条件 $u(0) = 0$. 这是一阶线性微分方程, 解这个方程可以得到

$$\mathrm{e}^{-\int_0^x (1+2\mu y(s,\mu))\mathrm{d}s}\frac{\partial y}{\partial \mu} = \int_0^x \mathrm{e}^{-\int_0^t (1+2\mu y(s,\mu))\mathrm{d}s}(t + y^2(t, \mu))\mathrm{d}t.$$

由解对参数的连续依赖性可知 $y(x, 0) = \mathrm{e}^x$, 因此

$$\mathrm{e}^{-x}\left.\frac{\partial y}{\partial \mu}\right|_{\mu=0} = \int_0^x \mathrm{e}^{-t}(t + \mathrm{e}^{2t})\mathrm{d}t.$$

所以

$$\left.\frac{\partial y}{\partial \mu}\right|_{\mu=0} = \mathrm{e}^{2x} - x - 1.$$

现在来研究向量场的 "直化" 问题, 即在 $\mathbb{R} \times \mathbb{R}^n$ 中给定了一个光滑的向量场 $(1, \boldsymbol{f}(x, \boldsymbol{y}))$, 寻求一个微分同胚, 将其变成 $(1, \boldsymbol{0})$.

更为一般地, 考虑 n 阶自治微分方程组的初值问题

$$
\begin{cases}
\dfrac{\mathrm{d}\boldsymbol{x}}{\mathrm{d}t} = \boldsymbol{X}(\boldsymbol{x}), \\
\boldsymbol{x}(0) = \boldsymbol{x}.
\end{cases}
\tag{4.18}
$$

当 $\boldsymbol{X}(\boldsymbol{x})$ 对于 $\boldsymbol{x}$ 光滑时, 由 Picard 定理可知该初值问题的解存在且唯一. 设 $\boldsymbol{\Phi}(t,\boldsymbol{x})$ 是它的解. 假设 $\boldsymbol{U}\colon \boldsymbol{y} \mapsto \boldsymbol{x}$ 是一个微分同胚, 则 $\boldsymbol{y}$ 满足的微分方程组为

$$
\frac{\mathrm{d}\boldsymbol{y}}{\mathrm{d}t} = \boldsymbol{Y}(\boldsymbol{y}),
\tag{4.19}
$$

其中 $\boldsymbol{Y}(\boldsymbol{y}) = \boldsymbol{U}'^{-1}(\boldsymbol{y}) \cdot \boldsymbol{X}(\boldsymbol{U}(\boldsymbol{y}))$.

设方程组 (4.19) 满足初始条件 $\boldsymbol{y}(0) = \boldsymbol{y}$ 的解为 $\boldsymbol{\Psi}(t,\boldsymbol{y})$, 则

$$
\boldsymbol{U}(\boldsymbol{\Psi}(t,\boldsymbol{y})) = \boldsymbol{\Phi}(t,\boldsymbol{U}(\boldsymbol{y})).
\tag{4.20}
$$

事实上,

$$
\frac{\mathrm{d}}{\mathrm{d}t}\boldsymbol{\Phi}(t,\boldsymbol{U}(\boldsymbol{y})) = \boldsymbol{X}(\boldsymbol{\Phi}(t,\boldsymbol{U}(\boldsymbol{y}))),
$$

$$
\frac{\mathrm{d}}{\mathrm{d}t}\boldsymbol{U}(\boldsymbol{\Psi}(t,\boldsymbol{y})) = \boldsymbol{U}'(\boldsymbol{\Psi}(t,\boldsymbol{y})) \cdot \boldsymbol{Y}(\boldsymbol{\Psi}(t,\boldsymbol{y})) = \boldsymbol{X}(\boldsymbol{U}(\boldsymbol{\Psi}(t,\boldsymbol{y}))),
$$

即函数 $\boldsymbol{\Phi}(t,\boldsymbol{U}(\boldsymbol{y}))$ 和 $\boldsymbol{U}(\boldsymbol{\Psi}(t,\boldsymbol{y}))$ 均满足初值问题 (4.18) 中的微分方程组, 且

$$
\boldsymbol{\Phi}(0,\boldsymbol{U}(\boldsymbol{y})) = \boldsymbol{U}(\boldsymbol{y}) = \boldsymbol{U}(\boldsymbol{\Psi}(0,\boldsymbol{y})),
$$

即它们的初始条件相同. 利用解的存在和唯一, 性立即得到 (4.20) 式.

反之, 如果微分同胚 $\boldsymbol{U}\colon \boldsymbol{y} \mapsto \boldsymbol{x}$ 满足 (4.20) 式, 其中 $\boldsymbol{\Phi}(t,\boldsymbol{x})$ 和 $\boldsymbol{\Psi}(t,\boldsymbol{y})$ 分别是初值问题 (4.18) 中的微分方程组和方程组 (4.19) 的解, 则在 (4.20) 式两边对 t 求导数, 并令 $t = 0$, 得到

$$
\boldsymbol{Y}(\boldsymbol{y}) = \boldsymbol{U}'^{-1}(\boldsymbol{y}) \cdot \boldsymbol{X}(\boldsymbol{U}(\boldsymbol{y})).
$$

注意到初值问题 (4.18) 中的微分方程组和方程组 (4.19) 的右端函数均不明显依赖于自变量 t, 利用解的存在和唯一性, 得到

$$
\begin{aligned}
\boldsymbol{\Phi}(t_1 + t_2, \boldsymbol{x}) &= \boldsymbol{\Phi}(t_1, \boldsymbol{\Phi}(t_2, \boldsymbol{x})), \\
\boldsymbol{\Psi}(t_1 + t_2, \boldsymbol{y}) &= \boldsymbol{\Psi}(t_1, \boldsymbol{\Psi}(t_2, \boldsymbol{y}))
\end{aligned}
\tag{4.21}
$$

在 $\boldsymbol{\Phi}(t, \boldsymbol{x})$ 和 $\boldsymbol{\Psi}(t, \boldsymbol{y})$ 同时有定义的区间上成立.

定理 4.8　如果 $\boldsymbol{X}(\boldsymbol{0}) \neq \boldsymbol{0}$, 则存在一个微分同胚 $\boldsymbol{U}$, 它将向量场 $\boldsymbol{X}(\boldsymbol{x})$ 在原点的局部变成 $\boldsymbol{Y} = (1, 0, \cdots, 0)$.

证明　设 $X_i(\boldsymbol{x})$ 是 $\boldsymbol{X}(\boldsymbol{x})$ 的第 i 个分量. 不妨设 $X_1(\boldsymbol{x})$ 在原点处不为 0, 即 $X_1(\boldsymbol{0}) \neq 0$, 又设 $\boldsymbol{y} = (y_1, y_2, \cdots, y_n)$. 注意到, 当 $\boldsymbol{Y} = (1, 0, \cdots, 0)$ 时, $\boldsymbol{\Psi}(t, \boldsymbol{y}) = (t + y_1, y_2, \cdots, y_n)$.

令

$$\boldsymbol{U}(\boldsymbol{y}) = \boldsymbol{\Phi}(y_1, 0, y_2, \cdots, y_n).$$

容易证明:

$$\boldsymbol{U} \circ \boldsymbol{\Psi}(t, \boldsymbol{y}) = \boldsymbol{U}(t + y_1, y_2, \cdots, y_n) = \boldsymbol{\Phi}(t + y_1, 0, y_2, \cdots, y_n)$$
$$= \boldsymbol{\Phi}(t, \boldsymbol{\Phi}(y_1, 0, y_2, \cdots, y_n)) = \boldsymbol{\Phi}(t, \boldsymbol{U}(y_1, y_2, \cdots, y_n)),$$

且 $\boldsymbol{U}$ 关于 $y_1, y_2, \cdots, y_n$ 是连续可微的, 在这里用到了 (4.21) 式. 再由 $\boldsymbol{U}$ 的定义可得

$$\boldsymbol{U}(y_1, y_2, \cdots, y_n) = \begin{pmatrix} 0 \\ y_2 \\ \vdots \\ y_n \end{pmatrix} + \int_0^{y_1} \boldsymbol{X}(\boldsymbol{U}(s, y_2, \cdots, y_n)) \mathrm{d}s.$$

由此可知

$$\det \left. \frac{\partial \boldsymbol{U}}{\partial \boldsymbol{y}} \right|_{\boldsymbol{y}=0} = \begin{vmatrix} X_1(\boldsymbol{0}) & 0 & \cdots & 0 & 0 \\ X_2(\boldsymbol{0}) & 1 & \cdots & 0 & 0 \\ X_3(\boldsymbol{0}) & 0 & \cdots & 0 & 0 \\ \vdots & \vdots & & \vdots & \vdots \\ X_n(\boldsymbol{0}) & 0 & \cdots & 0 & 1 \end{vmatrix} = X_1(\boldsymbol{0}) \neq 0,$$

于是 $\boldsymbol{U}$ 在 $\boldsymbol{y} = \boldsymbol{0}$ 的一个邻域内是微分同胚. 再由前面的讨论可知, $\boldsymbol{U}$ 将 $\boldsymbol{X}(\boldsymbol{x})$ 变成 $\boldsymbol{Y} = (1, 0, \cdots, 0)$. $\square$

推论 4.3　假设两个向量场 $\boldsymbol{X}(\boldsymbol{x})$, $\boldsymbol{Y}(\boldsymbol{y})$ 满足 $\boldsymbol{X}(\boldsymbol{x}_0) \neq \boldsymbol{0}$, $\boldsymbol{Y}(\boldsymbol{y}_0) \neq \boldsymbol{0}$, 则存在一个微分同胚 $\boldsymbol{U}: \boldsymbol{x} \mapsto \boldsymbol{y}$, 使得 $\boldsymbol{U}(\boldsymbol{x}_0) = \boldsymbol{y}_0$, 且它将 $\boldsymbol{X}(\boldsymbol{x})$ 变成 $\boldsymbol{Y}(\boldsymbol{y})$.

当初值问题 (4.15) 中微分方程的右端函数 $f(x, y, \lambda)$ 对 y, λ 具有更高的可微性时, 该初值问题的解对于 λ 也具有更高的可微性. 准确地讲, 我们有下面的结论.

定理 4.9   假设函数 $f(x, y, \lambda)$ 关于 y 和 λ 是 r $(r \geqslant 1)$ 次连续可微函数, 则初值问题 (4.15) 的解 $y = \phi(x, \lambda)$ 关于 λ 是 r 次可微的.

在本节最后, 我们讨论当函数 $f(x, y, \lambda)$ 对 y, λ 解析依赖时, 初值问题

$$\begin{cases} \dfrac{\mathrm{d}y}{\mathrm{d}x} = f(x, y, \lambda), \\ y(x_0) = y_0 \end{cases} \tag{4.22}$$

的唯一解 $y = y(x; x_0, y_0, \lambda)$ 对初值 y_0 和参数 λ 的依赖性. 结果如下:

定理 4.10   假设函数 $f(x, y, \lambda)$ 在闭区域 $|x - x_0| \leqslant a$, $|y - y_0| \leqslant b$, $|\lambda| \leqslant c$ 上连续, 且对 y 和 λ 解析, 则初值问题 (4.22) 的解 $y(x; x_0, y_0, \lambda)$ 在区间 $|x - x_0| \leqslant h$ 上存在, 并且该解对初值 y_0 和参数 λ 是解析的, 即对于任意固定的 x, $y(x; x_0, y_0, \lambda)$ 是 y_0 和 λ 的解析函数.

注 4.5   称函数 y 是向量变量 λ 的**解析函数**, 如果 y 对 λ 的每个分量均为解析函数, 即对于 λ 的每个分量 λ_k, 当其他分量 λ_i $(i \neq k)$ 固定时, y 是单变量 λ_k 的解析函数. 如果向量函数 y 的每个分量均为 λ 的解析函数, 则称 y 是 λ 的**解析函数**.

证明   与处理解对初值与参数的连续依赖性的方法相同, 假设初始条件为 $y(x_0) = 0$. 进一步, 由于在定理中并不涉及 x_0, 为了简单起见, 假设 $x_0 = 0$, 即初始条件是

$$y(0) = 0.$$

由于 $f(x, y, \lambda)$ 对 y 和 λ 是解析的, 依据解析函数的延拓理论可知, $f(x, y, \lambda)$ 在包含有界闭区域

$$|y| \leqslant b, \quad |\lambda| \leqslant c$$

的一个复区域上是复解析的, 即 $f(x, y, \lambda)$ 是复变量 y 和 λ 的解析函数.

利用 Picard 序列来证明解 $\boldsymbol{y}(x;\boldsymbol{\lambda})$ 对 $\boldsymbol{\lambda}$ 的解析依赖性. 取 $\boldsymbol{y}_0(x;\boldsymbol{\lambda}) \equiv \boldsymbol{0}$, 定义

$$\boldsymbol{y}_{k+1}(x;\boldsymbol{\lambda}) = \int_0^x \boldsymbol{f}(s, \boldsymbol{y}_k(s;\boldsymbol{\lambda}), \boldsymbol{\lambda})\mathrm{d}s, \quad k = 0, 1, 2, \cdots.$$

利用数学归纳法可以证明: $\boldsymbol{y}_k(x;\boldsymbol{\lambda})(k = 0, 1, 2, \cdots)$ 对于 $\boldsymbol{\lambda}$ 是解析依赖的. 再由 $\{\boldsymbol{y}_k(x;\boldsymbol{\lambda})\}_{k=0}$ 的一致收敛性可以得到其极限函数

$$\boldsymbol{y}(x;\boldsymbol{\lambda}) = \lim_{k \to +\infty} \boldsymbol{y}_k(x;\boldsymbol{\lambda})$$

也是 $\boldsymbol{\lambda}$ 的解析函数. □

习 题 4.3

1. 设函数 $y = y(x, \eta)$ 是初值问题

$$\begin{cases} \dfrac{\mathrm{d}y}{\mathrm{d}x} = \sin xy, \\ y(0) = \eta \end{cases}$$

的解. 证明:

$$\frac{\partial y}{\partial \eta}(x, \eta) > 0.$$

2. 设函数 $\boldsymbol{y}(x; x_0, \boldsymbol{y}_0)$ 是初值问题

$$\begin{cases} \dfrac{\mathrm{d}\boldsymbol{y}}{\mathrm{d}x} = \boldsymbol{f}(x, \boldsymbol{y}), \\ \boldsymbol{y}(x_0) = \boldsymbol{y}_0, \end{cases}$$

的解, 其中函数 $\boldsymbol{f}(x, \boldsymbol{y})$ 关于 $(x, \boldsymbol{y})$ 是连续可微的. 证明:

$$\frac{\partial \boldsymbol{y}}{\partial x_0}(x; x_0, \boldsymbol{y}_0) + \frac{\partial \boldsymbol{y}}{\partial \boldsymbol{y}_0}(x; x_0, \boldsymbol{y}_0)\boldsymbol{f}(x_0, \boldsymbol{y}_0) \equiv 0.$$

3. 考虑二阶微分方程

$$x''(t) + c\,x'(t) + g(x) = p(t),$$

其中 $p(t)$ 是 2π-周期的连续函数, $g(x)$ 是连续可微函数, c 为常数. 假设该方程的解是大范围存在的. 考虑 $(x, x'(t))$-平面上的变换

$$\boldsymbol{\Phi} : (x(0), x'(0)) \mapsto (x(2\pi), x'(2\pi)).$$

证明: 对于 $(x, x'(t))$-平面上的有界区域 D, 有

$$\mathrm{Area}(\boldsymbol{\Phi}(D)) = \mathrm{e}^{-2\pi c}\mathrm{Area}(D).$$

4. 求给定微分方程初值问题的解对初值或参数的导数:

(1) $\begin{cases} y' = 2x + \mu y^2, \\ y(0) = \mu - 1, \end{cases}$ 求 $\left.\dfrac{\partial y}{\partial \mu}\right|_{\mu=0}$;

(2) $\begin{cases} y'' = \dfrac{2}{x} - \dfrac{2}{y}, \\ y(1) = 1, y'(1) = \mu, \end{cases}$ 求 $\left.\dfrac{\partial y}{\partial \mu}\right|_{\mu=1}$.

5. 证明定理 4.7.

第五章 线性微分方程组

在实际问题中, 人们经常遇到的微分方程组是非线性微分方程组. 这时, 通常采用的解决问题的方法是: 先将非线性方程组进行线性化处理, 再通过对线性微分方程组的研究推测出非线性方程组的解应该具有的性质, 进而解决实际问题. 因此, 对线性微分方程组的研究是非常重要的. 本章的目的就是研究线性微分方程组的一般理论和解法.

§5.1 一 般 理 论

考虑线性微分方程组

$$\frac{\mathrm{d}y_i}{\mathrm{d}x} = \sum_{j=1}^{n} a_{ij}(x)y_j + f_i(x), \quad i = 1, 2, \cdots, n,$$

其中函数 $a_{ij}(x)$, $f_i(x)$ $(i, j = 1, 2, \cdots, n)$ 在区间 (a, b) 上连续. 采用矩阵和向量来改写上面的微分方程组, 得到下面更为紧凑的形式

$$\frac{\mathrm{d}\boldsymbol{y}}{\mathrm{d}x} = \boldsymbol{A}(x)\boldsymbol{y} + \boldsymbol{f}(x), \tag{5.1}$$

其中 $\boldsymbol{A}(x) = (a_{ij}(x))_{n\times n}$, 而

$$\boldsymbol{y} = \begin{pmatrix} y_1 \\ y_2 \\ \vdots \\ y_n \end{pmatrix}, \quad \boldsymbol{f}(x) = \begin{pmatrix} f_1(x) \\ f_2(x) \\ \vdots \\ f_n(x) \end{pmatrix}.$$

当 $\boldsymbol{f}(x) \not\equiv \boldsymbol{0}$ 时, 称方程组 (5.1) 为**非齐次线性微分方程组**; 当 $\boldsymbol{f}(x) \equiv \boldsymbol{0}$ 时, 有

$$\frac{\mathrm{d}\boldsymbol{y}}{\mathrm{d}x} = \boldsymbol{A}(x)\boldsymbol{y}, \tag{5.2}$$

称之为对应于方程组 (5.1) 的**齐次线性微分方程组**.

需要指出的是: 这里的 n 阶线性微分方程组的表达式 (5.1) 在形式上与第二章中一阶线性微分方程的形式是类似的, 因此关于一阶线性微分方程的解的性质 (只要不涉及由解的表达式得到的性质) 均可推广到线性微分方程组 (5.1) 的情形.

定理 5.1　线性微分方程组 (5.1) 满足初始条件

$$\boldsymbol{y}(x_0) = \boldsymbol{y}_0 \tag{5.3}$$

的解 $\boldsymbol{y} = \boldsymbol{y}(x)$ 在区间 (a, b) 上是存在且唯一的, 其中初值 $x_0 \in (a, b)$ 和 $\boldsymbol{y}_0 \in \mathbb{R}^n$ 是任意给定的.

定理 5.1 的证明与第三章中 Picard 定理的证明是类似的, 请读者自行给出证明.

5.1.1　齐次线性微分方程组

本节讨论齐次线性微分方程组 (5.2) 的解的结构.

引理 5.1　假设 $\boldsymbol{y}_1(x), \boldsymbol{y}_2(x)$ 是方程组 (5.2) 的解, 则对于任意常数 c_1, c_2, 线性组合

$$c_1\boldsymbol{y}_1(x) + c_2\boldsymbol{y}_2(x)$$

也是方程组 (5.2) 的解.

这个结论是显然的, 只需将 $c_1\boldsymbol{y}_1(x) + c_2\boldsymbol{y}_2(x)$ 代入方程组 (5.2) 中即可验证.

记 S 为方程组 (5.2) 的所有解组成的集合, 则由引理 5.1 可知它是一个线性空间.

引理 5.2　S 是 n 维线性空间, 这里 n 是方程组 (5.2) 的阶数.

证明 任意取定 $x_0 \in (a,b)$. 对于任意的向量 $\boldsymbol{y}_0 \in \mathbb{R}^n$, 初值问题

$$\begin{cases} \boldsymbol{y}' = \boldsymbol{A}(x)\boldsymbol{y}, \\ \boldsymbol{y}(x_0) = \boldsymbol{y}_0 \end{cases}$$

的解 $\boldsymbol{y}(x) \in S$ 在 (a,b) 上存在且唯一. 这样就建立了一个从 $\mathbb{R}^n$ 到 S 的映射

$$\boldsymbol{H}: \mathbb{R}^n \ni \boldsymbol{y}_0 \mapsto \boldsymbol{y}(x) \in S.$$

现在来证明映射 $\boldsymbol{H}$ 是一个同构, 这样就证明了 S 的维数为 n.

(1) $\boldsymbol{H}$ 是满的: 对于任意的 $\boldsymbol{y}(x) \in S$, 由定理 5.1 可知, $\boldsymbol{y}(x)$ 在 (a,b) 上存在. 特别地, 有 $\boldsymbol{y}(x_0) = \boldsymbol{y}_0 \in \mathbb{R}^n$. 因此

$$\boldsymbol{H}(\boldsymbol{y}_0) = \boldsymbol{y}(x).$$

(2) $\boldsymbol{H}$ 是单的: 假设 $\boldsymbol{y}_0, \boldsymbol{z}_0 \in \mathbb{R}^n$, 则 $\boldsymbol{y}(x) = \boldsymbol{H}(\boldsymbol{y}_0)$ 和 $\boldsymbol{z}(x) = \boldsymbol{H}(\boldsymbol{z}_0)$ 是方程组 (5.2) 的两个解, 它们满足的初始条件分别为

$$\boldsymbol{y}(x_0) = \boldsymbol{y}_0, \quad \boldsymbol{z}(x_0) = \boldsymbol{z}_0.$$

由解的唯一性可知, $\boldsymbol{y}(x) \neq \boldsymbol{z}(x)$ 当且仅当 $\boldsymbol{y}_0 \neq \boldsymbol{z}_0$. 由此得到 $\boldsymbol{H}$ 是单的.

(3) $\boldsymbol{H}$ 是线性的: 对于任意的 $\boldsymbol{y}_0, \boldsymbol{z}_0 \in \mathbb{R}^n$ 和任意常数 c_1, c_2, 由引理 5.1 和解的唯一性可知

$$\boldsymbol{H}(c_1\boldsymbol{y}_0 + c_2\boldsymbol{z}_0) = c_1\boldsymbol{H}(\boldsymbol{y}_0) + c_2\boldsymbol{H}(\boldsymbol{z}_0).$$

因此, $\boldsymbol{H}$ 是一个同构, 从而 S 是 n 维线性空间. □

注 5.1 若 $\boldsymbol{\alpha}_1, \boldsymbol{\alpha}_2, \cdots, \boldsymbol{\alpha}_n$ 是 $\mathbb{R}^n$ 的一组基, 则 $\boldsymbol{H}(\boldsymbol{\alpha}_1), \boldsymbol{H}(\boldsymbol{\alpha}_2), \cdots,$ $\boldsymbol{H}(\boldsymbol{\alpha}_n)$ 构成 S 的一组基.

定义 5.1 称向量函数 $\boldsymbol{\phi}_1(x), \boldsymbol{\phi}_2(x), \cdots, \boldsymbol{\phi}_m(x)$ 在区间 (a,b) 上是**线性相关**的, 如果存在不全为零的常数 $c_1, c_2, \cdots, c_m$, 使得

$$c_1\boldsymbol{\phi}_1(x) + c_2\boldsymbol{\phi}_2(x) + \cdots + c_m\boldsymbol{\phi}_m(x) \equiv \boldsymbol{0}, \quad x \in (a,b);$$

否则, 称它们是**线性无关**的.

由上面的讨论可以得到下面的定理.

定理 5.2 方程组 (5.2) 在区间 (a,b) 上有 n 个线性无关解 $\phi_1(x), \phi_2(x), \cdots, \phi_n(x)$, 并且它的通解为

$$\boldsymbol{y} = c_1\phi_1(x) + c_2\phi_2(x) + \cdots + c_n\phi_n(x),$$

其中 $c_1, c_2, \cdots, c_n$ 为任意常数.

证明 对于 n 维线性空间 $\mathbb{R}^n$ 中的 n 个线性无关向量 $\boldsymbol{e}_1, \boldsymbol{e}_2, \cdots, \boldsymbol{e}_n$, $\phi_1(x) = \boldsymbol{H}(\boldsymbol{e}_1), \phi_2(x) = \boldsymbol{H}(\boldsymbol{e}_2), \cdots, \phi_n(x) = \boldsymbol{H}(\boldsymbol{e}_n)$ 是方程组 (5.2) 的 n 个解. 现在来证明这 n 个解是线性无关的. 如若不然, 则存在不全为零的常数 $c_1, c_2, \cdots, c_n$ 以及 $x_1 \in (a,b)$, 使得

$$c_1\phi_1(x_1) + c_2\phi_2(x_1) + \cdots + c_n\phi_n(x_1) = \boldsymbol{0}.$$

于是, $c_1\phi_1(x) + c_2\phi_2(x) + \cdots + c_n\phi_n(x)$ 是方程组 (5.2) 满足初始条件 $\boldsymbol{y}(x_1) = \boldsymbol{0}$ 的解. 然而, $\boldsymbol{y} \equiv \boldsymbol{0}$ 是方程组 (5.2) 的解. 利用解的唯一性, 可知

$$c_1\phi_1(x) + c_2\phi_2(x) + \cdots + c_n\phi_n(x) \equiv \boldsymbol{0}, \quad x \in (a,b).$$

特别地, 上式对于 $x = x_0$ 成立. 因此

$$c_1\boldsymbol{e}_1 + c_2\boldsymbol{e}_2 + \cdots + c_n\boldsymbol{e}_n = \boldsymbol{0}.$$

再由 $\boldsymbol{e}_1, \boldsymbol{e}_2, \cdots, \boldsymbol{e}_n$ 的线性无关性可得到 $c_1 = c_2 = \cdots = c_n = 0$, 矛盾. 所以, $\phi_1(x), \phi_2(x), \cdots, \phi_n(x)$ 线性无关.

再由引理 5.1 可知, 定理的后半部分结论成立. $\square$

称方程组 (5.2) 的 n 个线性无关解为该方程组的一个**基本解组**. 由定理 5.2 可知, 求解方程组 (5.2) 的就是找它的一个基本解组. 这也是本章的主要目的之一.

我们首先来回答下面的问题: 假如 $\boldsymbol{y}_1(x), \boldsymbol{y}_2(x), \cdots, \boldsymbol{y}_n(x)$ 是方程组 (5.2) 的解, 如何判断它们是否构成一个基本解组?

将解组 $\boldsymbol{y}_1(x), \boldsymbol{y}_2(x), \cdots, \boldsymbol{y}_n(x)$ 中每个向量函数写成如下形式:

$$\boldsymbol{y}_1(x) = \begin{pmatrix} y_{11}(x) \\ y_{21}(x) \\ \vdots \\ y_{n1}(x) \end{pmatrix}, \quad \boldsymbol{y}_2(x) = \begin{pmatrix} y_{12}(x) \\ y_{22}(x) \\ \vdots \\ y_{n2}(x) \end{pmatrix}, \quad \cdots,$$

$$\boldsymbol{y}_n(x) = \begin{pmatrix} y_{1n}(x) \\ y_{2n}(x) \\ \vdots \\ y_{nn}(x) \end{pmatrix}.$$

称行列式

$$W(x) = \begin{vmatrix} y_{11}(x) & y_{12}(x) & \cdots & y_{1n}(x) \\ y_{21}(x) & y_{22}(x) & \cdots & y_{2n}(x) \\ \vdots & \vdots & & \vdots \\ y_{n1}(x) & y_{n2}(x) & \cdots & y_{nn}(x) \end{vmatrix}$$

为解组 $\boldsymbol{y}_1(x), \boldsymbol{y}_2(x), \cdots, \boldsymbol{y}_n(x)$ 的 **Wronsky 行列式**.

引理 5.3 方程组 (5.2) 的解组 $\boldsymbol{y}_1(x), \boldsymbol{y}_2(x), \cdots, \boldsymbol{y}_n(x)$ 的 Wronsky 行列式 $W(x)$ 满足

$$W(x) = W(x_0)\mathrm{e}^{\int_{x_0}^{x} \mathrm{tr}\boldsymbol{A}(t)\mathrm{d}t}, \quad a < x_0, x < b, \tag{5.4}$$

其中

$$\mathrm{tr}\boldsymbol{A}(x) = \sum_{i=1}^{n} a_{ii}(x)$$

为矩阵 $\boldsymbol{A}(x)$ 的迹.

证明　利用行列式的完全展开式, 可知

$$\frac{\mathrm{d}W}{\mathrm{d}x} = \sum_{i=1}^{n} \begin{vmatrix} y_{11}(x) & y_{12}(x) & \cdots & y_{1n}(x) \\ \vdots & \vdots & & \vdots \\ y'_{i1}(x) & y'_{i2}(x) & \cdots & y'_{in}(x) \\ \vdots & \vdots & & \vdots \\ y_{n1}(x) & y_{n2}(x) & \cdots & y_{nn}(x) \end{vmatrix}. \tag{5.5}$$

由于 $\boldsymbol{y}_1(x), \boldsymbol{y}_2(x), \cdots, \boldsymbol{y}_n(x)$ 是方程组 (5.2) 的解, 因此

$$y'_{i1}(x) = \sum_{j=1}^{n} a_{ij}(x) y_{j1}(x), \quad \cdots, \quad y'_{in}(x) = \sum_{j=1}^{n} a_{ij}(x) y_{jn}(x).$$

将其代入 (5.5) 式并利用行列式的性质, 可知

$$\frac{\mathrm{d}W}{\mathrm{d}x} = \mathrm{tr}\boldsymbol{A}(x) \cdot W,$$

于是

$$W(x) = W(x_0) \mathrm{e}^{\int_{x_0}^{x} \mathrm{tr}\boldsymbol{A}(t)\mathrm{d}t} \quad a < x_0, x < b. \qquad \square$$

注 5.2　称公式 (5.4) 为 **Liouville 公式**. 由这个公式可知, Wronsky 行列式 $W(x)$ 在区间 (a, b) 上只有两种可能: 恒为零, 恒不为零. 利用这一公式来判断某个解组是否线性相关是一个有效的方法.

定理 5.3　方程组 (5.2) 的解组 $\boldsymbol{y}_1(x), \boldsymbol{y}_2(x), \cdots, \boldsymbol{y}_n(x)$ 构成解集 S 的一组基的充要条件是

$$W(x) \neq 0, \quad a < x < b. \tag{5.6}$$

证明　由 Liouville 公式可知, 条件 (5.6) 等价于 $W(x_0) \neq 0$, 而这一点又等价于向量组 $\boldsymbol{y}_1(x_0), \boldsymbol{y}_2(x_0), \cdots, \boldsymbol{y}_n(x_0)$ 是线性无关的, 即它是 n 维线性空间 $\mathbb{R}^n$ 的一组基. 由此可知, $\boldsymbol{y}_1(x) = \boldsymbol{H}(\boldsymbol{y}_1(x_0))$, $\boldsymbol{y}_2(x) = \boldsymbol{H}(\boldsymbol{y}_2(x_0)), \cdots, \boldsymbol{y}_n(x) = \boldsymbol{H}(\boldsymbol{y}_n(x_0))$ 构成 S 的一组基.

反之, 如果 $\boldsymbol{y}_1(x), \boldsymbol{y}_2(x), \cdots, \boldsymbol{y}_n(x)$ 是 S 的一组基, 则 $\boldsymbol{H}^{-1}(\boldsymbol{y}_1(x))$ $= \boldsymbol{y}_1(x_0)$, $\boldsymbol{H}^{-1}(\boldsymbol{y}_2(x)) = \boldsymbol{y}_2(x_0)$, $\cdots$, $\boldsymbol{H}^{-1}(\boldsymbol{y}_n(x)) = \boldsymbol{y}_n(x_0)$ 构成 n 维线性空间 $\mathbb{R}^n$ 的一组基, 因此

$$W(x_0) = \det(\boldsymbol{y}_1(x_0), \boldsymbol{y}_2(x_0), \cdots, \boldsymbol{y}_n(x_0)) \neq 0.$$

再由 Liouville 公式可知

$$W(x) \neq 0, \quad a < x < b. \qquad \square$$

推论 5.1 方程组 (5.2) 的解组 $\boldsymbol{y}_1(x), \boldsymbol{y}_2(x), \cdots, \boldsymbol{y}_n(x)$ 线性相关的充要条件是

$$W(x) \equiv 0, \quad a < x < b.$$

对于方程组 (5.2) 的解组 $\boldsymbol{y}_1(x), \boldsymbol{y}_2(x), \cdots, \boldsymbol{y}_n(x)$, 令矩阵 $\boldsymbol{Y}(x) = (y_{ij}(x))_{n \times n}$. 容易验证

$$\frac{\mathrm{d}\boldsymbol{Y}(x)}{\mathrm{d}x} = \boldsymbol{A}(x)\boldsymbol{Y}(x).$$

称 $\boldsymbol{Y}(x)$ 为方程组 (5.2) 的**解矩阵**. 当解组 $\boldsymbol{y}_1(x), \boldsymbol{y}_2(x), \cdots, \boldsymbol{y}_n(x)$ 线性无关时, 称 $\boldsymbol{Y}(x)$ 为方程组 (5.2) 的一个**基本解矩阵**.

如果 $\boldsymbol{\Phi}(x)$ 是方程组 (5.2) 的一个基本解矩阵, 则方程组 (5.2) 的通解为

$$\boldsymbol{y} = \boldsymbol{\Phi}(x)\boldsymbol{c},$$

其中 $\boldsymbol{c}$ 是任意 n 维常数向量.

由前面的讨论可知下面的结论成立.

推论 5.2 (1) 设 $\boldsymbol{\Phi}(x)$ 是方程组 (5.2) 的一个基本解矩阵, 则对于任意的非奇异常数矩阵 $\boldsymbol{C}$, 矩阵

$$\boldsymbol{\Psi}(x) = \boldsymbol{\Phi}(x)\boldsymbol{C}$$

也是方程组 (5.2) 的一个基本解矩阵;

(2) 设 $\boldsymbol{\varPsi}(x)$ 和 $\boldsymbol{\varPhi}(x)$ 是方程组 (5.2) 的两个基本解矩阵, 则存在一个非奇异常数矩阵 $\boldsymbol{C}$, 使得

$$\boldsymbol{\varPsi}(x) = \boldsymbol{\varPhi}(x)\boldsymbol{C}.$$

5.1.2　非齐次线性微分方程组

本节讨论非齐次线性微分方程组 (5.1) 的解的结构, 以及如果知道齐次线性方程组 (5.2) 的一个基本解矩阵 $\boldsymbol{\varPhi}(x)$, 如何求出方程组 (5.1) 的所有解.

我们有下面关于方程组 (5.1) 的解结构的结果.

引理 5.4　如果 $\boldsymbol{\varPhi}(x)$ 是方程组 (5.2) 的一个基本解矩阵, $\boldsymbol{\phi}^*(x)$ 是方程组 (5.1) 的一个特解, 则方程组 (5.1) 的任意解 $\boldsymbol{y} = \boldsymbol{\phi}(x)$ 可以表示为

$$\boldsymbol{\phi}(x) = \boldsymbol{\varPhi}(x)\boldsymbol{c} + \boldsymbol{\phi}^*(x),$$

其中 $\boldsymbol{c}$ 为一个常数向量.

证明　可以验证 $\boldsymbol{\phi}(x) - \boldsymbol{\phi}^*(x)$ 是方程组 (5.2) 的解. 由定理 5.2 可知, 存在一个常数向量 $\boldsymbol{c}$, 使得

$$\boldsymbol{\phi}(x) - \boldsymbol{\phi}^*(x) = \boldsymbol{\varPhi}(x)\boldsymbol{c}. \qquad \square$$

这个引理表明, 为了得到方程组 (5.1) 的通解, 只要知道方程组 (5.2) 的一个基本解矩阵 $\boldsymbol{\varPhi}(x)$ 和方程组 (5.1) 的一个特解 $\boldsymbol{\phi}^*(x)$ 即可. 事实上, 由下面的常数变易法可知, 只要知道方程组 (5.2) 的一个基本解矩阵 $\boldsymbol{\varPhi}(x)$ 就足够了.

我们来寻求方程组 (5.1) 的形如 $\boldsymbol{y}(x) = \boldsymbol{\varPhi}(x)\boldsymbol{c}(x)$ 的解. 将其代入方程组 (5.1), 利用

$$\boldsymbol{\varPhi}'(x) = \boldsymbol{A}(x)\boldsymbol{\varPhi}(x),$$

得到

$$\boldsymbol{\varPhi}(x)\boldsymbol{c}'(x) = \boldsymbol{f}(x).$$

由于 $\boldsymbol{\Phi}(x)$ 是基本解矩阵, $W(x) \neq 0$ $(a < x < b)$, 因此 $\boldsymbol{\Phi}(x)$ 可逆. 由上式可知

$$\boldsymbol{c}(x) = \int_{x_0}^x \boldsymbol{\Phi}^{-1}(s)\boldsymbol{f}(s)\mathrm{d}s,$$

于是方程组 (5.1) 的一个特解为

$$\boldsymbol{\phi}^*(x) = \boldsymbol{\Phi}(x)\int_{x_0}^x \boldsymbol{\Phi}^{-1}(s)\boldsymbol{f}(s)\mathrm{d}s.$$

上述这种求方程组 (5.1) 的一个特解的方法称为**常数变易法**.

这样就得到下面的定理.

定理 5.4　设 $\boldsymbol{\Phi}(x)$ 是方程组 (5.2) 的一个基本解矩阵, 则方程组 (5.1) 的通解为

$$\boldsymbol{y}(x) = \boldsymbol{\Phi}(x)\left(\boldsymbol{c} + \int_{x_0}^x \boldsymbol{\Phi}^{-1}(s)\boldsymbol{f}(s)\mathrm{d}s\right), \quad x_0, x \in (a, b),$$

其中 $\boldsymbol{c}$ 为任意 n 维常数向量.

例 5.1　*求初值问题*

$$\begin{cases} \dfrac{\mathrm{d}\boldsymbol{y}}{\mathrm{d}x} = \begin{pmatrix} \cos 6x + 1 & \sin 6x - 3 \\ \sin 6x + 3 & 1 - \cos 6x \end{pmatrix}\boldsymbol{y} + \begin{pmatrix} \cos 3x \\ \sin 3x \end{pmatrix}, \\ \boldsymbol{y}(0) = \begin{pmatrix} 0 \\ 1 \end{pmatrix} \end{cases}$$

的解.

解　先求解对应的齐次线性微分方程组

$$\frac{\mathrm{d}\boldsymbol{y}}{\mathrm{d}x} = \begin{pmatrix} \cos 6x + 1 & \sin 6x - 3 \\ \sin 6x + 3 & 1 - \cos 6x \end{pmatrix}\boldsymbol{y}.$$

容易验证

$$\boldsymbol{\Phi}(x) = \begin{pmatrix} \mathrm{e}^{2x}\cos 3x & -\sin 3x \\ \mathrm{e}^{2x}\sin 3x & \cos 3x \end{pmatrix}$$

是它的一个基本解矩阵, 并且

$$\boldsymbol{\Phi}^{-1}(x) = \begin{pmatrix} \mathrm{e}^{-2x}\cos 3x & \mathrm{e}^{-2x}\sin 3x \\ -\sin 3x & \cos 3x \end{pmatrix}.$$

再利用定理 5.4 中的通解公式, 可知该初值问题的解为

$$
\begin{aligned}
&\boldsymbol{y}(x) \\
&= \boldsymbol{\Phi}(x)\left(\begin{pmatrix} 0 \\ 1 \end{pmatrix} + \int_0^x \begin{pmatrix} \mathrm{e}^{-2s}\cos 3s & \mathrm{e}^{-2s}\sin 3s \\ -\sin 3s & \cos 3s \end{pmatrix} \begin{pmatrix} \cos 3s \\ \sin 3s \end{pmatrix} \mathrm{d}s \right) \\
&= \begin{pmatrix} \dfrac{1}{2}(\mathrm{e}^{2x}-1)\cos 3x - \sin 3x \\ \dfrac{1}{2}(\mathrm{e}^{2x}-1)\sin 3x + \cos 3x \end{pmatrix}.
\end{aligned}
$$

注 5.3 需要指出的是: 一般来说, 方程组 (5.2) 的基本解矩阵是很难用初等积分法求出的, 即使当

$$\boldsymbol{A}(x) = \begin{pmatrix} 0 & 1 \\ a(x) & 0 \end{pmatrix}$$

时, 仍然不能用初等积分法求出它的基本解矩阵. 事实上, 无法用初等积分法求出它的任何一个非零解.

习 题 5.1

1. 设 $\boldsymbol{\Phi}(x)$ 是齐次线性微分方程组 (5.2) 的一个基本解矩阵, 并且函数 $\boldsymbol{f}(x, \boldsymbol{y})$ 在区域 $E : a < x < b, |\boldsymbol{y}| < +\infty$ 上连续. 证明: 初值问题

$$\begin{cases} \dfrac{\mathrm{d}\boldsymbol{y}}{\mathrm{d}x} = \boldsymbol{A}(x)\boldsymbol{y} + \boldsymbol{f}(x, \boldsymbol{y}), \\ \boldsymbol{y}(x_0) = \boldsymbol{y}_0 \end{cases}$$

等价于积分方程

$$\boldsymbol{y}(x) = \boldsymbol{\Phi}(x)\boldsymbol{\Phi}^{-1}(x_0)\boldsymbol{y}_0 + \int_{x_0}^x \boldsymbol{\Phi}(x)\boldsymbol{\Phi}^{-1}(s)\boldsymbol{f}(s, \boldsymbol{y}(s))\mathrm{d}s,$$

其中 $x_0 \in (a, b)$.

2. 设当 $x \in (a, b)$ 时, 线性微分方程组 (5.1) 中的函数 $\boldsymbol{f}(x, \boldsymbol{y})$ 不恒为零, 证明: 方程组 (5.1) 有且至多有 $n + 1$ 个线性无关解.

3. 证明: 向量组

$$\begin{pmatrix} 1 \\ 0 \\ 0 \end{pmatrix}, \quad \begin{pmatrix} x \\ 0 \\ 0 \end{pmatrix}, \quad \begin{pmatrix} x^2 \\ 0 \\ 0 \end{pmatrix}$$

不可能同时满足任何一个三阶齐次线性微分方程组.

4. 求解微分方程组

$$\frac{\mathrm{d}x}{\mathrm{d}t} = \frac{2}{t}x + 1, \quad \frac{\mathrm{d}y}{\mathrm{d}t} = \frac{1}{t}x + y.$$

5. 考虑初值问题

$$\begin{cases} \dfrac{\mathrm{d}\boldsymbol{y}}{\mathrm{d}x} = \boldsymbol{f}(x, \boldsymbol{y}), \\ \boldsymbol{y}(x_0) = \boldsymbol{y}_0, \end{cases}$$

其中 $\boldsymbol{f}(x, \boldsymbol{y})$ 关于 x 连续, 关于 $\boldsymbol{y}$ 连续可微. 设 $\boldsymbol{y} = \boldsymbol{\phi}(x; x_0, \boldsymbol{y}_0)$ 是其唯一解. 证明:

$$\det \frac{\partial \boldsymbol{\phi}}{\partial \boldsymbol{y}_0}(x; x_0, \boldsymbol{y}_0) = \mathrm{e}^{\int_{x_0}^{x} \mathrm{tr}\left(\frac{\partial \boldsymbol{f}}{\partial \boldsymbol{y}}(s, \boldsymbol{\phi}(s; x_0, \boldsymbol{y}_0))\right)\mathrm{d}s}.$$

§5.2 常系数线性微分方程组

上一节最后的注 5.2 指出, 即使矩阵 $\boldsymbol{A}(x)$ 形式上非常简单, 一般也不能用初等积分法求出相应的齐次线性微分方程组的基本解矩阵. 本节将 $\boldsymbol{A}(x)$ 限制在常数矩阵的情况, 即它不依赖于自变量 x, 此时可以用矩阵函数的方法求出基本解矩阵.

我们称

$$\frac{\mathrm{d}\boldsymbol{y}}{\mathrm{d}x} = \boldsymbol{A}\boldsymbol{y} + \boldsymbol{f}(x) \tag{5.7}$$

为**常系数线性微分方程组**, 其中 $\boldsymbol{A}$ 为 n 阶实常数矩阵, n 维向量函数 $\boldsymbol{f}(x)$ 在区间 (a,b) 上连续.

由上一节的讨论可知, 求解方程组 (5.7) 的关键在于找到相应的齐次线性微分方程组

$$\frac{\mathrm{d}\boldsymbol{y}}{\mathrm{d}x} = \boldsymbol{A}\boldsymbol{y} \tag{5.8}$$

的一个基本解矩阵.

注意到, 当方程组 (5.8) 的阶数 $n = 1$ 时, 得到的是线性微分方程

$$\frac{\mathrm{d}y}{\mathrm{d}x} = Ay,$$

它的解为 $y = c\,\mathrm{e}^{Ax}$ (c 为任意常数). 这个函数之所以可以成为此方程的解, 是因为

$$\mathrm{e}^{Ax} = 1 + Ax + \frac{1}{2!}(Ax)^2 + \cdots + \frac{1}{k!}(Ax)^k + \cdots.$$

由此可知

$$\frac{\mathrm{d}\mathrm{e}^{Ax}}{\mathrm{d}x} = A + A(Ax) + \cdots + A\frac{1}{(k-1)!}(Ax)^{k-1} + \cdots = A\mathrm{e}^{Ax}.$$

自然地, 希望方程组 (5.8) 有解 e^{Ax}. 受上面式子的启发, 我们需要这样来定义 $\mathrm{e}^{\boldsymbol{A}x}$:

$$\mathrm{e}^{\boldsymbol{A}x} = \boldsymbol{E}_n + \boldsymbol{A}x + \frac{1}{2!}(\boldsymbol{A}x)^2 + \cdots + \frac{1}{k!}(\boldsymbol{A}x)^k + \cdots. \tag{5.9}$$

显然, 如果 $\boldsymbol{\Phi}(x) = \mathrm{e}^{\boldsymbol{A}x}$, 则形式上对 x 求导数得

$$\frac{\mathrm{d}\boldsymbol{\Phi}(x)}{\mathrm{d}x} = \boldsymbol{A} + \boldsymbol{A}(\boldsymbol{A}x) + \cdots + \boldsymbol{A}\frac{1}{(k-1)!}(\boldsymbol{A}x)^{k-1} + \cdots = \boldsymbol{A}\boldsymbol{\Phi}(x),$$

即 $\boldsymbol{\Phi}(x)$ 是方程组 (5.8) 的解矩阵. 接下来的工作就是讨论无穷级数 (5.9) 的收敛性以及它是否可以由初等函数表示等问题.

令 $\mathcal{M}_n$ 表示所有 n 阶实矩阵组成的集合. 显然, 在矩阵的加法与数乘运算下, $\mathcal{M}_n$ 构成一个 n^2 维线性空间.

定义 5.2 对于任意的 $\boldsymbol{A} = (a_{ij}) \in \mathcal{M}_n$, 定义

$$\|\boldsymbol{A}\| = \sum_{i,j=1}^{n} |a_{ij}|.$$

设矩阵 $\boldsymbol{A}, \boldsymbol{B} \in \mathcal{M}_n$, 容易验证:

(1) $\|\boldsymbol{A}\| \geqslant 0$, $\|\boldsymbol{A}\| = 0$ 的充要条件为 $\boldsymbol{A} = \boldsymbol{0}$ (零矩阵);

(2) $\|k\boldsymbol{A}\| = |k|\|\boldsymbol{A}\|, \forall k \in \mathbb{R}$;

(3) $\|\boldsymbol{A} + \boldsymbol{B}\| \leqslant \|\boldsymbol{A}\| + \|\boldsymbol{B}\|$.

由此可知 $\|\boldsymbol{A}\|$ 是 $\boldsymbol{A}$ 的模. 于是, 可以在 $\mathcal{M}_n$ 中定义矩阵序列、Cauchy 矩阵序列和矩阵无穷级数等概念, 并且可以证明: $\mathcal{M}_n$ 中的任意 Cauchy 矩阵序列均是收敛的. 也就是说, 线性空间 $\mathcal{M}_n$ 在模 $\|\cdot\|$ 之下构成一个完备空间.

此外, 在 $\mathcal{M}_n$ 中还有乘法运算, 并且有

(4) $\|\boldsymbol{A}\boldsymbol{B}\| \leqslant \|\boldsymbol{A}\|\|\boldsymbol{B}\|$.

由此不难证明:

引理 5.5 矩阵无穷级数

$$\mathrm{e}^{\boldsymbol{A}x} = \boldsymbol{E}_n + \boldsymbol{A}x + \frac{1}{2!}(\boldsymbol{A}x)^2 + \cdots + \frac{1}{k!}(\boldsymbol{A}x)^k + \cdots \in \mathcal{M}_n$$

在 $\mathbb{R}$ 的任意有界区间上是一致收敛的, 也是绝对收敛的. 此时, 我们称 $\mathrm{e}^{\boldsymbol{A}x}$ 为**矩阵指数函数**.

引理 5.6 (1) 若 n 阶实矩阵 $\boldsymbol{A}$ 和 $\boldsymbol{B}$ 可交换, 即 $\boldsymbol{A}\boldsymbol{B} = \boldsymbol{B}\boldsymbol{A}$, 则

$$\mathrm{e}^{\boldsymbol{A}+\boldsymbol{B}} = \mathrm{e}^{\boldsymbol{A}} \cdot \mathrm{e}^{\boldsymbol{B}};$$

(2) 对于任意的矩阵 $\boldsymbol{A} \in \mathcal{M}_n$, $\mathrm{e}^{\boldsymbol{A}}$ 可逆, 且

$$(\mathrm{e}^{\boldsymbol{A}})^{-1} = \mathrm{e}^{-\boldsymbol{A}};$$

(3) 若 $\boldsymbol{A}, \boldsymbol{P} \in \mathcal{M}_n$, 且 $\boldsymbol{P}$ 是一个可逆矩阵, 则

$$\mathrm{e}^{\boldsymbol{P}\boldsymbol{A}\boldsymbol{P}^{-1}} = \boldsymbol{P}\mathrm{e}^{\boldsymbol{A}}\boldsymbol{P}^{-1}.$$

定理 5.5 矩阵指数函数 $\boldsymbol{\Phi}(x) = \mathrm{e}^{\boldsymbol{A}x}$ 是常系数齐次线性微分方程组 (5.8) 的基本解矩阵.

证明 对于任意的 $x \in [a,b] \subset \mathbb{R}$, $\boldsymbol{\Phi}(x)$ 是一致收敛的. 利用逐项微分法则, 得到

$$\frac{\mathrm{d}\boldsymbol{\Phi}(x)}{\mathrm{d}x} = \boldsymbol{A} + \boldsymbol{A}^2 x + \cdots + \frac{1}{(k-1)!}\boldsymbol{A}^k x^{k-1} + \cdots$$

$$= \boldsymbol{A}\left[\boldsymbol{E}_n + \boldsymbol{A}x + \cdots + \frac{1}{(k-1)!}(\boldsymbol{A}x)^{k-1} + \cdots\right]$$

$$= \boldsymbol{A}\boldsymbol{\Phi}(x).$$

又 $\boldsymbol{\Phi}(0) = \boldsymbol{E}_n$, 可知 $\det\boldsymbol{\Phi}(0) = 1 \neq 0$. 因此, $\boldsymbol{\Phi}(x)$ 是方程组 (5.8) 的一个基本解矩阵. $\square$

推论 5.3 常系数非齐次线性微分方程组 (5.7) 在区间 (a,b) 上的通解为

$$\boldsymbol{y} = \mathrm{e}^{\boldsymbol{A}x}\boldsymbol{c} + \int_{x_0}^{x} \mathrm{e}^{\boldsymbol{A}(x-s)}\boldsymbol{f}(s)\mathrm{d}s, \tag{5.10}$$

其中 $\boldsymbol{c}$ 是任意 n 维常数向量; 满足初始条件 $\boldsymbol{y}(x_0) = \boldsymbol{y}_0$ 的解为

$$\boldsymbol{y} = \mathrm{e}^{\boldsymbol{A}(x-x_0)}\boldsymbol{y}_0 + \int_{x_0}^{x} \mathrm{e}^{\boldsymbol{A}(x-s)}\boldsymbol{f}(s)\mathrm{d}s. \tag{5.11}$$

现在我们面临的问题是: 矩阵指数函数 $\mathrm{e}^{\boldsymbol{A}x}$ 是否可以用初等函数的有限形式表达出来? 如果可以, 如何求出表达式?

例 5.2 设矩阵 $\boldsymbol{A} = \mathrm{diag}(a_1, a_2, \cdots, a_n)$. 求 $\mathrm{e}^{\boldsymbol{A}x}$.

解 由题设知 $\boldsymbol{A}^k = \mathrm{diag}(a_1^k, a_2^k, \cdots, a_n^k)$, 于是

$$\mathrm{e}^{\boldsymbol{A}x} = \mathrm{diag}\left(1 + a_1 x + \cdots + \frac{1}{k!}a_1^k x^k + \cdots, \cdots, 1\right.$$

$$+ a_n x + \cdots + \frac{1}{k!}a_n^k x^k + \cdots\Big)$$

$$= \mathrm{diag}(\mathrm{e}^{a_1 x}, \cdots, \mathrm{e}^{a_n x}).$$

例 5.3 设矩阵 $\boldsymbol{A} = \begin{pmatrix} 1 & 1 & 0 \\ 0 & 1 & 1 \\ 0 & 0 & 1 \end{pmatrix}$. 求 $\mathrm{e}^{\boldsymbol{A}x}$.

解 注意到 $\boldsymbol{A} = \boldsymbol{E}_3 + \boldsymbol{Z}_3$, 其中

$$\boldsymbol{Z}_3 = \begin{pmatrix} 0 & 1 & 0 \\ 0 & 0 & 1 \\ 0 & 0 & 0 \end{pmatrix},$$

又知单位矩阵与任意矩阵可交换, 因此

$$\mathrm{e}^{\boldsymbol{A}x} = \mathrm{e}^{\boldsymbol{E}_3 x + \boldsymbol{Z}_3 x} = \mathrm{e}^{\boldsymbol{E}_3 x} \cdot \mathrm{e}^{\boldsymbol{Z}_3 x} = \mathrm{e}^x \boldsymbol{E}_3 \cdot \mathrm{e}^{\boldsymbol{Z}_3 x} = \mathrm{e}^x \cdot \mathrm{e}^{\boldsymbol{Z}_3 x}.$$

由矩阵指数函数的定义可知

$$\begin{aligned}
\mathrm{e}^{\boldsymbol{Z}_3 x} &= \boldsymbol{E}_3 + \boldsymbol{Z}_3 x + \frac{1}{2}\boldsymbol{Z}_3^2 x^2 + \frac{1}{6}\boldsymbol{Z}_3^3 x^3 + \cdots \\
&= \boldsymbol{E}_3 + \boldsymbol{Z}_3 x + \frac{1}{2}\boldsymbol{Z}_3^2 x^2 \\
&= \begin{pmatrix} 1 & x & \dfrac{1}{2}x^2 \\ 0 & 1 & x \\ 0 & 0 & 1 \end{pmatrix},
\end{aligned}$$

这里用到了 $\boldsymbol{Z}_3^k = \boldsymbol{0}, k \geqslant 3$. 于是

$$\mathrm{e}^{\boldsymbol{A}x} = \begin{pmatrix} \mathrm{e}^x & x\mathrm{e}^x & \dfrac{1}{2}x^2\mathrm{e}^x \\ 0 & \mathrm{e}^x & x\mathrm{e}^x \\ 0 & 0 & \mathrm{e}^x \end{pmatrix}.$$

上面两个例子表明, 当矩阵 $\boldsymbol{A}$ 是 Jordan 标准形时, $\mathrm{e}^{\boldsymbol{A}x}$ 中的元素均为初等函数. 由线性代数知识可知, 对于任意的矩阵 $\boldsymbol{A} \in \mathcal{M}_n$, 存在一个可逆矩阵 $\boldsymbol{P}$, 使得

$$\boldsymbol{P}\boldsymbol{A}\boldsymbol{P}^{-1} = \boldsymbol{J},$$

其中 $\boldsymbol{J}$ 为 Jordan 标准形, 即

$$\boldsymbol{J} = \mathrm{diag}(\boldsymbol{J}_1, \boldsymbol{J}_2, \cdots, \boldsymbol{J}_k),$$

这里 $\boldsymbol{J}_i (i = 1, 2, \cdots, k)$ 为 n_i 阶数量矩阵, 或者具有如下形式:

$$\boldsymbol{J}_i = \begin{pmatrix} \lambda_i & 1 & 0 & \cdots & 0 \\ 0 & \lambda_i & 1 & \cdots & 0 \\ \vdots & \vdots & \ddots & \ddots & \vdots \\ 0 & 0 & 0 & \ddots & 1 \\ 0 & 0 & 0 & \cdots & \lambda_i \end{pmatrix}_{n_i \times n_i} = \lambda_i \boldsymbol{E}_{n_i} + \boldsymbol{Z}_{n_i},$$

其中 $\boldsymbol{Z}_{n_i}$ 是形如例 5.3 中矩阵 $\boldsymbol{Z}_3$ 的 n_i 阶矩阵, $n_1 + n_2 + \cdots + n_k = n$. 由矩阵指数函数的定义得到

$$\mathrm{e}^{\boldsymbol{A}x} = \boldsymbol{P}\mathrm{diag}(\mathrm{e}^{\boldsymbol{J}_1 x}, \mathrm{e}^{\boldsymbol{J}_2 x}, \cdots, \mathrm{e}^{\boldsymbol{J}_k x})\boldsymbol{P}^{-1}. \tag{5.12}$$

再由上面的例子可以知道 $\mathrm{e}^{\boldsymbol{J}_i x} = \mathrm{e}^{\lambda_i x}\boldsymbol{E}_{n_i} (i = 1, 2, \cdots, k)$ 或

$$\mathrm{e}^{\boldsymbol{J}_i x} = \mathrm{e}^{\lambda_i x} \begin{pmatrix} 1 & x & \dfrac{x^2}{2} & \cdots & \dfrac{x^{n_i - 1}}{(n_i - 1)!} \\ 0 & 1 & x & \cdots & \dfrac{x^{n_i - 2}}{(n_i - 2)!} \\ 0 & 0 & 1 & \cdots & \dfrac{x^{n_i - 3}}{(n_i - 3)!} \\ \vdots & \vdots & \vdots & & \vdots \\ 0 & 0 & 0 & \cdots & x \\ 0 & 0 & 0 & \cdots & 1 \end{pmatrix}_{n_i \times n_i}. \tag{5.13}$$

这样就证明了 $\mathrm{e}^{\boldsymbol{A}x}$ 可以用初等函数表示, 并且给出了计算方法.

由于求 Jordan 标准形 $\boldsymbol{J}$ 和过渡矩阵 $\boldsymbol{P}$ 的计算量依然很大, 因此有必要寻求较为简便的方法.

注意到 e^{Ax} 是方程组 (5.8) 的一个基本解矩阵, 而矩阵 P 是非奇异的, 因此 $\mathrm{e}^{Ax}P$ 也是方程组 (5.8) 的一个基本解矩阵. 再由 (5.12) 式可知, $P\mathrm{e}^{Jx}$ 是方程组 (5.8) 的一个基本解矩阵. 利用 (5.13) 式, 我们可以用下面的待定系数法来确定方程组 (5.8) 的 n 个线性无关解. 下面按 A 是否有重特征值分情况进行讨论.

5.2.1　A 只有单特征值

设 n 阶矩阵 A 有 n 个互不相同的特征值 $\lambda_1, \lambda_2, \cdots, \lambda_n$. 此时, A 的 Jordan 标准形为 $J = \mathrm{diag}(\lambda_1, \lambda_2, \cdots, \lambda_n)$, 因此方程组 (5.8) 的一个基本解矩阵为

$$\boldsymbol{\Phi}(x) = \mathrm{e}^{Ax}P = P\mathrm{e}^{Jx} = P\mathrm{diag}(\mathrm{e}^{\lambda_1 x}, \mathrm{e}^{\lambda_2 x}, \cdots, \mathrm{e}^{\lambda_n x}).$$

令 $\boldsymbol{\xi}_i (i = 1, 2, \cdots, n)$ 表示 P 的第 i 列向量, 则

$$\boldsymbol{\Phi}(x) = (\mathrm{e}^{\lambda_1 x}\boldsymbol{\xi}_1, \mathrm{e}^{\lambda_2 x}\boldsymbol{\xi}_2, \cdots, \mathrm{e}^{\lambda_n x}\boldsymbol{\xi}_n).$$

这表明方程组 (5.8) 有形如 $\boldsymbol{y} = \mathrm{e}^{\lambda_i x}\boldsymbol{\xi}_i$ 的解. 将其代入方程组 (5.8), 得到下面的引理.

引理 5.7　方程组 (5.8) 有非零解 $\boldsymbol{y} = \mathrm{e}^{\lambda x}\boldsymbol{\xi}$, 当且仅当 λ 是 A 的特征值, 而 $\boldsymbol{\xi}$ 是对应于特征值 λ 的特征向量.

证明　只要证明必要性即可. 设 $\boldsymbol{y} = \mathrm{e}^{\lambda x}\boldsymbol{\xi}$ 是方程组 (5.8) 的非零解, 将其代入方程组 (5.8), 得到

$$\lambda \mathrm{e}^{\lambda x}\boldsymbol{\xi} = A\mathrm{e}^{\lambda x}\boldsymbol{\xi},$$

于是

$$(A - \lambda E_n)\boldsymbol{\xi} = \boldsymbol{0}.$$

注意到 $\boldsymbol{y} = \mathrm{e}^{\lambda x}\boldsymbol{\xi}$ 是非零解, 因此 $\boldsymbol{\xi} \neq \boldsymbol{0}$. 由此得到 λ 是 A 的特征值, 而 $\boldsymbol{\xi}$ 是对应的特征向量. □

定理 5.6　设 n 阶矩阵 A 有 n 个互不相同的特征值 $\lambda_1, \lambda_2, \cdots, \lambda_n$, 则矩阵指数函数

$$\boldsymbol{\Phi}(x) = (\mathrm{e}^{\lambda_1 x}\boldsymbol{\xi}_1, \mathrm{e}^{\lambda_2 x}\boldsymbol{\xi}_2, \cdots, \mathrm{e}^{\lambda_n x}\boldsymbol{\xi}_n)$$

是方程组 (5.8) 的一个基本解矩阵, 其中 $\boldsymbol{\xi}_j \ (j = 1, 2, \cdots, n)$ 是 $\boldsymbol{A}$ 的对应于 λ_j 的特征向量.

证明　由引理 5.7 可知 $\boldsymbol{\Phi}(x)$ 是方程组 (5.8) 的解矩阵, 再由线性代数中的结论 "对应于不同特征值的特征向量是线性无关的" 可知

$$\det \boldsymbol{\Phi}(0) = \det(\boldsymbol{\xi}_1, \boldsymbol{\xi}_2, \cdots, \boldsymbol{\xi}_n) \neq 0,$$

因此 $\boldsymbol{\Phi}(x)$ 是方程组 (5.8) 的一个基本解矩阵. □

注 5.4　事实上, 定理 5.6 可以加强为: 若 $\boldsymbol{\xi}_1, \boldsymbol{\xi}_2, \cdots, \boldsymbol{\xi}_n$ 是 $\boldsymbol{A}$ 的 n 个线性无关的特征向量, 而 $\lambda_1, \lambda_2, \cdots, \lambda_n$ 是对应的特征值, 则

$$\boldsymbol{\Phi}(x) = (\mathrm{e}^{\lambda_1 x} \boldsymbol{\xi}_1, \mathrm{e}^{\lambda_2 x} \boldsymbol{\xi}_2, \cdots, \mathrm{e}^{\lambda_n x} \boldsymbol{\xi}_n)$$

是方程组 (5.8) 的一个基本解矩阵.

注 5.5　尽管矩阵 $\boldsymbol{A}$ 是实的, 但是它的特征值可以是复数, 因此对应的特征向量也是复向量, 从而定理 5.6 中的基本解矩阵 $\boldsymbol{\Phi}(x)$ 是复矩阵. 此时, 需要利用公式

$$\boldsymbol{\Phi}(x) = \mathrm{e}^{\boldsymbol{A}x} \boldsymbol{C}$$

来求方程组 (5.8) 的实的基本解矩阵:

$$\mathrm{e}^{\boldsymbol{A}x} = \boldsymbol{\Phi}(x) \boldsymbol{\Phi}^{-1}(0).$$

也可以用下面的方法来得到方程组 (5.8) 的实值解. 假设 $\boldsymbol{y}_1(x) = \boldsymbol{u}(x) + \mathrm{i}\boldsymbol{v}(x)$ 是方程组 (5.8) 的一个复值解, 其中 $\boldsymbol{u}(x), \boldsymbol{v}(x)$ 是实的. 由于 $\boldsymbol{A}$ 是实的, 可以证明 $\boldsymbol{y}_2(x) = \boldsymbol{u}(x) - \mathrm{i}\boldsymbol{v}(x)$ 也是方程组 (5.8) 的解. 将其代入方程组 (5.8), 得到

$$\boldsymbol{u}'(x) \pm \mathrm{i}\boldsymbol{v}'(x) = \boldsymbol{A}\boldsymbol{u}(x) \pm \mathrm{i}\boldsymbol{A}\boldsymbol{v}(x),$$

于是 $\boldsymbol{y} = \boldsymbol{u}(x) = \dfrac{1}{2}(\boldsymbol{y}_1(x) + \boldsymbol{y}_2(x))$ 和 $\boldsymbol{y} = \boldsymbol{v}(x) = \dfrac{1}{2\mathrm{i}}(\boldsymbol{y}_1(x) - \boldsymbol{y}_2(x))$ 均是方程组 (5.8) 的解. 用这样的方法可以将全部的复值解换成实值解.

例 5.4 求微分方程组

$$\frac{\mathrm{d}\boldsymbol{y}}{\mathrm{d}x} = \boldsymbol{A}\boldsymbol{y}$$

的通解, 其中

$$\boldsymbol{A} = \begin{pmatrix} -3 & 4 & -2 \\ 1 & 0 & 1 \\ 6 & -6 & 5 \end{pmatrix}.$$

解 第一步, 求 $\boldsymbol{A}$ 的特征值. 计算得

$$\det(\boldsymbol{A} - \lambda \boldsymbol{E}_3) = -(\lambda - 1)(\lambda - 2)(\lambda + 1).$$

由此得到 $\boldsymbol{A}$ 的三个特征值为 $\lambda_1 = 1, \lambda_2 = 2, \lambda_3 = -1$.

第二步, 求 $\boldsymbol{A}$ 的特征向量. 通过简单的计算可知

$$\boldsymbol{\xi}_1 = \begin{pmatrix} 1 \\ 1 \\ 0 \end{pmatrix}, \quad \boldsymbol{\xi}_2 = \begin{pmatrix} 0 \\ 1 \\ 2 \end{pmatrix}, \quad \boldsymbol{\xi}_3 = \begin{pmatrix} 1 \\ 0 \\ -1 \end{pmatrix}$$

分别是特征值 $\lambda_1 = 1, \lambda_2 = 2, \lambda_3 = -1$ 对应的特征向量.

第三步, 写出通解

$$\boldsymbol{y} = c_1 \boldsymbol{\xi}_1 \mathrm{e}^x + c_2 \mathrm{e}^{2x} \boldsymbol{\xi}_2 + c_3 \mathrm{e}^{-x} \boldsymbol{\xi}_3,$$

其中 c_1, c_2, c_3 为任意常数.

例 5.5 求微分方程组

$$\frac{\mathrm{d}\boldsymbol{y}}{\mathrm{d}x} = \boldsymbol{A}\boldsymbol{y}$$

的通解, 其中

$$\boldsymbol{A} = \begin{pmatrix} 5 & -1 \\ 1 & 5 \end{pmatrix}.$$

解 第一步, 求 $\boldsymbol{A}$ 的特征值. 由于

$$\det(\boldsymbol{A} - \lambda \boldsymbol{E}_2) = (\lambda - 5)^2 + 1,$$

因此 $\boldsymbol{A}$ 的两个特征值为 $\lambda_1 = 5 + \mathrm{i}, \lambda_2 = 5 - \mathrm{i}$.

第二步, 求 $\boldsymbol{A}$ 的特征向量. 容易计算出 $\lambda_1 = 5 + \mathrm{i}, \lambda_2 = 5 - \mathrm{i}$ 对应的特征向量分别为

$$\boldsymbol{\xi}_1 = \begin{pmatrix} \mathrm{i} \\ 1 \end{pmatrix}, \quad \boldsymbol{\xi}_2 = \begin{pmatrix} -\mathrm{i} \\ 1 \end{pmatrix}.$$

第三步, 写出复的基本解矩阵

$$\boldsymbol{\Phi}(x) = \begin{pmatrix} \mathrm{i}\mathrm{e}^{(5+\mathrm{i})x} & -\mathrm{i}\mathrm{e}^{(5-\mathrm{i})x} \\ \mathrm{e}^{(5+\mathrm{i})x} & \mathrm{e}^{(5-\mathrm{i})x} \end{pmatrix}.$$

第四步, 写出 $\mathrm{e}^{\boldsymbol{A}x}$. 由注 5.5 知

$$\mathrm{e}^{\boldsymbol{A}x} = \boldsymbol{\Phi}(x)\boldsymbol{\Phi}^{-1}(0) = \begin{pmatrix} \mathrm{e}^{5x}\cos x & -\mathrm{e}^{5x}\sin x \\ \mathrm{e}^{5x}\sin x & \mathrm{e}^{5x}\cos x \end{pmatrix}.$$

第五步, 写出通解

$$\boldsymbol{y} = \mathrm{e}^{\boldsymbol{A}x}\boldsymbol{c},$$

其中 $\boldsymbol{c}$ 为任意二维常数向量.

5.2.2 $\boldsymbol{A}$ 有重特征值

假设 $\lambda_1, \lambda_2, \cdots, \lambda_s$ 是 n 阶矩阵 $\boldsymbol{A}$ 的特征值, 它们的重数分别为 $n_1, n_2, \cdots, n_s (n_1 + n_2 + \cdots + n_s = n)$. 注意到基本解矩阵 $\mathrm{e}^{\boldsymbol{A}x}\boldsymbol{P} = \boldsymbol{P}\mathrm{e}^{\boldsymbol{J}x}$, 因此在 $\mathrm{e}^{\boldsymbol{A}x}\boldsymbol{P}$ 的表达式中, 所有与 $\lambda_j (j = 1, 2, \cdots, s)$ 有关的列向量的形式均为

$$\boldsymbol{y} = \mathrm{e}^{\lambda_j x}\left[\boldsymbol{\xi}_0 + \frac{x}{1!}\boldsymbol{\xi}_1 + \cdots + \frac{x^{n_j-1}}{(n_j-1)!}\boldsymbol{\xi}_{n_j-1}\right], \tag{5.14}$$

其中 $\boldsymbol{\xi}_i \, (i = 0, 1, \cdots, n_j - 1)$ 是 n 维常数向量.

引理 5.8 设 λ_j 为 n 阶矩阵 $\boldsymbol{A}$ 的 n_j 重特征值, 则方程组 (5.8) 有形如 (5.14) 式的非零解的充要条件是, $\boldsymbol{\xi}_0$ 为齐次线性方程组

$$(\boldsymbol{A} - \lambda_j \boldsymbol{E}_n)^{n_j} \boldsymbol{\xi} = \boldsymbol{0} \tag{5.15}$$

的一个非零解, 而 (5.14) 式中的 $\boldsymbol{\xi}_1, \boldsymbol{\xi}_2, \cdots, \boldsymbol{\xi}_{n_j-1}$ 由下式给出:

$$\begin{cases} \boldsymbol{\xi}_1 = (\boldsymbol{A} - \lambda_j \boldsymbol{E}_n)\boldsymbol{\xi}_0, \\ \boldsymbol{\xi}_2 = (\boldsymbol{A} - \lambda_j \boldsymbol{E}_n)^2 \boldsymbol{\xi}_0, \\ \cdots\cdots \\ \boldsymbol{\xi}_{n_j-1} = (\boldsymbol{A} - \lambda_j \boldsymbol{E}_n)^{n_j-1} \boldsymbol{\xi}_0. \end{cases} \tag{5.16}$$

证明 假设方程组 (5.8) 有形如 (5.14) 式的非零解, 将其代入到方程组 (5.8), 得到

$$\lambda_j \mathrm{e}^{\lambda_j x} \left[\boldsymbol{\xi}_0 + \frac{x}{1!}\boldsymbol{\xi}_1 + \cdots + \frac{x^{n_j-1}}{(n_j-1)!}\boldsymbol{\xi}_{n_j-1} \right]$$

$$+ \mathrm{e}^{\lambda_j x} \left[\boldsymbol{\xi}_1 + \frac{x}{1!}\boldsymbol{\xi}_2 + \cdots + \frac{x^{n_j-2}}{(n_j-2)!}\boldsymbol{\xi}_{n_j-1} \right]$$

$$= \boldsymbol{A}\mathrm{e}^{\lambda_j x} \left[\boldsymbol{\xi}_0 + \frac{x}{1!}\boldsymbol{\xi}_1 + \cdots + \frac{x^{n_j-1}}{(n_j-1)!}\boldsymbol{\xi}_{n_j-1} \right].$$

消去 $\mathrm{e}^{\lambda_j x}$, 得到

$$(\boldsymbol{A} - \lambda_j \boldsymbol{E}_n) \left[\boldsymbol{\xi}_0 + \frac{x}{1!}\boldsymbol{\xi}_1 + \cdots + \frac{x^{n_j-1}}{(n_j-1)!}\boldsymbol{\xi}_{n_j-1} \right]$$

$$= \left[\boldsymbol{\xi}_1 + \frac{x}{1!}\boldsymbol{\xi}_2 + \cdots + \frac{x^{n_j-2}}{(n_j-2)!}\boldsymbol{\xi}_{n_j-1} \right].$$

比较上式两端 x 的同次幂系数, 可得

$$\begin{cases} (\boldsymbol{A} - \lambda_j \boldsymbol{E}_n)\boldsymbol{\xi}_0 = \boldsymbol{\xi}_1, \\ (\boldsymbol{A} - \lambda_j \boldsymbol{E}_n)\boldsymbol{\xi}_1 = \boldsymbol{\xi}_2, \\ \cdots\cdots \\ (\boldsymbol{A} - \lambda_j \boldsymbol{E}_n)\boldsymbol{\xi}_{n_j-2} = \boldsymbol{\xi}_{n_j-1}, \\ (\boldsymbol{A} - \lambda_j \boldsymbol{E}_n)\boldsymbol{\xi}_{n_j-1} = \boldsymbol{0}. \end{cases}$$

上面这一系列等式与下面的等式等价:

$$\begin{cases} (\boldsymbol{A} - \lambda_j \boldsymbol{E}_n)\boldsymbol{\xi}_0 = \boldsymbol{\xi}_1, \\ (\boldsymbol{A} - \lambda_j \boldsymbol{E}_n)^2\boldsymbol{\xi}_0 = \boldsymbol{\xi}_2, \\ \cdots\cdots \\ (\boldsymbol{A} - \lambda_j \boldsymbol{E}_n)^{n_j-1}\boldsymbol{\xi}_0 = \boldsymbol{\xi}_{n_j-1}, \\ (\boldsymbol{A} - \lambda_j \boldsymbol{E}_n)^{n_j}\boldsymbol{\xi}_0 = \boldsymbol{0}. \end{cases}$$

因此, $\boldsymbol{\xi}_0$ 是方程组 (5.15) 的非零解, 而 $\boldsymbol{\xi}_1, \boldsymbol{\xi}_2, \cdots, \boldsymbol{\xi}_{n_j}$ 满足 (5.16) 式.
$\square$

引理 5.9 设 n 阶矩阵 $\boldsymbol{A}$ 的互不相同的特征值为 $\lambda_1, \lambda_2, \cdots, \lambda_s$, 它们的重数分别是 $n_1, n_2, \cdots, n_s$ $(n_1 + n_2 + \cdots + n_s = n)$. 记所有 n 维常数向量组成的线性空间为 V, 则

(1) V 的子集合

$$V_j = \{\boldsymbol{\xi} \in V | (\boldsymbol{A} - \lambda_j \boldsymbol{E}_n)^{n_j}\boldsymbol{\xi} = \boldsymbol{0}\}, \quad j = 1, 2, \cdots, s$$

是矩阵 $\boldsymbol{A}$ 的 n_j 维不变子空间;

(2) V 有直和分解

$$V = V_1 \oplus V_2 \oplus \cdots \oplus V_s.$$

有了这些准备工作之后, 现在来叙述并证明本节的主要结果.

定理 5.7 设 n 阶矩阵 $\boldsymbol{A}$ 的互不相同的特征值为 $\lambda_1, \lambda_2, \cdots, \lambda_s$, 它们的重数分别为 $n_1, n_2, \cdots, n_s$ $(n_1 + n_2 + \cdots + n_s = n)$, 则方程组 (5.8) 有如下形式的基本解矩阵:

$$\boldsymbol{\Phi}(x)$$
$$= \left(e^{\lambda_1 x} \boldsymbol{P}_1^{(1)}(x), \cdots, e^{\lambda_1 x} \boldsymbol{P}_{n_1}^{(1)}(x), \cdots, e^{\lambda_s x} \boldsymbol{P}_1^{(s)}(x), \cdots, e^{\lambda_s x} \boldsymbol{P}_{n_s}^{(s)}(x) \right),$$
$$(5.17)$$

其中

$$\boldsymbol{P}_j^{(i)}(x) = \boldsymbol{\xi}_{j0}^{(i)} + \frac{x}{1!}\boldsymbol{\xi}_{j1}^{(i)} + \cdots + \frac{x^{n_i-1}}{(n_i-1)!}\boldsymbol{\xi}_{j,n_i-1}^{(i)} \tag{5.18}$$

是与 λ_i 对应的第 j 个向量多项式 $(i = 1, 2, \cdots, s; j = 1, 2, \cdots, n_i)$,
而 $\boldsymbol{\xi}_{10}^{(i)}, \cdots, \boldsymbol{\xi}_{n_i0}^{(i)}$ 是齐次线性方程组 (5.15) 的 n_i 个线性无关解, 且其
余的 $\boldsymbol{\xi}_{jl}^{(i)}(j = 1, 2, \cdots, n_i; l = 1, 2, \cdots, n_i - 1)$ 是将相应的 $\boldsymbol{\xi}_{j0}^{(i)}$ 代替
(5.16) 式中的 $\boldsymbol{\xi}_0$ 而依次得到的.

证明 由引理 5.8 可知, (5.17) 式给出的 n 阶矩阵 $\boldsymbol{\Phi}(x)$ 中每一
列均为方程组 (5.8) 的解. 现在只要证明 $\boldsymbol{\Phi}(x)$ 非奇异即可. 注意到

$$\boldsymbol{\Phi}(0) = (\boldsymbol{\xi}_{10}^{(1)}, \cdots, \boldsymbol{\xi}_{n_10}^{(1)}, \cdots, \boldsymbol{\xi}_{10}^{(s)}, \cdots, \boldsymbol{\xi}_{n_s0}^{(s)}).$$

由定理中 $\boldsymbol{\xi}_{10}^{(j)}, \cdots, \boldsymbol{\xi}_{n_j0}^{(j)}(j = 1, 2, \cdots, s)$ 的选择及引理 5.9 可知, $\boldsymbol{\Phi}(0)$
的列向量构成 V 的一组基, 因此 $\det \boldsymbol{\Phi}(0) \neq 0$, 从而 $\boldsymbol{\Phi}(x)$ 非奇异.

$\square$

如果由定理 5.7 所得出的矩阵 $\boldsymbol{\Phi}(x)$ 为复矩阵, 可以利用 $\mathrm{e}^{\boldsymbol{A}x} = \boldsymbol{\Phi}(x)\boldsymbol{\Phi}^{-1}(0)$ 来求出实的基本解矩阵 $\mathrm{e}^{\boldsymbol{A}x}$.

例 5.6 求解微分方程组

$$\frac{\mathrm{d}\boldsymbol{y}}{\mathrm{d}x} = \boldsymbol{A}\boldsymbol{y},$$

其中

$$\boldsymbol{A} = \begin{pmatrix} 1 & \dfrac{2}{3} & -\dfrac{2}{3} \\ 0 & \dfrac{2}{3} & \dfrac{1}{3} \\ 0 & -\dfrac{1}{3} & \dfrac{4}{3} \end{pmatrix}.$$

解 第一步, 求 $\boldsymbol{A}$ 的特征值. 易知 $\boldsymbol{A}$ 的特征多项式为

$$\det(\boldsymbol{A} - \lambda\boldsymbol{E}_3) = (\lambda - 1)^3,$$

因此 $\boldsymbol{A}$ 的特征值为 $\lambda_1 = 1$, 其重数为 3.

第二步, 求方程组 $(\boldsymbol{A} - \lambda_1 \boldsymbol{E}_3)^3 \boldsymbol{\xi} = \boldsymbol{0}$ 的解. 由于 $(\boldsymbol{A} - \lambda_1 \boldsymbol{E}_3)^3 = \boldsymbol{0}$, 因此得到的三个线性无关解

$$\boldsymbol{\xi}_{10}^{(1)} = (1, 0, 0)^{\mathrm{T}}, \quad \boldsymbol{\xi}_{20}^{(1)} = (0, 1, 0)^{\mathrm{T}}, \quad \boldsymbol{\xi}_{30}^{(1)} = (0, 0, 1)^{\mathrm{T}}.$$

第三步, 求解矩阵 $\boldsymbol{\Phi}(x)$. 需要计算 $\boldsymbol{\xi}_{11}^{(1)}, \boldsymbol{\xi}_{12}^{(1)}$ 等, 具体如下:

$$\boldsymbol{\xi}_{11}^{(1)} = (\boldsymbol{A} - \lambda_1 \boldsymbol{E}_3)\boldsymbol{\xi}_{10}^{(1)} = (0, 0, 0)^{\mathrm{T}},$$

$$\boldsymbol{\xi}_{12}^{(1)} = (\boldsymbol{A} - \lambda_1 \boldsymbol{E}_3)^2\boldsymbol{\xi}_{10}^{(1)} = (0, 0, 0)^{\mathrm{T}},$$

$$\boldsymbol{\xi}_{21}^{(1)} = (\boldsymbol{A} - \lambda_1 \boldsymbol{E}_3)\boldsymbol{\xi}_{20}^{(1)} = \left(\frac{2}{3}, -\frac{1}{3}, -\frac{1}{3}\right)^{\mathrm{T}},$$

$$\boldsymbol{\xi}_{22}^{(1)} = (\boldsymbol{A} - \lambda_1 \boldsymbol{E}_3)^2\boldsymbol{\xi}_{20}^{(1)} = (0, 0, 0)^{\mathrm{T}},$$

$$\boldsymbol{\xi}_{31}^{(1)} = (\boldsymbol{A} - \lambda_1 \boldsymbol{E}_3)\boldsymbol{\xi}_{30}^{(1)} = \left(-\frac{2}{3}, \frac{1}{3}, \frac{1}{3}\right)^{\mathrm{T}},$$

$$\boldsymbol{\xi}_{32}^{(1)} = (\boldsymbol{A} - \lambda_1 \boldsymbol{E}_3)^2\boldsymbol{\xi}_{30}^{(1)} = (0, 0, 0)^{\mathrm{T}}.$$

因此

$$\boldsymbol{\Phi}(x) = \begin{pmatrix} 1 & \dfrac{2}{3}x & -\dfrac{2}{3}x \\ 0 & 1 - \dfrac{1}{3}x & \dfrac{1}{3}x \\ 0 & -\dfrac{1}{3}x & 1 + \dfrac{1}{3}x \end{pmatrix} \mathrm{e}^x.$$

于是, 所给方程组的所有解为

$$\boldsymbol{y} = \boldsymbol{\Phi}(x)\boldsymbol{c},$$

其中 $\boldsymbol{c}$ 为任意三维常数向量.

尽管定理 5.7 提供了一般的求常系数齐次线性微分方程组通解的方法, 但是有些时候根据微分方程组的特点来求解可能更为简便.

例 5.7 求解微分方程组

$$\frac{\mathrm{d}\boldsymbol{y}}{\mathrm{d}x} = A y,$$

其中

$$\mathbf{A} = \begin{pmatrix} 0 & 1 & 1 \\ 1 & 0 & 1 \\ 1 & 1 & 0 \end{pmatrix}.$$

解 设 $\boldsymbol{y} = (y_1, y_2, y_3)^{\mathrm{T}}$, 则该方程组可以写成

$$\begin{cases} \dfrac{\mathrm{d}y_1}{\mathrm{d}x} = y_2 + y_3, \\[2mm] \dfrac{\mathrm{d}y_2}{\mathrm{d}x} = y_1 + y_3, \\[2mm] \dfrac{\mathrm{d}y_3}{\mathrm{d}x} = y_1 + y_2. \end{cases}$$

由此得到

$$\frac{\mathrm{d}(y_1 + y_2 + y_3)}{\mathrm{d}x} = 2(y_1 + y_2 + y_3),$$

于是

$$y_1 + y_2 + y_3 = c\,\mathrm{e}^{2x},$$

其中 c 为任意常数. 将上式代入上面的方程组, 得到

$$\begin{cases} \dfrac{\mathrm{d}y_1}{\mathrm{d}x} = c\,\mathrm{e}^{2x} - y_1, \\[2mm] \dfrac{\mathrm{d}y_2}{\mathrm{d}x} = c\,\mathrm{e}^{2x} - y_2, \\[2mm] \dfrac{\mathrm{d}y_3}{\mathrm{d}x} = c\,\mathrm{e}^{2x} - y_3. \end{cases}$$

这是三个一阶线性微分方程. 由此得到

$$y_1 = \frac{1}{3}c\,\mathrm{e}^{2x} + c_1\mathrm{e}^{-x},$$

$$y_2 = \frac{1}{3}c\,\mathrm{e}^{2x} + c_2\mathrm{e}^{-x},$$

$$y_3 = \frac{1}{3}c\,\mathrm{e}^{2x} + c_3\mathrm{e}^{-x},$$

其中 c_1, c_2, c_3 为任意常数. 然而, 常数 c, c_1, c_2, c_3 并不是相互独立的. 事实上, 由 $y_1 + y_2 + y_3 = c\,\mathrm{e}^{2x}$ 知道 $c_3 = -(c_1 + c_2)$. 因此, 所给方程组的通解为

$$y_1 = \frac{1}{3} c\,\mathrm{e}^{2x} + c_1 \mathrm{e}^{-x},$$
$$y_2 = \frac{1}{3} c\,\mathrm{e}^{2x} + c_2 \mathrm{e}^{-x},$$
$$y_3 = \frac{1}{3} c\,\mathrm{e}^{2x} - (c_1 + c_2)\mathrm{e}^{-x}.$$

利用基本解矩阵 $\mathrm{e}^{\boldsymbol{A}x}$ 的表达式, 还可以对解在 $x \to +\infty$ 时的行为做出估计.

例 5.8 证明: 常系数齐次线性微分方程组 (5.8) 的所有解当 $x \to +\infty$ 时均趋向于零的充要条件是, $\boldsymbol{A}$ 的所有特征值的实部均小于零.

证明 由方程组 (5.8) 的通解表达式可知, 其所有解为

$$\boldsymbol{y} = \boldsymbol{\Phi}(x)\boldsymbol{c},$$

其中 $\boldsymbol{c}$ 为任意 n 维常数向量. 假设 $\boldsymbol{A}$ 的特征值为 $\lambda_1, \lambda_2, \cdots, \lambda_s$, 它们的重数分别为 $n_1, n_2, \cdots, n_s (n_1 + n_2 + \cdots + n_s = n)$, 则

$$\boldsymbol{\Phi}(x) = (\mathrm{e}^{\lambda_1 x} \boldsymbol{P}_1^{(1)}(x), \cdots, \mathrm{e}^{\lambda_1 x} \boldsymbol{P}_{n_1}^{(1)}(x), \cdots,$$
$$\mathrm{e}^{\lambda_s x} \boldsymbol{P}_1^{(s)}(x), \cdots, \mathrm{e}^{\lambda_s x} \boldsymbol{P}_{n_s}^{(s)}(x)),$$

其中 $\boldsymbol{P}_j^{(i)}(x)(i = 1, 2, \cdots, s; j = 1, 2, \cdots, n_i)$ 是 x 的向量多项式, 次数不超过 n_i.

假如 $\mathrm{Re}\lambda_i \leqslant -\alpha < 0\ (i = 1, 2, \cdots, s)$, 由于 $\boldsymbol{P}_j^{(i)}(x)$ 是向量多项式, 因此存在常数 $M > 0$, 使得对于所有的 i, j, 有

$$|\boldsymbol{P}_j^{(i)}(x)| \leqslant M\mathrm{e}^{\frac{\alpha}{2}x}, \quad x \geqslant 0.$$

所以

$$|\boldsymbol{\Phi}(x)| \leqslant n^2 M \mathrm{e}^{-\frac{\alpha}{2}x}, \quad x \geqslant 0.$$

因此

$$\lim_{x \to +\infty} \boldsymbol{\Phi}(x) = \boldsymbol{0}.$$

于是, 对于任意 n 维常数向量 $\boldsymbol{c}$, 有

$$\lim_{x \to +\infty} \boldsymbol{\Phi}(x)\boldsymbol{c} = \boldsymbol{0}.$$

由此得到方程组 (5.8) 的所有解当 $x \to +\infty$ 时均趋向于零.

反之, 若方程组 (5.8) 的所有解当 $x \to +\infty$ 时均趋向于零, 则

$$\lim_{x \to +\infty} \boldsymbol{\Phi}(x) = \boldsymbol{0}.$$

假设 $\boldsymbol{A}$ 有一个特征值的实部不小于零, 记此特征值为 λ_1, 则在 $\boldsymbol{\Phi}(x)$ 的表达式中前 n_1 列当 $x \to +\infty$ 时均不趋向于零. 注意到这前 n_1 列均是方程组 (5.8) 的解, 于是得出矛盾.

习 题 5.2

1. 求解微分方程

$$\frac{\mathrm{d}\boldsymbol{y}}{\mathrm{d}x} = \boldsymbol{A}\boldsymbol{y},$$

其中矩阵 $\boldsymbol{A}$ 如下:

(1) $\boldsymbol{A} = \begin{pmatrix} 2 & 1 \\ 3 & 4 \end{pmatrix};$
(2) $\boldsymbol{A} = \begin{pmatrix} 1 & -1 \\ -4 & 1 \end{pmatrix};$

(3) $\boldsymbol{A} = \begin{pmatrix} 2 & -1 & 1 \\ 1 & 2 & -1 \\ 1 & -1 & 2 \end{pmatrix};$
(4) $\boldsymbol{A} = \begin{pmatrix} 1 & -1 & -1 \\ 1 & 1 & 0 \\ 3 & 0 & 1 \end{pmatrix};$

(5) $\boldsymbol{A} = \begin{pmatrix} 4 & -1 & -1 \\ 1 & 2 & -1 \\ 1 & -1 & 2 \end{pmatrix};$
(6) $\boldsymbol{A} = \begin{pmatrix} 2 & -1 & -1 \\ 3 & -2 & -3 \\ -1 & 1 & 2 \end{pmatrix};$

$$(7) \ \boldsymbol{A} = \begin{pmatrix} 3 & -2 & -1 \\ 3 & -4 & -3 \\ 2 & -4 & 0 \end{pmatrix}; \qquad (8) \ \boldsymbol{A} = \begin{pmatrix} 2 & -1 & -1 \\ 2 & -1 & -2 \\ -1 & 1 & 2 \end{pmatrix}.$$

2. 求解下列非齐次线性微分方程组:

$$(1) \begin{cases} \dfrac{\mathrm{d}y}{\mathrm{d}x} = z + 2\mathrm{e}^x, \\[2mm] \dfrac{\mathrm{d}z}{\mathrm{d}x} = y + \mathrm{e}^x; \end{cases} \qquad (2) \begin{cases} \dfrac{\mathrm{d}y}{\mathrm{d}x} = z - 5\cos x, \\[2mm] \dfrac{\mathrm{d}z}{\mathrm{d}x} = 2y + z; \end{cases}$$

$$(3) \begin{cases} \dfrac{\mathrm{d}y}{\mathrm{d}x} = 4y - 3z + \sin x, \\[2mm] \dfrac{\mathrm{d}z}{\mathrm{d}x} = 2y - z - 3\cos x. \end{cases}$$

3. 利用常数变易法求解下列非齐次线性微分方程组:

$$(1) \begin{cases} \dfrac{\mathrm{d}y}{\mathrm{d}x} = z + \tan^2 x - 1, \\[2mm] \dfrac{\mathrm{d}z}{\mathrm{d}x} = -y + \tan x; \end{cases} \qquad (2) \begin{cases} \dfrac{\mathrm{d}y}{\mathrm{d}x} = y - z + \dfrac{1}{\cos x}, \\[2mm] \dfrac{\mathrm{d}z}{\mathrm{d}x} = 2y - z. \end{cases}$$

4. 若微分方程组 $\boldsymbol{y}' = \boldsymbol{A}\boldsymbol{y} + \boldsymbol{f}(x)$ 对于每个以 ω 为周期的连续向量函数 $\boldsymbol{f}(x)$ 都具有以 ω 为周期的解, 需要对矩阵 $\boldsymbol{A}$ 的特征值加上什么条件?

§5.3 高阶线性微分方程

本节讨论仅含有一个未知函数 $y(x)$ 的 n 阶线性微分方程

$$y^{(n)} + a_1(x)y^{(n-1)} + \cdots + a_{n-1}(x)y' + a_n(x)y = f(x), \qquad (5.19)$$

其中函数 $a_1(x), \cdots, a_{n-1}(x), a_n(x)$ 和 $f(x)$ 均在区间 (a,b) 上连续. 当 $f(x) \not\equiv 0$ 时, 称方程 (5.19) 为**非齐次线性微分方程**; 而当 $f(x) \equiv 0$ 时, 得到

$$y^{(n)} + a_1(x)y^{(n-1)} + \cdots + a_{n-1}(x)y' + a_n(x)y = 0, \qquad (5.20)$$

称之为方程 (5.19) 对应的**齐次线性微分方程**.

引入向量 $\boldsymbol{y} = (y, y', \cdots, y^{(n-1)})^{\mathrm{T}}$, 则方程 (5.19) 改写成

$$\frac{\mathrm{d}\boldsymbol{y}}{\mathrm{d}x} = \boldsymbol{A}(x)\boldsymbol{y} + \boldsymbol{f}(x), \tag{5.21}$$

其中

$$\boldsymbol{A} = \begin{pmatrix} 0 & 1 & 0 & \cdots & 0 \\ 0 & 0 & 1 & \cdots & 0 \\ \vdots & \vdots & \vdots & & \vdots \\ 0 & 0 & 0 & \cdots & 1 \\ -a_n(x) & -a_{n-1}(x) & -a_{n-2}(x) & \cdots & -a_1(x) \end{pmatrix},$$

$$\boldsymbol{f}(x) = \begin{pmatrix} 0 \\ \vdots \\ 0 \\ f(x) \end{pmatrix},$$

而对应的齐次线性微分方程写成

$$\frac{\mathrm{d}\boldsymbol{y}}{\mathrm{d}x} = \boldsymbol{A}(x)\boldsymbol{y}. \tag{5.22}$$

注 5.6 如果 $y = \phi(x)$ 是方程 (5.19) 的解, 则向量函数

$$\boldsymbol{y} = (\phi(x), \phi'(x), \cdots, \phi^{(n-1)}(x))^{\mathrm{T}}$$

是方程组 (5.21) 的解; 反之, 如果向量函数 $\boldsymbol{y}$ 是方程组 (5.21) 的解, 则它的第一个分量是方程 (5.19) 的解.

有了这个注记, 我们可以将本章前两节的关于线性微分方程组的结果平行地迁移到方程 (5.19) 上来. 特别地, 下面的定理成立.

定理 5.8 方程 (5.19) 满足初始条件

$$y(x_0) = y_0, \quad y'(x_0) = y'_0, \quad \cdots, \quad y^{(n-1)}(x_0) = y_0^{(n-1)}$$

的解 $y = y(x)$ 在区间 (a, b) 上存在且唯一.

5.3.1 高阶线性微分方程的一般理论

本节将给出 n 阶线性微分方程 (5.19) 和 (5.20) 的一些一般性结论.

设 $\phi_1(x), \phi_2(x), \cdots, \phi_n(x)$ 是方程 (5.20) 的解, 则矩阵

$$\boldsymbol{\Phi}(x) = \begin{pmatrix} \phi_1(x) & \phi_2(x) & \cdots & \phi_n(x) \\ \phi_1'(x) & \phi_2'(x) & \cdots & \phi_n'(x) \\ \vdots & \vdots & & \vdots \\ \phi_1^{(n-1)}(x) & \phi_2^{(n-1)}(x) & \cdots & \phi_n^{(n-1)}(x) \end{pmatrix}$$

是方程组 (5.22) 的解矩阵. 记 $W(x) = \det \boldsymbol{\Phi}(x)$, 称 $W(x)$ 是函数组 $\phi_1(x), \phi_2(x), \cdots, \phi_n(x)$ 的 **Wronsky 行列式**.

定义 5.3 称函数组 $\phi_1(x), \phi_2(x) \cdots, \phi_n(x)$ 在区间 (a, b) 上**线性相关**, 如果存在 n 个不全为零的常数 $c_1, c_2, \cdots, c_n$, 使得

$$c_1\phi_1(x) + c_2\phi_2(x) + \cdots + c_n\phi_n(x) \equiv 0, \quad a < x < b;$$

否则, 称它们**线性无关**.

由关于齐次线性微分方程组 (5.2) 的理论可知下面的定理成立.

定理 5.9 方程 (5.20) 在区间 (a, b) 上有 n 个线性无关解, 且该方程的任意解均可以由这 n 个线性无关解线性表示.

下面的结果给出了方程 (5.20) 的 n 个解线性无关的充要条件.

引理 5.10 假设 $y = \phi_1(x), y = \phi_2(x), \cdots, y = \phi_n(x)$ 是方程 (5.20) 的 n 个解, 则对于 $x, x_0 \in (a, b)$, 有

$$W(x) = W(x_0) \mathrm{e}^{-\int_{x_0}^{x} a_1(s)\mathrm{d}s}$$

(称为 **Liouville 公式**), 从而这 n 个解线性无关的充要条件是 $W(x_0) \neq 0$.

注 5.7 称方程 (5.20) 的 n 个线性无关解为该方程的一个**基本解组**.

定理 5.10 假设 $\phi_1(x), \phi_2(x), \cdots, \phi_n(x)$ 是区间 (a,b) 上的 n 阶连续可微函数, 进一步假设 $W(x) \neq 0, x \in (a,b)$, 则存在唯一一个形如方程 (5.20) 的 n 阶齐次线性微分方程, 使得这 n 个函数是它的线性无关解.

证明 从线性方程组

$$a_1(x)\phi_j^{(n-1)}(x) + \cdots + a_{n-1}(x)\phi_j'(x) + a_n(x)\phi_j(x) = -\phi_j^{(n)}(x),$$
$$j = 1, 2, \cdots, n$$

中确定 $a_1(x), \cdots, a_{n-1}(x), a_n(x)$. 注意到这个线性方程组的系数行列式为 $W(x)$. 由线性代数知识可知, 存在唯一一组函数 $a_1(x), \cdots,$ $a_{n-1}(x), a_n(x)$, 使得上式成立. 由此可知 $\phi_1(x), \phi_2(x), \cdots, \phi_n(x)$ 是微分方程

$$y^{(n)} + a_1(x)y^{(n-1)} + \cdots + a_{n-1}(x)y' + a_n(x)y = 0$$

的解. 再由假设可知, 这组解是线性无关的. $\square$

下面的例子表明, 对于二阶齐次线性微分方程而言, 只要知道一个非零解, 就可以解出这个方程的所有解.

例 5.9 设 $y = \phi(x)$ 是二阶齐次线性微分方程

$$y'' + p(x)y' + q(x)y = 0$$

的一个解, 其中 $p(x), q(x)$ 在区间 (a,b) 上连续, 又假设 $\phi(x) \neq 0$, $x \in (a,b)$. 证明: 该方程的通解为

$$y = c_1\phi(x) + c_2\phi(x) \int_{x_0}^{x} \frac{1}{\phi^2(s)} e^{-\int_{x_0}^{s} p(t)dt} ds,$$

其中 c_1, c_2 为任意常数.

证明 只要找到一个与 $\phi(x)$ 线性无关的解即可. 假设它为 $\psi(x)$. 由引理 5.10 可知

$$\psi'(x)\phi(x) - \psi(x)\phi'(x) = (\psi'(x_0)\phi(x_0) - \psi(x_0)\phi'(x_0))\mathrm{e}^{-\int_{x_0}^x p(t)\mathrm{d}t}.$$

选择初值 $\psi(x_0), \psi'(x_0)$, 使得

$$\psi'(x_0)\phi(x_0) - \psi(x_0)\phi'(x_0) = 1,$$

则 $\psi(x)$ 与 $\phi(x)$ 线性无关. 此时

$$\left(\frac{\psi(x)}{\phi(x)}\right)' = \frac{1}{\phi^2(x)}\mathrm{e}^{-\int_{x_0}^x p(t)\mathrm{d}t},$$

积分后得到

$$\psi(x) = \frac{\psi(x_0)}{\phi(x_0)}\phi(x) + \phi(x)\int_{x_0}^x \frac{1}{\phi^2(s)}\mathrm{e}^{-\int_{x_0}^s p(t)\mathrm{d}t}\mathrm{d}s.$$

由此可以得到该方程的通解为

$$y = c_1\phi(x) + c_2\phi(x)\int_{x_0}^x \frac{1}{\phi^2(s)}\mathrm{e}^{-\int_{x_0}^s p(t)\mathrm{d}t}\mathrm{d}s,$$

其中 c_1, c_2 为任意常数.

与线性微分方程组的情况一样, 利用常数变易法, 可以通过齐次线性微分方程 (5.20) 的通解来得到非齐次线性微分方程 (5.19) 的通解. 此外, 还有下面的重要结论.

定理 5.11 设 $\phi_1(x), \phi_2(x), \cdots, \phi_n(x)$ 是方程 (5.20) 在区间 (a, b) 上的一个基本解组, 则方程 (5.19) 的通解为

$$y = c_1\phi_1(x) + c_2\phi_2(x) + \cdots + c_n\phi_n(x) + \phi^*(x), \tag{5.23}$$

其中 $c_1, c_2, \cdots, c_n$ 为任意常数, 而

$$\phi^*(x) = \sum_{j=1}^n \phi_j(x)\int_{x_0}^x \frac{W_j(s)}{W(s)}f(s)\mathrm{d}s \tag{5.24}$$

是方程 (5.19) 的一个特解, 这里 $W(x)$ 是 $\phi_1(x), \phi_2(x), \cdots, \phi_n(x)$ 的 Wronsky 行列式, 而 $W_j(x)(j = 1, 2, \cdots, n)$ 是 $W(x)$ 中第 n 行第 j 列元素的代数余子式.

证明 对与方程 (5.19) 和 (5.20) 等价的微分方程组 (5.21) 和 (5.22) 应用定理 5.4, 得到

$$y = \boldsymbol{\Phi}(x)\left(c + \int_{x_0}^{x} \boldsymbol{\Phi}^{-1}(s)\boldsymbol{f}(s)\mathrm{d}s\right),$$

其中

$$\boldsymbol{\Phi}(x) = \begin{pmatrix} \phi_1(x) & \phi_2(x) & \cdots & \phi_n(x) \\ \phi'(x) & \phi_2'(x) & \cdots & \phi_n'(x) \\ \vdots & \vdots & & \vdots \\ \phi_1^{(n-1)}(x) & \phi_2^{(n-1)}(x) & \cdots & \phi_n^{(n-1)}(x) \end{pmatrix},$$

$$\boldsymbol{f}(x) = \begin{pmatrix} 0 \\ \vdots \\ 0 \\ f(x) \end{pmatrix}.$$

注意到 $\boldsymbol{f}(x)$ 的特殊性, 而我们只关心第一个分量, 于是得到

$$\boldsymbol{\Phi}(x)\int_{x_0}^{x} \boldsymbol{\Phi}^{-1}(s)\boldsymbol{f}(s)\mathrm{d}s$$

$$= \int_{x_0}^{x} \frac{\boldsymbol{\Phi}(x)}{W(s)}\begin{pmatrix} * & * & \cdots & W_1(s) \\ * & * & \cdots & W_2(s) \\ \vdots & \vdots & & \vdots \\ * & * & \cdots & W_n(s) \end{pmatrix}\begin{pmatrix} 0 \\ \vdots \\ 0 \\ f(s) \end{pmatrix}\mathrm{d}s$$

$$= \int_{x_0}^{x} \frac{f(s)}{W(s)} \begin{pmatrix} \phi_1(x) & \phi_2(x) & \cdots & \phi_n(x) \\ * & * & \cdots & * \\ \vdots & \vdots & & \vdots \\ * & * & \cdots & * \end{pmatrix} \begin{pmatrix} W_1(s) \\ W_2(s) \\ \vdots \\ W_n(s) \end{pmatrix} \mathrm{d}s.$$

显然, 它的第一个分量就是 (5.24) 式右端. □

　　为了使读者对常数变易法有更好的了解, 现在重新推导公式 (5.24).

　　假设方程 (5.19) 有形如

$$y(x) = c_1(x)\phi_1(x) + \cdots + c_n(x)\phi_n(x) \tag{5.25}$$

的特解, 将其求导数, 得到

$$y'(x) = c_1(x)\phi_1'(x) + \cdots + c_n(x)\phi_n'(x) + c_1'(x)\phi_1(x) + \cdots + c_n'(x)\phi_n(x).$$

注意到 $f(x)$ 的第一个分量为零, 因此令

$$c_1'(x)\phi_1(x) + \cdots + c_n'(x)\phi_n(x) = 0, \tag{5.26}$$

得到

$$y'(x) = c_1(x)\phi_1'(x) + \cdots + c_n(x)\phi_n'(x).$$

再求导数, 得到

$$y'' = c_1(x)\phi_1''(x) + \cdots + c_n(x)\phi_n''(x) + c_1'(x)\phi_1'(x) + \cdots + c_n'(x)\phi_n'(x).$$

注意到 $f(x)$ 的第二个分量为零, 因此令

$$c_1'(x)\phi_1'(x) + \cdots + c_n'(x)\phi_n'(x) = 0. \tag{5.27}$$

依次下去, 得到

$$c_1'(x)\phi_1^{(n-1)}(x) + \cdots + c_n'(x)\phi_n^{(n-1)}(x) = 0 \tag{5.28}$$

及

$$y^{(n-1)} = c_1(x)\phi_1^{(n-1)}(x) + \cdots + c_n(x)\phi_n^{(n-1)}(x).$$

上式两端求导数, 得到

$$\begin{aligned} y^{(n)} = {} & c_1(x)\phi_1^{(n)}(x) + \cdots + c_n(x)\phi_n^{(n)}(x) \\ & + c_1'(x)\phi_1^{(n-1)}(x) + \cdots + c_n'(x)\phi_n^{(n-1)}(x). \end{aligned}$$

将其代入方程 (5.19), 并注意到 $\phi_1(x), \cdots, \phi_n(x)$ 是方程 (5.20) 的解, 得到

$$c_1'(x)\phi_1^{(n-1)}(x) + \cdots + c_n'(x)\phi_n^{(n-1)}(x) = f(x). \tag{5.29}$$

由方程 (5.26)~(5.29) 可得到

$$\begin{aligned} c_1'(x) &= \frac{1}{W(x)} \det \begin{pmatrix} 0 & \phi_2(x) & \cdots & \phi_n(x) \\ 0 & \phi_2'(x) & \cdots & \phi_n'(x) \\ \vdots & \vdots & & \vdots \\ f(x) & \phi_2^{(n-1)}(x) & \cdots & \phi_n^{(n-1)}(x) \end{pmatrix} \\ &= \frac{f(x)}{W(x)} \det \begin{pmatrix} 0 & \phi_2(x) & \cdots & \phi_n(x) \\ 0 & \phi_2'(x) & \cdots & \phi_n'(x) \\ \vdots & \vdots & & \vdots \\ 1 & \phi_2^{(n-1)}(x) & \cdots & \phi_n^{(n-1)}(x) \end{pmatrix} \\ &= \frac{W_1(x)}{W(x)} f(x), \end{aligned}$$

$$c_2'(x) = \frac{1}{W(x)} \det \begin{pmatrix} \phi_1(x) & 0 & \cdots & \phi_n(x) \\ \phi_1'(x) & 0 & \cdots & \phi_n'(x) \\ \vdots & \vdots & & \vdots \\ \phi_1^{(n-1)}(x) & f(x) & \cdots & \phi_n^{(n-1)}(x) \end{pmatrix}$$

$$= \frac{f(x)}{W(x)} \det \begin{pmatrix} \phi_1(x) & 0 & \cdots & \phi_n(x) \\ \phi_1'(x) & 0 & \cdots & \phi_n'(x) \\ \vdots & \vdots & & \vdots \\ \phi_1^{(n-1)}(x) & 1 & \cdots & \phi_n^{(n-1)}(x) \end{pmatrix}$$

$$= \frac{W_2(x)}{W(x)} f(x),$$

······

$$c_n'(x) = \frac{W_n(x)}{W(x)} f(x).$$

由此得到

$$c_1(x) = \int_{x_0}^x \frac{W_1(s)}{W(s)} f(s) \mathrm{d}s,$$

$$c_2(x) = \int_{x_0}^x \frac{W_2(s)}{W(s)} f(s) \mathrm{d}s,$$

······

$$c_n(x) = \int_{x_0}^x \frac{W_n(s)}{W(s)} f(s) \mathrm{d}s.$$

将其代入 (5.25) 式, 即得形如 (5.24) 式的特解.

5.3.2 常系数高阶线性微分方程

本小节讨论当 $a_1(x), a_2(x), \cdots, a_n(x)$ 均为常数时, n 阶线性微分方程 (5.19) 和 (5.20) 的求解问题. 我们当然可以利用常系数线性微分方程组的解法来给出方程 (5.19) 的解. 然而, 还可以利用下面更为直接的方法来进行求解.

引入微分算子

$$L_n = \frac{\mathrm{d}^n}{\mathrm{d}x^n} + a_1 \frac{\mathrm{d}^{n-1}}{\mathrm{d}x^{n-1}} + \cdots + a_{n-1} \frac{\mathrm{d}}{\mathrm{d}x} + a_n,$$

即对于 (a, b) 上的光滑函数 $g(x)$, 有

$$L_n(g) = g^{(n)}(x) + a_1 g^{(n-1)}(x) + \cdots + a_{n-1} g'(x) + a_n g(x).$$

由前面几节的讨论可知, 求解方程 (5.19) 的关键是找到方程 (5.20) 的 n 个线性无关解.

对于函数 $e^{\lambda x}$, 有

$$L_n(e^{\lambda x}) = (\lambda^n + a_1 \lambda^{n-1} + \cdots + a_{n-1} \lambda + a_n) e^{\lambda x}.$$

记

$$p(\lambda) = \lambda^n + a_1 \lambda^{n-1} + \cdots + a_{n-1} \lambda + a_n, \tag{5.30}$$

称其为方程 (5.20) 的**特征多项式**, 并称 $p(\lambda) = 0$ 为方程 (5.20) 的**特征方程**.

引理 5.11　函数 $e^{\lambda x}$ 是方程 (5.20) 的非零解的充要条件是

$$p(\lambda) = 0.$$

进一步, 有下面的定理.

定理 5.12　假设特征多项式 $p(\lambda)$ 有 s 个不同的根 $\lambda_1, \lambda_2, \cdots, \lambda_s$, 它们的重数分别为 $n_1, n_2, \cdots, n_s$ $(n_1 + n_2 + \cdots + n_s = n)$, 则方程 (5.20) 有 n 个线性无关解

$$x^{k_j} e^{\lambda_j x} \quad (k_j = 0, 1, \cdots, n_j - 1; j = 1, 2, \cdots, s). \tag{5.31}$$

证明　注意到下面的事实: 如果 η 是 $p(\lambda) = 0$ 的 k 重根, 则

$$p(\eta) = p'(\eta) = \cdots = p^{(k-1)}(\eta) = 0, \quad p^{(k)}(\eta) \neq 0.$$

由于

$$L_n(e^{\lambda x}) = p(\lambda) e^{\lambda x},$$

在两边对 λ 求 k 次导数, 得到

$$L_n(x^k \mathrm{e}^{\lambda x}) = L_n\left(\frac{\partial^k}{\partial \lambda^k} \mathrm{e}^{\lambda x}\right) = \frac{\partial^k}{\partial \lambda^k} L_n(\mathrm{e}^{\lambda x}) = \frac{\partial^k}{\partial \lambda^k}\left(p(\lambda)\mathrm{e}^{\lambda x}\right).$$

于是

$$L_n(x^k \mathrm{e}^{\lambda x}) = \left(p^{(k)}(\lambda) + \mathrm{C}_k^1 p^{(k-1)}(\lambda)x + \cdots + \mathrm{C}_k^k p(\lambda)x^k\right)\mathrm{e}^{\lambda x}.$$

由此可知, 如果 λ_j 是 $p(\lambda) = 0$ 的 n_j 重根, 则

$$L_n(x^{k_j}\mathrm{e}^{\lambda_j x}) = 0, \quad k_j = 0, 1, \cdots, n_j - 1.$$

于是

$$x^{k_j}\mathrm{e}^{\lambda_j x} \quad (k_j = 0, 1, \cdots, n_j - 1; j = 1, 2, \cdots, s)$$

是方程 (5.20) 的 n 个解.

下面证明这 n 个解是线性无关的, 即从线性组合

$$\sum_{j=1}^{s} \sum_{k_j=0}^{n_j-1} c_{jk_j} x^{k_j}\mathrm{e}^{\lambda_j x} \equiv 0$$

可推出所有的系数 $c_{jk_j} = 0$.

我们先进行分析. 将上式改写成

$$\sum_{j=1}^{s} P_j(x)\mathrm{e}^{\lambda_j x} \equiv 0,$$

其中 $P_j(x)(j = 1, 2, \cdots, s)$ 是 x 的 $n_j - 1$ 次多项式, 系数为 $c_{j0}, \cdots, c_{j,n_j-1}$. 这个恒等式两端除以 $\mathrm{e}^{\lambda_1 x}$, 得到

$$P_1(x) + \sum_{j=2}^{s} P_j(x)\mathrm{e}^{(\lambda_j - \lambda_1)x} \equiv 0.$$

上式两端求 n_1 次导数, 得到

$$\sum_{j=2}^{s} Q_j(x)\mathrm{e}^{(\lambda_j - \lambda_1)x} \equiv 0, \tag{5.32}$$

其中 $Q_j(x)(j = 2, 3, \cdots, s)$ 是与 $P_j(x)$ 同次的多项式, 即 $Q_2(x)$ 的次数为 $n_2 - 1$, $Q_3(x)$ 的次数为 $n_3 - 1$, 等等, 且 $Q_j(x)$ 的最高次项系数为 $(\lambda_j - \lambda_1)^{n_1} c_{j,n_j-1}$. (5.32) 式两端除以 $\mathrm{e}^{(\lambda_2-\lambda_1)x}$, 得到

$$Q_2(x) + \sum_{j=3}^{s} Q_j(x)\mathrm{e}^{(\lambda_j-\lambda_2)x} \equiv 0.$$

重复刚才的过程, 最终得到

$$R_s(x)\mathrm{e}^{(\lambda_s-\lambda_{s-1})x} \equiv 0,$$

其中 $R_s(x)$ 是 $n_s - 1$ 次多项式, 且其最高次项系数为

$$c_{s,n_s-1}(\lambda_2 - \lambda_1)^{n_1} \cdots (\lambda_s - \lambda_{s-1})^{n_{s-1}}.$$

由上面的恒等式可知 $R_s(x) \equiv 0$, 于是

$$c_{s,n_s-1} = 0.$$

有了上一段的分析, 现在来证明

$$x^{k_j}\mathrm{e}^{\lambda_j x} \quad (k_j = 0, 1, \cdots, n_j - 1; j = 1, 2, \cdots, s)$$

的线性无关性. 假设存在不全为零的 n 个常数 $c_{jk_j}(j = 1, 2, \cdots, s; k_j = 0, 1, \cdots, n_j - 1)$, 使得

$$\sum_{j=1}^{s} \sum_{k_j=0}^{n_j-1} c_{jk_j} x^{k_j} \mathrm{e}^{\lambda_j x} \equiv 0.$$

设上式中标号最大 (按字典顺序) 的非零系数为 $c_{\sigma k_\sigma}$, 则

$$\sum_{j=1}^{\sigma} P_j(x)\mathrm{e}^{\lambda_j x} \equiv 0,$$

且 $P_\sigma(x)$ 的最高次项为 $c_{\sigma k_\sigma} x^{k_\sigma}$. 重复上一段的分析推理过程, 得到

$$R_\sigma(x)\mathrm{e}^{(\lambda_\sigma-\lambda_{\sigma-1})x} \equiv 0,$$

且 $R_\sigma(x)$ 的最高次项系数为 $c_{\sigma k_\sigma}(\lambda_2 - \lambda_1)^{n_1} \cdots (\lambda_\sigma - \lambda_{\sigma-1})^{n_{\sigma-1}} \neq 0$. 这与 $R_\sigma(x) \equiv 0$ 矛盾. $\square$

注 5.8 对于实值多项式 $p(\lambda)$, 在方程 $p(\lambda) = 0$ 有复根的时候, 复根必定成对出现. 这时, 可以利用提取实部和虚部的方法来得到相应的实值解.

例 5.10 求解微分方程

$$y^{(4)} - 4y^{(3)} + 8y'' - 8y' + 3y = 0.$$

解 第一步, 求特征方程

$$\lambda^4 - 4\lambda^3 + 8\lambda^2 - 8\lambda + 3 = 0$$

的根. 容易验证 $\lambda_1 = 1$, $\lambda_{2,3} = 1 \pm \mathrm{i}\sqrt{2}$ 是它的根, 其中 $\lambda_1 = 1$ 是二重根.

第二步, 对于复值解 $\mathrm{e}^{(1 \pm \sqrt{2})\mathrm{i}x}$, 分别利用提取实部和虚部的办法得到两个实值解

$$\mathrm{e}^x \cos \sqrt{2}x, \quad \mathrm{e}^x \sin \sqrt{2}x.$$

容易验证这两个解是线性无关的.

第三步, 写出该方程的通解

$$y = (c_1 + c_2 x)\mathrm{e}^x + \mathrm{e}^x(c_3 \cos \sqrt{2}x + c_4 \sin \sqrt{2}x),$$

其中 c_1, c_2, c_3, c_4 为任意常数.

对于非齐次线性微分方程 (5.19) 来讲, 可以先利用上面的方法求出它对应的齐次线性微分方程 (5.20) 的 n 个线性无关解, 再利用常数变易法来求出它的一个特解, 进而得到其通解.

例 5.11 求解微分方程

$$y'' + \alpha^2 y = f(x),$$

其中 $\alpha > 0$ 是常数, 函数 $f(x)$ 在区间 (a, b) 上连续.

解 第一步, 求特征方程

$$\lambda^2 + \alpha^2 = 0$$

的根, 得到 $\lambda_{1,2} = \pm i\alpha$.

第二步, 写出对应的齐次线性微分方程的通解

$$y = c_1 \cos \alpha x + c_2 \sin \alpha x,$$

其中 c_1, c_2 为任意常数.

第三步, 用常数变易法求所给方程的一个特解 $\phi^*(x)$. 假设该特解的形式为

$$\phi^*(x) = c_1(x) \cos \alpha x + c_2(x) \sin \alpha x.$$

上式两端求导数, 得到

$$\phi^{*\prime}(x) = -\alpha c_1(x) \sin \alpha x + \alpha c_2(x) \cos \alpha x + c_1'(x) \cos \alpha x + c_2'(x) \sin \alpha x.$$

令

$$c_1'(x) \cos \alpha x + c_2'(x) \sin \alpha x = 0,$$

然后对 $\phi^{*\prime}(x)$ 求导数, 并代入所给方程, 我们有

$$-\alpha c_1'(x) \sin \alpha x + \alpha c_2'(x) \cos \alpha x = f(x).$$

从上两式解出 $c_1(x)$ 和 $c_2(x)$, 得到

$$c_1(x) = -\frac{1}{\alpha} \int_{x_0}^{x} f(s) \sin \alpha s \, ds, \quad c_2(x) = \frac{1}{\alpha} \int_{x_0}^{x} f(s) \cos \alpha s \, ds,$$

其中 $x_0 \in (a, b)$, 因此所给方程的通解为

$$y = c_1 \cos \alpha x + c_2 \sin \alpha x + \frac{1}{\alpha} \int_{x_0}^{x} f(s) \sin(\alpha(x-s)) \, ds,$$

其中 c_1, c_2 为任意常数.

一般而言, 只要知道了方程 (5.20) 的通解, 总可以通过常数变易法来求出方程 (5.19) 的一个特解, 从而得到方程 (5.19) 的所有解. 但是, 当方程 (5.19) 的右端函数 $f(x)$ 具有某些特殊形式时, 可以凭经验推测出相应特解的形式[①], 然后利用待定系数的方法来求出特解. 下面就 $f(x)$ 的几种特殊形式进行讨论.

(1) $f(x) = P_m(x)\mathrm{e}^{\mu x}$, 其中 $P_m(x)$ 是 m 次多项式, 而 μ 不是对应齐次线性微分方程的特征多项式 (5.30) 的根.

这时, 可以假定特解 $\phi^*(x)$ 的形式为

$$\phi^*(x) = Q_m(x)\mathrm{e}^{\mu x},$$

其中 $Q_m(x)$ 是 m 次多项式, 其系数待定.

例 5.12　求解微分方程

$$y'' + y = x\mathrm{e}^x.$$

解　第一步, 求解对应的齐次线性微分方程

$$y'' + y = 0.$$

容易验证这个方程的通解为

$$y = c_1 \cos x + c_2 \sin x.$$

其中 c_1, c_2 为任意常数

第二步, 求所给方程的一个特解 $\phi^*(x)$. 注意到 1 不是对应齐次线性微分方程的特征方程的根, 于是可以假设特解 $\phi^*(x)$ 的形式如下:

$$\phi^*(x) = (ax + b)\mathrm{e}^x.$$

---

① 事实上, 这种方法的理论依据是求解微分方程的算子法. 算子法主要用来求解常系数高阶微分方程的特解. 限于本书篇幅以及计算机软件的出现, 如 Mathematica 等, 就不在本书中介绍算子法了.

将其代入所给方程, 得到

$$2axe^x + 2(a+b)e^x = xe^x.$$

由此可知

$$a = \frac{1}{2}, \quad b = -\frac{1}{2}.$$

因此, 所给方程的通解为

$$y = c_1\cos x + c_2\sin x + \frac{1}{2}(x-1)e^x.$$

(2) $f(x) = P_m(x)e^{\mu x}$, 其中 $P_m(x)$ 是 m 次多项式, 而 μ 是对应齐次线性微分方程的特征多项式 (5.30) 的 k 重根.

这时, 可以假定特解 $\phi^*(x)$ 的形式为

$$\phi^*(x) = x^k Q_m(x)e^{\mu x},$$

其中 $Q_m(x)$ 是 m 次多项式, 其系数待定.

例 5.13 求解微分方程

$$y'' + y' - 2y = xe^x.$$

解 第一步, 求对应的齐次线性微分方程的通解. 注意到特征方程为

$$\lambda^2 + \lambda - 2 = 0,$$

它的两个根为 -2 和 1, 于是对应的齐次线性微分方程的通解为

$$y = c_1 e^{-2x} + c_2 e^x,$$

其中 c_1, c_2 为任意常数.

第二步, 求所给方程的一个特解 $\phi^*(x)$. 由于 1 是特征方程的一个单根, 可以假设特解 $\phi^*(x)$ 具有如下形式:

$$\phi^*(x) = x(ax+b)e^x.$$

将其代入所给方程, 得到

$$6ax + 2a + 3b = x.$$

由此得到

$$a = \frac{1}{6}, \quad b = -\frac{1}{9}.$$

因此, 所给方程的通解为

$$y = c_1 \mathrm{e}^{-2x} + c_1 \mathrm{e}^x + x \left(\frac{1}{6}x - \frac{1}{9} \right) \mathrm{e}^x.$$

(3) $f(x) = (A_m(x) \cos \beta x + B_l(x) \sin \beta x) \mathrm{e}^{\alpha x}$, 其中 $A_m(x), B_l(x)$ 分别是 m 次和 l 次多项式.

这时, 可以假定特解 $\phi^*(x)$ 的形式为

$$\phi^*(x) = x^k (C_n(x) \cos \beta x + D_n(x) \sin \beta x) \mathrm{e}^{\alpha x},$$

其中非负整数 k 是 $\alpha \pm \mathrm{i}\beta$ 作为特征多项式 (5.30) 的根的重数 (当 $\alpha \pm \mathrm{i}\beta$ 不是根时, 取 $k = 0$), $C_n(x)$ 和 $D_n(x)$ 均是 n 次多项式, 其系数待定, $n = \max\{m, l\}$.

例 5.14 求解微分方程

$$y'' - 2y' + 2y = \mathrm{e}^x \cos x.$$

解 第一步, 求对应的齐次线性微分方程的通解. 容易证明

$$y = c_1 \mathrm{e}^x \cos x + c_2 \mathrm{e}^x \sin x$$

是对应的齐次线性微分方程的通解, 其中 c_1, c_2 为任意常数.

第二步, 求所给方程的一个特解 $\phi^*(x)$. 注意到 $1 \pm \mathrm{i}$ 是相应的特征方程的根, 因此设

$$\phi^*(x) = x(A \cos x + B \sin x) \mathrm{e}^x.$$

将其代入所给方程, 得到

$$\phi^{*''}(x) - 2\phi^{*'}(x) + 2\phi^*(x) = 2(-A\sin x + B\cos x)\mathrm{e}^x = \mathrm{e}^x\cos x.$$

比较系数, 得到

$$-2A = 0, \quad 2B = 1,$$

于是

$$\phi^*(x) = \frac{1}{2}x\mathrm{e}^x\sin x.$$

因此, 所给方程的通解为

$$y = c_1\mathrm{e}^x\cos x + c_2\mathrm{e}^x\sin x + \frac{1}{2}x\mathrm{e}^x\sin x.$$

例 5.15 求解微分方程

$$y'' + 3y' - 4y = \mathrm{e}^{-4x} + x\mathrm{e}^{-x}.$$

解 第一步, 求对应的齐次线性微分方程的通解. 注意到特征方程为

$$\lambda^2 + 3\lambda - 4 = 0,$$

它有两个根 -4 和 1, 于是对应的齐次线性微分方程的通解为

$$y = c_1\mathrm{e}^{-4x} + c_2\mathrm{e}^x,$$

其中 c_1, c_2 为任意常数.

第二步, 求所给方程的一个特解 $\phi^*(x)$. 利用线性微分方程的特点, 可知微分方程

$$y'' + 3y' - 4y = \mathrm{e}^{-4x}$$

和

$$y'' + 3y' - 4y = x\mathrm{e}^{-x}$$

的解之和为所给方程的解. 因此, 只要分别求出上面两个微分方程的特解即可. 容易验证, 函数

$$\phi_1^*(x) = -\frac{x}{5}\mathrm{e}^{-4x}, \quad \phi_2^*(x) = \left(\frac{x}{6} + \frac{1}{36}\right)\mathrm{e}^{-x}$$

分别为上面两个微分方程的特解. 因此, 所给方程的一个特解为

$$\phi^*(x) = \phi_1^*(x) + \phi_2^*(x).$$

于是, 所给方程的通解为

$$
\begin{aligned}
y &= c_1\mathrm{e}^{-4x} + c_2\mathrm{e}^{-x} + \phi^*(x). \\
&= c_1\mathrm{e}^{-4x} + c_2\mathrm{e}^{-x} - \frac{x}{5}\mathrm{e}^{-4x} + \left(\frac{x}{6} + \frac{1}{36}\right)\mathrm{e}^{-x}.
\end{aligned}
$$

例 5.16　求解 Euler 方程

$$x^n y^{(n)} + a_1 x^{n-1} y^{(n-1)} + \cdots + a_{n-1} x y' + a_n y = 0, \quad x > 0,$$

其中 $a_1, \cdots, a_{n-1}, a_n$ 都是常数.

解　引入新的自变量 t, $x = \mathrm{e}^t$, 则

$$
\begin{aligned}
\frac{\mathrm{d}y}{\mathrm{d}t} &= \frac{\mathrm{d}y}{\mathrm{d}x}\frac{\mathrm{d}x}{\mathrm{d}t} = \mathrm{e}^t\frac{\mathrm{d}y}{\mathrm{d}x} = xy', \\
\frac{\mathrm{d}^2 y}{\mathrm{d}t^2} &= \frac{\mathrm{d}}{\mathrm{d}t}\left(\frac{\mathrm{d}y}{\mathrm{d}t}\right) = \frac{\mathrm{d}x}{\mathrm{d}t}\frac{\mathrm{d}}{\mathrm{d}x}(xy') = x(xy'' + y') = x^2 y'' + \frac{\mathrm{d}y}{\mathrm{d}t}.
\end{aligned}
$$

因此

$$xy' = \frac{\mathrm{d}y}{\mathrm{d}t}, \quad x^2 y'' = \frac{\mathrm{d}^2 y}{\mathrm{d}t^2} - \frac{\mathrm{d}y}{\mathrm{d}t}.$$

一般地, 假设

$$x^n y^{(n)} = c_n\frac{\mathrm{d}^n y}{\mathrm{d}t^n} + c_{n-1}\frac{\mathrm{d}^{n-1}y}{\mathrm{d}t^{n-1}} + \cdots + c_1\frac{\mathrm{d}y}{\mathrm{d}t},$$

其中 $c_1, \cdots, c_{n-1}, c_n$ 是常数, 则

$$\frac{\mathrm{d}}{\mathrm{d}t}(x^n y^{(n)}) = c_n \frac{\mathrm{d}^{n+1}y}{\mathrm{d}t^{n+1}} + c_{n-1}\frac{\mathrm{d}^n y}{\mathrm{d}t^n} + \cdots + c_1 \frac{\mathrm{d}^2 y}{\mathrm{d}t^2}.$$

然而

$$\frac{\mathrm{d}}{\mathrm{d}t}(x^n y^{(n)}) = \frac{\mathrm{d}}{\mathrm{d}x}(x^n y^{(n)}) \cdot \frac{\mathrm{d}x}{\mathrm{d}t} = nx^n y^{(n)} + x^{n+1} y^{(n+1)}.$$

由此可知, 对于任意的 $n \geqslant 1$, $x^n y^{(n)}$ 可以表示成 $\dfrac{\mathrm{d}y}{\mathrm{d}t}, \cdots, \dfrac{\mathrm{d}^n y}{\mathrm{d}t^n}$ 的常系数线性组合. 这样就说明了, Euler 方程在变换 $x = \mathrm{e}^t$ 下将变成一个关于 $y, \dfrac{\mathrm{d}y}{\mathrm{d}t}, \cdots, \dfrac{\mathrm{d}^n y}{\mathrm{d}t^n}$ 的 n 阶常系数齐次线性微分方程. 因此, 可以利用关于常系数齐次线性微分方程组的结果求出 Euler 方程的通解.

当然, 还可以采用更为直接的办法来求出 Euler 方程的 n 个线性无关解. 记微分算子

$$D_n = x^n \frac{\mathrm{d}^n}{\mathrm{d}x^n} + a_1 x^{n-1} \frac{\mathrm{d}^{n-1}}{\mathrm{d}x^{n-1}} + \cdots + a_{n-1} x \frac{\mathrm{d}}{\mathrm{d}x} + a_n,$$

则

$$\begin{aligned} D_n(x^\lambda) = [&\lambda(\lambda-1)\cdots(\lambda-n+1) + a_1\lambda(\lambda-1)\cdots(\lambda-n+2) \\ &+ \cdots + a_{n-1}\lambda + a_n]x^\lambda. \end{aligned}$$

令

$$P(\lambda) = \lambda(\lambda-1)\cdots(\lambda-n+1) + a_1\lambda(\lambda-1)\cdots(\lambda-n+2) + \cdots + a_{n-1}\lambda + a_n$$

(这是一个关于 λ 的 n 次多项式), 则上式可以写成

$$D_n(x^\lambda) = P(\lambda)x^\lambda.$$

设 η 是 $P(\lambda)$ 的根, 则

$$D_n(x^\eta) = P(\eta)x^\eta = 0,$$

即 $y = x^\eta$ 是 Euler 方程的一个非零解. 由此可知, 如果 $\lambda_1, \lambda_2, \cdots, \lambda_s$ 是 $P(\lambda) = 0$ 的互异的根, 则 $y = x^{\lambda_1}, y = x^{\lambda_2}, \cdots, y = x^{\lambda_s}$ 是 Euler 方程的线性无关解. 进一步, 如果 λ_1 的重数为 n_1, 则

$$x^{\lambda_1}, \ x^{\lambda_1} \ln x, \ \cdots, \ x^{\lambda_1} (\ln x)^{n_1 - 1}$$

均是 Euler 方程的解. 与定理 5.12 的证明类似, 假设 $\lambda_1, \lambda_2, \cdots, \lambda_s$ 是 $P(\lambda) = 0$ 的 s 个互异的根, 它们的重数分别为 $n_1, n_2, \cdots, n_s(n_1 + n_2 + \cdots + n_s = n)$, 则

$$x^{\lambda_j} (\ln x)^{k_j} (j = 1, 2, \cdots, s; k_j = 0, 1, \cdots, n_j - 1)$$

是 Euler 方程的 n 个线性无关解, 它们与 n 个任意常数的线性组合就是 Euler 方程的通解.

习　题　5.3

1. 求解下列微分方程:

(1) $y'' + y' - 2y = 0$;　　　　　(2) $y'' + 4y = 0$;

(3) $y^{(4)} - 5y'' + 4y = 0$;　　　(4) $y'' + y = 4\sin x$;

(5) $y'' - 4y' + 8y = \mathrm{e}^{2x} + \sin 2x$;

(6) $y'' - 2y' + y = 6x\mathrm{e}^x$;

(7) $y'' - 6y' + 8y = 5x\mathrm{e}^{2x} + 2\mathrm{e}^{4x} \sin x$.

2. 利用常数变易法求解下列微分方程:

(1) $y'' - 2y' + y = x^{-1}\mathrm{e}^x$;

(2) $y'' + 4y = 2\tan x$;

(3) $y'' - y = x^{-1} - 2x^{-3}$.

3. 考虑微分方程

$$y'' + ay' + by = f(x),$$

其中 a, b 为常数, 连续函数 $f(x)$ 满足 $|f(x)| \leqslant m$, 而对应的特征方程的根为 λ_1, λ_2, 且 $\lambda_2 < \lambda_1 < 0$. 求出该方程的有界解, 并证明:

(1) 该方程的其他解当 $x \to +\infty$ 时趋向于有界解;

(2) 如果 $f(x)$ 是周期函数, 则该方程的有界解也是周期的.

4. 证明: 微分方程 $y'' - x^2 y = 0$ 以 $y(0) = 1, y'(0) = 0$ 为初始条件的解是一个处处为正的偶函数.

5. 考虑微分方程 $y'' + y = 0$. 设 $y = c(x)$ 和 $y = s(x)$ 分别是该方程满足初始条件

$$c(0) = 1, \quad c'(0) = 0$$

和

$$s(0) = 0, \quad s'(0) = 1$$

的解. 不求解微分方程, 请证明:

(1) $c(x)$ 是偶函数, $s(x)$ 是奇函数;

(2) $s^2(x) + c^2(x) \equiv 1$;

(3) $s(\alpha + \beta) = s(\alpha)c(\beta) + s(\beta)s(\alpha)$;

(4) 如果 τ 是 $c(x)$ 在 $x > 0$ 上的第一个零点, 则 $c(x)$ 和 $s(x)$ 均是以 4τ 为周期的.

§5.4   周期系数线性微分方程组

由前面的讨论可知, 一般来说, n 阶线性微分方程组

$$\frac{\mathrm{d}\boldsymbol{y}}{\mathrm{d}x} = \boldsymbol{A}(x)\boldsymbol{y} \tag{5.33}$$

是不能用初等积分法来求解的. 然而, 正如本章开始时所指出的, 方程组 (5.33) 在微分方程理论研究中是极其重要的, 因此对于该方程组的研究历来受到人们的重视. 例如, 在研究微分方程特定周期解的稳定性时, 一般需要做的是在这个解附近将微分方程线性化, 然后对其

零解进行研究, 而线性化后所得到的正是形如 (5.33) 式的微分方程组, 其中 $A(x)$ 是周期矩阵 (矩阵 $A(x)$ 是 x 的周期函数).

本节对周期系数矩阵的方程组 (5.33) 进行简单的讨论. 主要结果是: 存在一个线性变换, 将方程组 (5.33) 变成常系数线性微分方程组.

在本节中, 假设矩阵 $A(x)$ 关于 x 是以 ω 为周期的连续函数.

定理 5.13 (Floquet 定理) 假设 $\boldsymbol{\Phi}(x)$ 是方程组 (5.33) 的标准基本解矩阵 ($\boldsymbol{\Phi}(x)$ 是基本解矩阵, 且 $\boldsymbol{\Phi}(0) = \boldsymbol{E}_n$), 则 $\boldsymbol{\Phi}(x + \omega)$ 也是一个基本解矩阵, 且存在一个非奇异周期矩阵 $\boldsymbol{P}(x) = \boldsymbol{P}(x + \omega)$ 和一个常数矩阵 $\boldsymbol{R}$, 使得

$$\boldsymbol{\Phi}(x) = \boldsymbol{P}(x)\mathrm{e}^{x\boldsymbol{R}}. \tag{5.34}$$

在 Floquet 定理的证明中, 我们需要用到下面的引理.

引理 5.12 设 ω 是任意的非零常数.

(1) 对于一个非奇异实矩阵 $\boldsymbol{C}$, 一定存在一个矩阵 $\boldsymbol{R}$, 使得

$$\boldsymbol{C} = \mathrm{e}^{\omega\boldsymbol{R}};$$

(2) 对于一个非奇异实矩阵 $\boldsymbol{C}$, 一定存在一个实矩阵 $\boldsymbol{R}$, 使得

$$\boldsymbol{C}^2 = \mathrm{e}^{\omega\boldsymbol{R}}.$$

证明 (1) 根据指数矩阵函数的定义可知, 对于任意的非奇异矩阵 $\boldsymbol{P}$, 我们有

$$\mathrm{e}^{\boldsymbol{PRP}^{-1}} = \boldsymbol{P}\mathrm{e}^{\boldsymbol{R}}\boldsymbol{P}^{-1}.$$

因此, 不妨假设 $\boldsymbol{C}$ 是 Jordan 标准形, 即

$$\boldsymbol{C} = \mathrm{diag}(\boldsymbol{J}_1, \boldsymbol{J}_2, \cdots, \boldsymbol{J}_s),$$

其中

$$J_i = \begin{pmatrix} \lambda_i & 1 & 0 & \cdots & 0 \\ 0 & \lambda_i & 1 & \cdots & 0 \\ \vdots & \vdots & \ddots & \ddots & \vdots \\ 0 & 0 & 0 & \ddots & 1 \\ 0 & 0 & 0 & \cdots & \lambda_i \end{pmatrix}, \quad i = 1, 2, \cdots, s.$$

注意到 $\det C \neq 0$, 因此 $\lambda_i \neq 0, i = 1, 2, \cdots, s.$ 以下不妨设

$$C = J = \begin{pmatrix} \lambda & 1 & 0 & \cdots & 0 \\ 0 & \lambda & 1 & \cdots & 0 \\ \vdots & \vdots & \ddots & \ddots & \vdots \\ 0 & 0 & 0 & \ddots & 1 \\ 0 & 0 & 0 & \cdots & \lambda \end{pmatrix} = \lambda E + Z,$$

其中 E 是与 C 同阶的单位矩阵, 而

$$Z = \begin{pmatrix} 0 & 1 & 0 & \cdots & 0 \\ 0 & 0 & 1 & \cdots & 0 \\ \vdots & \vdots & \ddots & \ddots & \vdots \\ 0 & 0 & 0 & \ddots & 1 \\ 0 & 0 & 0 & \cdots & 0 \end{pmatrix}.$$

定义矩阵

$$\ln J = (\ln \lambda) E + S, \tag{5.35}$$

其中

$$S = -\sum_{j=1}^{\infty} \frac{(-Z)^j}{j \lambda^j},$$

则可以证明

$$J = \lambda e^S = e^{(\ln \lambda) E} \cdot e^S = e^{(\ln \lambda) E + S}. \tag{5.36}$$

事实上, 若 Z 为 n 阶的, 则 $Z_n^n = 0$, 因此上面的无穷级数实际上是一个有限和. 注意到

$$\ln(1+t) = -\sum_{j=1}^{\infty} \frac{(-t)^j}{j}$$

和

$$\mathrm{e}^{\ln(1+t)} = 1 + t,$$

即

$$\sum_{n=0}^{\infty} \left[-\sum_{j=1}^{\infty} \frac{(-t)^j}{j} \right]^n \frac{1}{n!} = 1 + t,$$

将 t 用 $\dfrac{Z}{\lambda}$ 代替即可得到 (5.36) 式.

(2) 注意到如果 $\lambda > 0$, 则由 (5.35) 式定义的矩阵 $\ln J$ 是实的. 而当 $\det C \neq 0$ 时, C^2 的 Jordan 标准形的形式如下:

$$\mathrm{diag}(A_1, \cdots, A_k, B_1, \cdots, B_m),$$

其中

$$A_j = \begin{pmatrix} T_j & E_2 & 0 & \cdots & 0 \\ 0 & T_j & E_2 & \cdots & 0 \\ \vdots & \vdots & \ddots & \ddots & \vdots \\ 0 & 0 & 0 & \ddots & E_2 \\ 0 & 0 & 0 & \cdots & T_j \end{pmatrix}, \quad j = 1, 2, \cdots, k$$

$$T_j = \begin{pmatrix} \alpha_j & -\beta_j \\ \beta_j & \alpha_j \end{pmatrix}, \quad \alpha_j, \beta_j > 0, \quad j = 1, 2, \cdots, k,$$

$$
\boldsymbol{B}_l = \begin{pmatrix} \lambda_l & 1 & 0 & \cdots & 0 \\ 0 & \lambda_l & 1 & \cdots & 0 \\ \vdots & \vdots & \ddots & \ddots & \vdots \\ 0 & 0 & 0 & \ddots & 1 \\ 0 & 0 & 0 & \cdots & \lambda_l \end{pmatrix}, \quad \lambda_l > 0, l = 1, 2, \cdots, m.
$$

由前面的讨论可知, 对于 $\boldsymbol{B}_l\,(l = 1, 2, \cdots, m)$, 存在实矩阵 $\boldsymbol{S}_l$, 使得 $\mathrm{e}^{\boldsymbol{S}_l} = \boldsymbol{B}_l$. 而对于 $\boldsymbol{T}_j\;(j = 1, 2, \cdots, k)$, 容易验证 $\boldsymbol{T}_j = \mathrm{e}^{\boldsymbol{Q}_j}$, 其中

$$
\boldsymbol{Q}_j = \begin{pmatrix} \dfrac{1}{2}\ln(\alpha_j^2 + \beta_j^2) & -\arctan\dfrac{\beta_j}{\alpha_j} \\ \arctan\dfrac{\beta_j}{\alpha_j} & \dfrac{1}{2}\ln(\alpha_j^2 + \beta_j^2) \end{pmatrix}.
$$

令

$$
\boldsymbol{K}_j = \begin{pmatrix} 0 & \boldsymbol{T}_j^{-1} & 0 & \cdots & 0 \\ 0 & 0 & \boldsymbol{T}_j^{-1} & \cdots & 0 \\ \vdots & \vdots & \ddots & \ddots & \vdots \\ 0 & 0 & 0 & \ddots & \boldsymbol{T}_j^{-1} \\ 0 & 0 & 0 & \cdots & 0 \end{pmatrix}, \quad j = 1, 2, \cdots, k,
$$

则

$$
\boldsymbol{A}_j = \boldsymbol{T}_j \boldsymbol{E} + \begin{pmatrix} 0 & \boldsymbol{E}_2 & 0 & \cdots & 0 \\ 0 & 0 & \boldsymbol{E}_2 & \cdots & 0 \\ \vdots & \vdots & \ddots & \ddots & \vdots \\ 0 & 0 & 0 & \ddots & \boldsymbol{E}_2 \\ 0 & 0 & 0 & \cdots & 0 \end{pmatrix}
$$

$$
= \boldsymbol{T}_j \boldsymbol{E}(\boldsymbol{E} + \boldsymbol{K}_j), \quad j = 1, 2, \cdots, k,
$$

其中 $\boldsymbol{E}$ 是与 $\boldsymbol{A}_j$ 同阶的单位矩阵. 对于 $j = 1, 2, \cdots, k$, 令

$$\hat{\boldsymbol{Q}}_j = \boldsymbol{Q}_j \boldsymbol{E} + \left[\boldsymbol{K}_j - \frac{1}{2}\boldsymbol{K}_j^2 + \frac{1}{3}\boldsymbol{K}_j^3 + \cdots + \frac{(-1)^{n-1}}{n}\boldsymbol{K}_j^n + \cdots \right].$$

注意到当 n 充分大时, $\boldsymbol{K}_j^n = \boldsymbol{0}$, 因此上面的和式实际上是有限和. 与前面的讨论类似, 可以验证

$$\boldsymbol{A}_j = \mathrm{e}^{\hat{\boldsymbol{Q}}}, \quad j = 1, 2, \cdots, k.$$

这样就完成引理的证明. $\square$

定理 5.13 的证明   由于 $\boldsymbol{\Phi}(x)$ 是一个基本解矩阵, 所以

$$\boldsymbol{\Phi}'(x) = \boldsymbol{A}(x)\boldsymbol{\Phi}(x).$$

在此式中, x 用 $x + \omega$ 代入, 注意到 $\boldsymbol{A}(x)$ 是以 ω 为周期的, 所以

$$\boldsymbol{\Phi}'(x+\omega) = \boldsymbol{A}(x+\omega)\boldsymbol{\Phi}(x+\omega) = \boldsymbol{A}(x)\boldsymbol{\Phi}(x+\omega),$$

即 $\boldsymbol{\Phi}(x+\omega)$ 是一个解矩阵. 由基本解矩阵的性质可知 $\det\boldsymbol{\Phi}(x) \neq 0$ $(x \in \mathbb{R})$, 因此 $\boldsymbol{\Phi}(x+\omega)$ 也是一个基本解矩阵. 由此可知, 存在非奇异常数矩阵 $\boldsymbol{C}$, 使得

$$\boldsymbol{\Phi}(x+\omega) = \boldsymbol{\Phi}(x)\boldsymbol{C}. \tag{5.37}$$

事实上, $\boldsymbol{C} = \boldsymbol{\Phi}(\omega)$. 由于 $\det\boldsymbol{C} \neq 0$, 由引理 5.12 可知, 存在一个矩阵 $\boldsymbol{R}$, 使得

$$\boldsymbol{C} = \mathrm{e}^{\omega\boldsymbol{R}}.$$

令 $\boldsymbol{P}(x) = \boldsymbol{\Phi}(x)\mathrm{e}^{-x\boldsymbol{R}}$, 则 $\det\boldsymbol{P}(x) \neq 0$, 且

$$\boldsymbol{P}(x+\omega) = \boldsymbol{\Phi}(x+\omega)\mathrm{e}^{-(x+\omega)\boldsymbol{R}} = \boldsymbol{\Phi}(x)\boldsymbol{\Phi}(\omega)\mathrm{e}^{-\omega\boldsymbol{R}} \cdot \mathrm{e}^{-x\boldsymbol{R}} = \boldsymbol{P}(x).$$

定理证毕. $\square$

由 $\boldsymbol{P}(x)$ 的定义可知

$$\boldsymbol{P}'(x) = \boldsymbol{\Phi}'(x)\mathrm{e}^{-x\boldsymbol{R}} - \boldsymbol{\Phi}(x)\mathrm{e}^{-x\boldsymbol{R}}\boldsymbol{R} = \boldsymbol{A}(x)\boldsymbol{P}(x) - \boldsymbol{P}(x)\boldsymbol{R}.$$

引入周期线性变换 $\boldsymbol{y} = \boldsymbol{P}(x)\boldsymbol{z}$, 则 $\boldsymbol{z}$ 满足的微分方程组为

$$\frac{\mathrm{d}\boldsymbol{z}}{\mathrm{d}x} = \boldsymbol{R}\boldsymbol{z}, \tag{5.38}$$

这是一个常系数线性微分方程组, 它的一个基本解矩阵为 $\mathrm{e}^{x\boldsymbol{R}}$.

假设 $\boldsymbol{\Phi}_1(x)$ 是方程组 (5.33) 的另一个基本解矩阵, 则存在一个非奇异常数矩阵 $\boldsymbol{T}$, 使得

$$\boldsymbol{\Phi}(x) = \boldsymbol{\Phi}_1(x)\boldsymbol{T}. \tag{5.39}$$

再由 (5.37) 式可知

$$\boldsymbol{\Phi}_1(x + \omega) = \boldsymbol{\Phi}_1(x)\boldsymbol{T}\mathrm{e}^{\omega\boldsymbol{R}}\boldsymbol{T}^{-1}. \tag{5.40}$$

由此可知, 每个基本解矩阵 $\boldsymbol{\Phi}_1(x)$ 确定了一个矩阵 $\boldsymbol{T}\mathrm{e}^{\omega\boldsymbol{R}}\boldsymbol{T}^{-1}$, 这个矩阵与 $\mathrm{e}^{\omega\boldsymbol{R}}$ 相似. 反之, 对于任意的非奇异常数矩阵 $\boldsymbol{T}$, 通过 (5.39) 式确定了一个基本解矩阵 $\boldsymbol{\Phi}_1(x)$, 使得 (5.40) 式成立.

显然, 矩阵 $\boldsymbol{R}$ 不由 $\boldsymbol{\Phi}(x)$ 唯一确定. 事实上, 如果 $\boldsymbol{R}$ 使得 $\boldsymbol{C} = \mathrm{e}^{\omega\boldsymbol{R}}$, 则对于任意的整数 k, $\boldsymbol{R} + \dfrac{2k\pi\mathrm{i}}{\omega}\boldsymbol{E}_n$ 也使得这个式子成立. 然而, 方程组 (5.33) 的所有基本解矩阵唯一决定了 $\boldsymbol{R}$ 的在相似变换下不变的量. 特别地, 方程组 (5.33) 唯一决定了 $\mathrm{e}^{\omega\boldsymbol{R}}$ 的特征值, 称这些特征值为与 $\boldsymbol{A}(x)$ 相应的**特征乘数**. 而将 $\boldsymbol{R}$ 的特征值称为与 $\boldsymbol{A}(x)$ 相应的**特征指数**.

由例 5.8 可知, 若 $\boldsymbol{R}$ 的特征值实部均小于零, 则当 $x \to +\infty$ 时, 方程组 (5.33) 的每个解均趋向于零. 也就是说, 若 $\boldsymbol{A}(x)$ 的特征乘数的绝对值均小于 1, 则当 $x \to +\infty$ 时, 方程组 (5.33) 的所有解均趋于零.

如果将所有的考虑限制在实数的情形时, 有下面的结论.

定理 5.14　假设 $A(x)$ 是实的以 ω 为周期的矩阵, 则存在一个实的以 2ω 为周期的非奇异矩阵 $P(x)$ 及一个实矩阵 R, 使得

$$\Phi(x) = P(x)\mathrm{e}^{\omega R},$$

其中 $\Phi(x)$ 是方程组 (5.33) 的一个基本解矩阵.

证明　与定理 5.13 的证明类似, 可知存在一个非奇异矩阵 C, 使得

$$\Phi(x + \omega) = \Phi(x)C,$$

其中 $\Phi(x)$ 和 C 均为实矩阵, 于是

$$\Phi(x + 2\omega) = \Phi(x)C^2.$$

由引理 5.12 可知, 存在实矩阵 R, 使得

$$C^2 = \mathrm{e}^{2\omega R}.$$

令

$$P(x) = \Phi(x)\mathrm{e}^{-xR},$$

则 $P(x)$ 是实矩阵, 且

$$P(x + 2\omega) = \Phi(x + 2\omega)\mathrm{e}^{-(x+2\omega)R} = \Phi(x)C^2\mathrm{e}^{-2\omega R} \cdot \mathrm{e}^{-xR}$$
$$= \Phi(x)\mathrm{e}^{-xR} = P(x).$$

定理证毕.　□

第六章　幂级数解法

前面几章讨论了一些特殊类型的微分方程 (组) 的解法, 如第二章给出的变量分离方程、一阶线性微分方程以及第五章讨论的常系数线性微分方程组. 然而, 虽然人们做了很多努力, 但是能用初等积分法来求解的常微分方程少之又少. 例如, Ricatti 方程 $y' = x^2 + y^2$ 没有初等函数解. 再如, Hill 方程 $y'' + a(x)y = 0$ 的非零解也不能由初等积分法得到. 许多在数学和物理学中的重要微分方程均不能通过初等积分法求解. 因此, 需要扩大微分方程的求解范围, 放弃解的 "有限形式", 转而寻求 "无限形式" 的解, 比如无穷级数解. 事实上, 早在 17 世纪, 人们就开始了微分方程的无穷级数解的研究. 本章的目的就是介绍微分方程的无穷级数解的存在性, 以及寻求某些重要微分方程的无穷级数解.

§6.1　Cauchy 定理

本节的目的是研究常微分方程何时具有收敛的无穷级数解. 显然, 当微分方程

$$y' = f(x, y)$$

有收敛的幂级数解 $y = \phi(x)$ 时, $\phi(x)$ 是 x 的解析函数. 由此可知, 应假设微分方程的右端函数 $f(x, y)$ 关于 x 和 y 是解析的. 这时称微分方程是**解析**的. 在此假设下, Cauchy 首先建立了解析微分方程初值问题的收敛幂级数解的存在和唯一性定理—— Cauchy 定理. 现在来介绍这个定理.

考虑微分方程组

$$\frac{\mathrm{d}\boldsymbol{y}}{\mathrm{d}x} = \boldsymbol{f}(x, \boldsymbol{y}), \tag{6.1}$$

其中函数 $\boldsymbol{f}(x, \boldsymbol{y})$ 在区域 $G \subset \mathbb{R} \times \mathbb{R}^n$ 上解析, 即对于 G 内的任一点 $(x_0, \boldsymbol{y}_0)$, 存在正数 a 和 b, 使得函数 $\boldsymbol{f}(x, \boldsymbol{y})$ 在

$$|x - x_0| \leqslant a, \quad |\boldsymbol{y} - \boldsymbol{y}_0| \leqslant b$$

内可以展开成收敛的幂级数:

$$\boldsymbol{f}(x, \boldsymbol{y}) = \sum_{i, j_1, \cdots, j_n = 0}^{\infty} \boldsymbol{a}_{ij_1 \cdots j_n} (x - x_0)^i (y_1 - y_{10})^{j_1} \cdots (y_n - y_{n0})^{j_n},$$

其中 $\boldsymbol{a}_{ij_1 \cdots j_n}$ 是 $\mathbb{R}^n$ 中的向量. 下面来研究方程组 (6.1) 满足初始条件

$$\boldsymbol{y}(x_0) = \boldsymbol{y}_0 \tag{6.2}$$

的解是否可以展开成收敛的幂级数, 即解析解的存在性.

为了形式上的简明, 引入下面的记号: 对于 $\boldsymbol{j} = (j_1, \cdots, j_n)$, 令

$$(\boldsymbol{y} - \boldsymbol{y}_0)^{\boldsymbol{j}} = (y_1 - y_{10})^{j_1} \cdots (y_n - y_{n0})^{j_n}, \quad a_{i\boldsymbol{j}} = a_{ij_1 \cdots j_n},$$

并将 $\displaystyle\sum_{i, j_1, \cdots, j_n = 0}^{\infty}$ 记为 $\displaystyle\sum_{i=0, \boldsymbol{j}=\boldsymbol{0}}^{\infty}$.

由于 $\boldsymbol{f}(x, \boldsymbol{y})$ 关于 $\boldsymbol{y}$ 是解析的, 由 Picard 定理可知, 初值问题 (6.1), (6.2) 的解在 $|x - x_0| \leqslant h$ 上是存在且唯一的. 现在的问题是: 证明这个解是解析的, 即存在 x_0 的一个邻域, 使得这个解在该邻域内可以展开成收敛的幂级数:

$$\boldsymbol{y}(x) = \sum_{k=0}^{\infty} \boldsymbol{c}_k (x - x_0)^n,$$

其中 $\boldsymbol{c}_k = (c_{1k}, \cdots, c_{nk})$ 是常数向量.

定义 6.1 假设有两个幂级数

$$\sum_{i=0,j=0}^{\infty} a_{ij}(x-x_0)^i(\boldsymbol{y}-\boldsymbol{y}_0)^{\boldsymbol{j}} \tag{6.3}$$

和

$$\sum_{i=0,j=0}^{\infty} A_{ij}(x-x_0)^i(\boldsymbol{y}-\boldsymbol{y}_0)^{\boldsymbol{j}}, \tag{6.4}$$

其中系数 a_{ij} 和 A_{ij} 满足: 对于任意的 i,j, 有 $A_{ij} \geqslant 0$, 且

$$|a_{ij}| \leqslant A_{ij}.$$

称幂级数 (6.4) 是幂级数 (6.3) 的一个**优级数**. 如果幂级数 (6.4) 在闭区域

$$|x-x_0| \leqslant \alpha, \quad |\boldsymbol{y}-\boldsymbol{y}_0| \leqslant \beta$$

内收敛, 则称它的和函数 $F(x,\boldsymbol{y})$ 为幂级数 (6.3) 的一个**优函数**.

引理 6.1 如果函数 $f(x,\boldsymbol{y})$ 在矩形区域

$$R: |x-x_0| < \alpha, |\boldsymbol{y}-\boldsymbol{y}_0| < \beta$$

内可以展开成 $x-x_0$ 和 $\boldsymbol{y}-\boldsymbol{y}_0$ 的一个收敛幂级数, 则存在常数 $M>0$, 使得函数

$$F(x,\boldsymbol{y}) = \cfrac{M}{\left(1 - \cfrac{x-x_0}{a}\right)\left(1 - \cfrac{y_1-y_{10}}{b}\right) \cdots \left(1 - \cfrac{y_n-y_{n0}}{b}\right)} \tag{6.5}$$

在矩形区域

$$R_0: |x-x_0| < a, |\boldsymbol{y}-\boldsymbol{y}_0| < b$$

内是 $f(x,\boldsymbol{y})$ 的一个优函数, 其中 $0 < a < \alpha, 0 < b < \beta$.

证明 将 $f(x,\boldsymbol{y})$ 在区域 R 内展开成收敛的幂级数

$$f(x,\boldsymbol{y}) = \sum_{i=0,j=0}^{\infty} a_{ij}(x-x_0)^i(\boldsymbol{y}-\boldsymbol{y}_0)^{\boldsymbol{j}},$$

于是对于任意满足 $0 < a < \alpha$ 和 $0 < b < \beta$ 的 a, b, 正项级数

$$\sum_{i=0, \boldsymbol{j}=\boldsymbol{0}}^{\infty} |a_{i\boldsymbol{j}}| a^i b^{j_1 + \cdots + j_n}$$

是收敛的. 因此, 存在常数 $M > 0$, 使得

$$|a_{i\boldsymbol{j}}| \leqslant \frac{M}{a^i b^{j_1 + \cdots + j_n}}.$$

现在考虑由幂级数

$$\sum_{i=0, \boldsymbol{j}=\boldsymbol{0}}^{\infty} \frac{M}{a^i b^{j_1 + \cdots + j_n}} (x - x_0)^i (\boldsymbol{y} - \boldsymbol{y}_0)^{\boldsymbol{j}}$$

定义的函数 $F(x, \boldsymbol{y})$. 经过简单计算, 可知

$$F(x, \boldsymbol{y}) = \frac{M}{\left(1 - \dfrac{x - x_0}{a}\right) \left(1 - \dfrac{y_1 - y_{10}}{b}\right) \cdots \left(1 - \dfrac{y_n - y_{n0}}{b}\right)}.$$

它是 $f(x, \boldsymbol{y})$ 在区域 R_0 内的一个优函数. □

引理 6.2 *初值问题*

$$\begin{cases} \dfrac{\mathrm{d}y_i}{\mathrm{d}x} = F(x, \boldsymbol{y}) & (i = 1, 2, \cdots, n), \\ \boldsymbol{y}(x_0) = \boldsymbol{y}_0, \end{cases}$$

在区间 $|x - x_0| < \rho$ 上存在一个解析解 $\boldsymbol{y} = \boldsymbol{y}(x)$, 其中函数 $F(x, \boldsymbol{y})$ 由 (6.5) 式给出, 而常数 $\rho = a\{1 - \mathrm{e}^{-b/[(n+1)aM]}\}$.

证明 由

$$\frac{\mathrm{d}y_i}{\mathrm{d}x} = \frac{\mathrm{d}y_k}{\mathrm{d}x} = F(x, \boldsymbol{y})$$

得到

$$y_i - y_{i0} = y_k - y_{k0}.$$

因此, 只要求微分方程

$$\frac{\mathrm{d}u}{\mathrm{d}x} = \frac{M}{\left(1 - \dfrac{x - x_0}{a}\right) \left(1 - \dfrac{u - u_0}{b}\right)^n}$$

满足初始条件 $u(x_0) = u_0$ 的解, 即可得到所给初值问题的解. 这是一个变量分离方程, 于是

$$\int_{u_0}^{u} \left(1 - \frac{u - u_0}{b}\right)^n \mathrm{d}u = \int_{x_0}^{x} \frac{M}{1 - \dfrac{x - x_0}{a}} \mathrm{d}x,$$

即

$$\frac{b}{n+1} \left(1 - \frac{u - u_0}{b}\right)^{n+1} - \frac{b}{n+1} = aM \ln \left(1 - \frac{x - x_0}{a}\right).$$

由此可知

$$u = u_0 + b - b \left[1 + \frac{(n+1)aM}{b} \ln \left(1 - \frac{x - x_0}{a}\right)\right]^{\frac{1}{n+1}}.$$

所以, 对于 $i = 1, 2, \cdots, n$, 有

$$y_i(x) = y_{i0} + b - b \left[1 + \frac{(n+1)aM}{b} \ln \left(1 - \frac{x - x_0}{a}\right)\right]^{\frac{1}{n+1}}. \tag{6.6}$$

注意到 $\rho < a$, 因此当 $|x - x_0| < \rho$ 时, 函数 $\ln \left(1 - \dfrac{x - x_0}{a}\right)$ 可以展开成 $x - x_0$ 的幂级数. 又由于 $|s| < 1$ 时函数 $(1 + s)^{\frac{1}{n+1}}$ 可以展开成 s 的幂级数, 而 $|x - x_0| < \rho$ 时有

$$\left| \frac{(n+1)aM}{b} \ln \left(1 - \frac{x - x_0}{a}\right) \right| < 1,$$

所以由幂级数的性质可知 $y_i(x)(i = 1, 2, \cdots, n)$ 可以展开成 $x - x_0$ 的幂级数. 注意到

$$\boldsymbol{y}(x) = (y_1(x), y_2(x), \cdots, y_n(x))$$

为所给初值问题的解, 而 $\boldsymbol{y}(x)$ 当 $|x - x_0| < \rho$ 时可以展开成 $x - x_0$ 的幂级数, 所以它是一个解析解. □

现在来叙述并证明 Cauchy 定理.

定理 6.1 (Cauchy 定理) 设 $\boldsymbol{f}(x, \boldsymbol{y}) = (f_1(x, \boldsymbol{y}), \cdots, f_n(x, \boldsymbol{y}))$ 是在区域 R 上解析的函数, 即对于 $k = 1, 2, \cdots, n$, $f_k(x, \boldsymbol{y})$ 在区域 R 上可以展开成 $x - x_0$ 和 $\boldsymbol{y} - \boldsymbol{y}_0$ 的收敛幂级数, 则初值问题 (6.1), (6.2) 在点 x_0 的邻域 $|x - x_0| < \rho$ 内有唯一的解析解 $\boldsymbol{y} = \boldsymbol{y}(x)$, 这里区域 R 和常数 ρ 分别由引理 6.1 和引理 6.2 给出.

证明 将 $f_k(x, \boldsymbol{y})$ 在 R 上展开成幂级数:

$$f_k(x, \boldsymbol{y}) = \sum_{i, j_1, j_2, \cdots, j_n = 0}^{\infty} a_{i j_1 j_2 \cdots j_n}^k (x - x_0)^i (y_1 - y_{10})^{j_1} \cdots (y_n - y_{n0})^{j_n},$$

$$k = 1, 2, \cdots, n.$$

做初值问题 (6.1), (6.2) 的形式幂级数解:

$$y_k(x) = y_{k0} + \sum_{i=1}^{\infty} c_i^k (x - x_0)^i, \quad k = 1, 2, \cdots, n. \tag{6.7}$$

这时 $\boldsymbol{y}(x) = (y_1(x), \cdots, y_n(x))$. 直接计算可知

$$c_1^k = y_k'(x_0) = f_k(x_0, \boldsymbol{y}_0) = a_{00\cdots 0}^k,$$

$$c_2^k = \frac{1}{2!} y_k''(x_0) = \frac{1}{2!} \left(f_{kx}'(x_0, \boldsymbol{y}_0) + f_{k\boldsymbol{y}}'(x_0, \boldsymbol{y}_0) \boldsymbol{y}'(x_0) \right)$$

$$= \frac{1}{2!} \left(a_{10\cdots 0}^k + a_{010\cdots 0}^k a_{00\cdots 0}^1 + a_{001\cdots 0}^k a_{00\cdots 0}^2 + \cdots + a_{00\cdots 1}^k a_{00\cdots 0}^n \right),$$

$\cdots\cdots$

一般地, 有

$$c_m^k = \frac{1}{m!} y_k^{(m)}(x_0) = P_m^k(a_{00\cdots 0}^l, a_{010\cdots 0}^l, \cdots, a_{i j_1 \cdots j_n}^l)$$

其中 $i + j_1 + \cdots + j_n \leqslant m - 1$, $1 \leqslant l \leqslant n$, P_m^k 是关于 $a_{00\cdots 0}^l, a_{010\cdots 0}^l, \cdots$, $a_{i j_1 \cdots j_n}^l$ 的系数为正数的多项式, 并且系数只与标号 $i, j_1, \cdots, j_n, l$ 有关, 与函数 $\boldsymbol{f}(x, \boldsymbol{y})$ 无关. 按照这样的方式, 唯一地确定了形式幂级数解 (6.7).

下面来证明解析解的存在性. 事实上, 只要证明形式幂级数解 (6.7) 收敛即可. 为此, 考虑辅助的微分方程组初值问题

$$\begin{cases} y'_k = F_k(x, \boldsymbol{y}) & (k = 1, 2, \cdots, n), \\ \boldsymbol{y}(x_0) = \boldsymbol{y}_0, \end{cases}$$

其中对于每个 k, 有

$$F_k(x, \boldsymbol{y}) = \frac{M}{\left(1 - \dfrac{x - x_0}{a}\right)\left(1 - \dfrac{y_1 - y_{10}}{b}\right) \cdots \left(1 - \dfrac{y_n - y_{n0}}{b}\right)}.$$

根据引理 6.1 可知, $F_k(x, \boldsymbol{y})$ 是 $f_k(x, \boldsymbol{y})(k = 1, 2, \cdots, n)$ 的优函数, 即将 $F_k(x, \boldsymbol{y})$ 和 $f_k(x, \boldsymbol{y})$ 在区域 R_0 内分别展开成幂级数

$$F_k(x, \boldsymbol{y}) = \sum_{i, j_1, \cdots, j_n = 0}^{\infty} A_{ij_1 \cdots j_n}^k (x - x_0)^i (y_1 - y_{10})^{j_1} \cdots (y_n - y_{n0})^{j_n},$$

$$f_k(x, \boldsymbol{y}) = \sum_{i, j_1, \cdots, j_n = 0}^{\infty} a_{ij_1 \cdots j_n}^k (x - x_0)^i (y_1 - y_{10})^{j_1} \cdots (y_n - y_{n0})^{j_n}$$

时, 对于所有的 $i, j_1, j_2, \cdots, j_n$ 有

$$|a_{ij_1 \cdots j_n}^k| \leqslant A_{ij_1 \cdots j_n}^k, \quad k = 1, 2, \cdots, n.$$

做上述辅助的微分方程组初值问题的形式幂级数解:

$$y_k(x) = y_{k0} + \sum_{m=0}^{\infty} C_m^k (x - x_0)^m, \quad k = 1, 2, \cdots, n.$$

按照上面的讨论知道

$$C_m^k = P_m^k(A_{00 \cdots 0}^l, A_{010 \cdots 0}^l, \cdots, A_{ij_1 \cdots j_n}^l),$$

其中 $i + j_1 + \cdots + j_n \leqslant m - 1, 1 \leqslant l \leqslant n$, 并且 P_m^k 是关于 $A_{00 \cdots 0}^l, A_{010 \cdots 0}^l, A_{ij_1 \cdots j_n}^l$ 的系数为正数的多项式, 且与 k 无关, 将其记为 P_m. 由于 P_m 是系数均为正数的多项式, 因此

$$C_m^k = P_m(A_{00 \cdots 0}^l, A_{010 \cdots 0}^l, \cdots, A_{ij_1 \cdots j_n}^l)$$

$$= P_m(|A_{00\cdots0}^l|, |A_{010\cdots0}^l|, \cdots, |A_{ij_1\cdots j_n}^l|)$$

$$\geqslant P_m(|a_{00\cdots0}^l|, |a_{010\cdots0}^l|, \cdots, |a_{ij_1\cdots j_n}|)$$

$$\geqslant |P_m(|a_{00\cdots0}^l|, |a_{010\cdots0}^l|, \cdots, |a_{ij_1\cdots j_n}|)|$$

$$\geqslant |c_m^k|,$$

即幂级数 $\displaystyle\sum_{m=1}^{\infty} C_m^k(x-x_0)^m$ 是 $\displaystyle\sum_{m=1}^{\infty} c_m^k(x-x_0)^m$ 的优级数.

由引理 6.2 可知, 幂级数 $\displaystyle\sum_{m=1}^{\infty} C_m^k(x-x_0)^m$ 在区间 $|x-x_0| < \rho$ 上收敛, 因此级数 $\displaystyle\sum_{m=1}^{\infty} c_m^k(x-x_0)^m$ 也在相同的区间上收敛. 定理证毕. □

习　题　6.1

1. 设有初值问题

$$\begin{cases} y'' + p(x)y' + q(x)y = 0, \\ y(x_0) = y_0, \ y'(x_0) = y_0', \end{cases}$$

其中函数 $p(x)$ 和 $q(x)$ 在区间 $|x-x_0| < r$ 上可以展开成 $x-x_0$ 的收敛幂级数. 证明: 该初值问题的解 $y = y(x)$ 在区间 $|x-x_0| < r$ 上也可以展开成 $x-x_0$ 的收敛幂级数.

§6.2　幂级数解法

鉴于二阶微分方程在微分方程和数学物理研究中的重要性, 本节中我们将讨论限制在二阶齐次线性微分方程

$$A(x)y'' + B(x)y' + C(x)y = 0 \tag{6.8}$$

上, 其中函数 $A(x), B(x)$ 和 $C(x)$ 均在区间 $|x-x_0| < r$ 内解析.

在本节的讨论中, 假定 $A(x) \neq 0$. 这样, 方程 (6.8) 两端除以 $A(x)$, 得到

$$y'' + p(x)y' + q(x)y = 0, \tag{6.9}$$

其中系数函数

$$p(x) = \frac{B(x)}{A(x)}, \quad q(x) = \frac{C(x)}{A(x)}$$

均在 $|x - x_0| < r$ 内解析. 称这样的 x_0 为方程 (6.8) 的**常点**.

利用上一节给出的 Cauchy 定理, 可知下面的定理成立.

定理 6.2 设方程 (6.9) 中的系数函数 $p(x)$, $q(x)$ 在区间 $|x - x_0| < r$ 上均可以展开成 $x - x_0$ 的收敛幂级数, 则该方程在区间 $|x - x_0| < r$ 上有收敛的幂级数解

$$y = \sum_{n=0}^{\infty} c_n (x - x_0)^n,$$

其中 c_0, c_1 是任意常数 (它们由初始条件确定: $c_0 = y(x_0)$, $c_1 = y'(x_0)$), 而 $c_n (n = 2, 3, \cdots)$ 由 c_0, c_1 确定.

例 6.1 求解 **Hermite**[①]**方程**

$$y'' - 2xy' + \lambda y = 0 \quad (-\infty < x < +\infty),$$

其中 λ 是常数.

解 设 Hermite 方程有幂级数解

$$y = \sum_{n=0}^{\infty} c_n x^n.$$

直接计算可知

$$y' = \sum_{n=1}^{\infty} n c_n x^{n-1}, \quad y'' = \sum_{n=2}^{\infty} n(n-1) c_n x^{n-2}.$$

[①] C. Hermite (1822—1901), 法国数学家.

将其代入 Hermite 方程并比较同次幂系数, 得到

$$2c_2 + \lambda c_0 = 0, \quad 3 \cdot 2c_3 - 2c_1 + \lambda c_1 = 0, \quad \cdots.$$

一般地, 有

$$n(n-1)c_n - 2(n-2)c_{n-2} + \lambda c_{n-2} = 0, \quad n = 2, 3, \cdots.$$

由此可知

$$y = c_0 \left(1 - \frac{\lambda}{2!}x^2 + \cdots \right) + c_1 \left(x + \frac{2-\lambda}{3!}x^3 + \cdots \right).$$

由于

$$c_{n+2} = \frac{2n - \lambda}{(n+2)(n+1)} c_n, \quad n = 0, 1, 2, \cdots,$$

所以当 λ 为非负偶数时, 上面的幂级数解成为多项式. 称这个多项式为 **Hermite 多项式**.

例 6.2 求解 **Legendre**[①]**方程**

$$(1 - x^2)y'' - 2xy' + n(n+1)y = 0,$$

其中 n 为常数.

解 由定理 6.2 可知, 当 $|x| < 1$ 时, Legendre 方程有幂级数解

$$y = \sum_{k=0}^{\infty} c_k x^k.$$

将其代入 Legendre 方程并比较同次幂系数, 得到

$$\sum_{k=0}^{\infty} \left[(k+2)(k+1)c_{k+2} + (n+k+1)(n-k)c_k \right] x^k = 0.$$

由此可知

$$(k+2)(k+1)c_{k+2} + (n+k+1)(n-k)c_k = 0, \quad k = 0, 1, 2, \cdots,$$

---

① A. Legendre (1752—1833), 法国数学家.

从而得到

$$c_{2m} = (-1)^m A_m c_0, \quad c_{2m+1} = (-1)^m B_m c_1,$$

其中

$$A_m = \frac{(n-2m+2)\cdots(n-2)n(n+1)\cdots(n+2m-1)}{(2m)!},$$
$$B_m = \frac{(n-2m+1)\cdots(n-3)(n-1)(n+2)\cdots(n+2m)}{(2m+1)!},$$
$$m = 1, 2, \cdots.$$

因此, 得到 Legendre 方程的幂级数解

$$y = \sum_{k=0}^{\infty} \left(c_{2k} x^{2k} + c_{2k+1} x^{2k+1} \right).$$

习　题　6.2

1. 求解 **Airy 方程**:

$$y'' - xy = 0.$$

2. 求下列微分方程在 $x = x_0$ 处的两个线性无关解:

(1) $y'' - xy' - y = 0, x_0 = 0$;

(2) $y'' - xy' - y = 0, x_0 = 1$.

3. 求微分方程

$$y'' + (\cos x)y = 0$$

在 $x = 0$ 处展开的两个线性无关的幂级数解.

§6.3　广义幂级数解

上一节讨论了微分方程

$$A(x)y'' + B(x)y' + C(x)y = 0 \tag{6.10}$$

在点 $x = x_0$ 附近的幂级数解的存在性, 其中 $A(x), B(x)$ 和 $C(x)$ 在点 $x = x_0$ 附近是解析的, 且 $A(x_0) \neq 0$. 本节将讨论当 $A(x_0) = 0$ 时, 方程 (6.10) 是否存在广义幂级数解.

假设 $A(x) = (x - x_0)^k A_1(x)$, 而 $B(x_0) \neq 0$ 或 $C(x_0) \neq 0$. 一般来讲, 此时方程 (6.10) 在点 $x = x_0$ 附近不存在收敛的幂级数解.

例 6.3　讨论微分方程

$$x^2 y'' - 2y = 0$$

在点 $x = 0$ 附近解的性态.

解　这个方程是 Euler 方程, 由上一章给出的解法可知它的通解为

$$y = c_1 x^2 + \frac{c_2}{x},$$

其中 c_1, c_2 为任意常数. 由此可知, 该方程当 $x \to 0$ 时的有界解为

$$y = c\, x^2,$$

其中 c 为任意常数. 这些解都满足 $y(0) = y'(0) = 0$. 这表明, 该方程没有满足 $y(0) = 1$, $y'(0) = 0$ 的解. 此外, 解 $y = \dfrac{1}{x}$ 当 $x \to 0$ 时无界. 因此, 它在点 $x = 0$ 处不能展开成收敛的幂级数.

例 6.4　求微分方程

$$x^2 y'' + xy' + \left(x^2 - \frac{1}{4} \right) y = 0$$

的两个线性无关解.

解　令 $u(x) = y\sqrt{x}$, 则 $u = u(x)$ 满足微分方程

$$u'' + u = 0.$$

此方程的两个线性无关解为

$$u = \cos x, \quad u = \sin x.$$

由此可知原方程的两个线性无关解为

$$y_1 = \frac{\cos x}{\sqrt{x}} = \sum_{k=0}^{\infty} \frac{(-1)^k}{(2k)!} x^{2k-\frac{1}{2}},$$

$$y_2 = \frac{\sin x}{\sqrt{x}} = \sum_{k=0}^{\infty} \frac{(-1)^k}{(2k+1)!} x^{2k+\frac{1}{2}}.$$

注 6.1 例 6.4 中的两个解 y_1, y_2 均不是普通意义下的幂级数解, 它们属于以下形式的广义幂级数:

$$\sum_{n=0}^{\infty} c_n (x-x_0)^{n+\rho}, \quad c_0 \neq 0,$$

其中常数 ρ 叫作**指标**. 例 6.4 中两个广义幂级数解 y_1, y_2 的指标分别是 $\rho = -\dfrac{1}{2}$ 和 $\rho = \dfrac{1}{2}$.

定义 6.2 称 $x = x_0$ 是方程 (6.10) 的**正则奇点**, 如果方程 (6.10) 可以写成

$$(x-x_0)^2 P(x)y'' + (x-x_0)Q(x)y' + R(x)y = 0, \tag{6.11}$$

其中 $P(x_0) \neq 0$, $Q(x_0)$ 和 $R(x_0)$ 中至少有一个不为零. 这时也称 $x = x_0$ 为方程 (6.11) 的正则奇点.

对于方程 (6.11) 及其正则奇点 x_0, 有下面的结果.

定理 6.3 方程 (6.11) 在正则奇点 x_0 的邻域内有收敛的广义幂级数解

$$y = \sum_{n=0}^{\infty} c_n (x-x_0)^{n+\rho}, \quad c_0 \neq 0, \tag{6.12}$$

其中指标 ρ 和系数 c_n $(n = 0, 1, 2, \cdots)$ 可以用代入法确定.

证明 在点 x_0 的一个小邻域 $|x-x_0| < r$ 内, 将方程 (6.11) 改写成如下形式:

$$(x-x_0)^2 y'' + (x-x_0)\left[\sum_{n=0}^{\infty} a_n (x-x_0)^n \right] y' + \left[\sum_{n=0}^{\infty} b_n (x-x_0)^n \right] y = 0.$$

假设这个方程有一个形式上的广义幂级数解 (6.12), 将其代入这个方程, 可得

$$(x - x_0)^\rho \left[\sum_{n=0}^{\infty} (n+\rho)(n+\rho-1)c_n(x-x_0)^n \right.$$

$$+ \sum_{n=0}^{\infty} a_n(x-x_0)^n \cdot \sum_{n=0}^{\infty} (n+\rho)c_n(x-x_0)^n$$

$$\left. + \sum_{n=0}^{\infty} b_n(x-x_0)^n \cdot \sum_{n=0}^{\infty} c_n(x-x_0)^n \right] = 0.$$

消去因子 $(x - x_0)^\rho$ 后比较 $x - x_0$ 的同次幂系数, 得到

$$\begin{cases} c_0 f_0(\rho) = 0, \\ c_1 f_0(\rho+1) + c_0 f_1(\rho) = 0, \\ \cdots\cdots \\ c_n f_0(\rho+n) + c_{n-1} f_1(\rho+n-1) + \cdots + c_0 f_n(\rho) = 0, \end{cases} \tag{6.13}$$

其中

$$\begin{cases} f_0(\rho) = \rho(\rho-1) + a_0\rho + b_0, \\ f_j(\rho) = a_j\rho + b_j \quad (j = 1, 2, \cdots, n). \end{cases}$$

由于 $c_0 \neq 0$, 因此由 (6.13) 式的第一个等式得到

$$\rho(\rho-1) + a_0\rho + b_0 = 0.$$

称这个方程为**指标方程**.

为了保证 $f_0(\rho+k) \neq 0$ 对所有的 $k \geqslant 1$ 成立 (这样可以从 (6.13) 式唯一地确定 $c_1, c_2, \cdots, c_n$), 我们这样来选择指标方程的根: 假设 ρ_1 和 ρ_2 是指标方程的两个根, 如果它们均为实数, 不妨设 $\rho_1 \geqslant \rho_2$, 则从较大的实根 ρ_1 出发来求解; 否则, 它们是一对共轭复根, 此时可以从任一根出发来求解, 为了统一起见, 设从 ρ_1 出发. 于是

$$\begin{cases} f_0(\rho_1) = 0, \\ f_0(\rho_1 + j) \neq 0 \quad (j = 1, 2, \cdots, n). \end{cases}$$

由此可知, 对应于指标 $\rho = \rho_1$, 从 (6.13) 式的第二个等式出发, 依次确定 $c_1, c_2, \cdots$, 从而得到方程 (6.11) 的一个形式上的广义幂级数解

$$y = \sum_{n=0}^{\infty} c_n (x - x_0)^{n+\rho_1} = (x - x_0)^{\rho_1} \sum_{n=0}^{\infty} c_n (x - x_0)^n, \quad c_0 \neq 0. \quad (6.14)$$

接下来证明幂级数

$$\sum_{n=0}^{\infty} c_n (x - x_0)^n$$

是收敛的.

由 ρ_1 的选择可知, 若记 $\rho_1 - \rho_2 = m$, 则 m 的实部非负. 由于幂级数

$$\sum_{n=0}^{\infty} a_n (x - x_0)^n, \quad \sum_{n=0}^{\infty} b_n (x - x_0)^n$$

均在 $|x - x_0| < r$ 内收敛, 因此对于取定的 r_1 $(0 < r_1 < r)$, 存在常数 $M > 0$, 使得

$$|a_n| \leqslant \frac{M}{r_1^n}, \quad |b_n| \leqslant \frac{M}{r_1^n}, \quad |\rho_1 a_n + b_n| \leqslant \frac{M}{r_1^n}, \quad n = 0, 1, 2, \cdots. \quad (6.15)$$

利用数学归纳法, 可以证明:

$$|c_n| \leqslant \left(\frac{M}{r_1}\right)^n |c_0|, \quad n = 1, 2, \cdots. \quad (6.16)$$

事实上, 由 $f_0(\rho_1) = f_0(\rho_2) = 0$ 和 $\rho_1 - \rho_2 = m$ 以及 m 的实部非负, 我们有

$$|f_0(\rho_1 + n)| = |n(n + m)| \geqslant n^2, \quad n = 0, 1, 2, \cdots. \quad (6.17)$$

由 (6.13) 式和 (6.15) 式得到

$$|c_1| = \frac{|\rho_1 a_1 + b_1|}{|f_0(\rho_1 + 1)|} |c_0| \leqslant \frac{M}{r_1} |c_0|,$$

即 (6.16) 式对于 $n = 1$ 成立. 假设 (6.16) 式对于 $n = 1, 2, \cdots, s$ 成立. 现在考虑 $n = s + 1$ 的情形. 由 (6.13) 式、(6.15) 式和 (6.17) 式可知

$$
\begin{aligned}
|c_{s+1}| &= \frac{\left| \displaystyle\sum_{j=1}^{s} c_j f_{s+1-j}(\rho_1 + j) + c_0 f_{s+1}(\rho_1) \right|}{|f_0(\rho_1 + s + 1)|} \\
&\leqslant \frac{\displaystyle\sum_{j=1}^{s} |c_j| |(\rho_1 + j) a_{s+1-j} + b_{s+1-j}| + |c_0| |a_{s+1}\rho_1 + b_{s+1}|}{(s+1)^2} \\
&\leqslant \frac{\displaystyle\sum_{j=0}^{s} |c_j| \left(|\rho_1 a_{s+1-j} + b_{s+1-j}| + |j a_{s+1-j}| \right)}{(s+1)^2} \\
&\leqslant \frac{\dfrac{1}{2}(s+1)(s+2)\left(\dfrac{M}{r_1}\right)^{s+1} |c_0|}{(s+1)^2} < \left(\frac{M}{r_1}\right)^{s+1} |c_0|.
\end{aligned}
$$

这就完成 (6.16) 式的证明. 由此可知, 对于任意的 $r_2 (0 < r_2 < r_1)$, 幂级数

$$
\sum_{n=0}^{\infty} c_n (x - x_0)^n
$$

在 $0 < |x - x_0| \leqslant \dfrac{r_2}{\max\{1, M\}}$ 内收敛. 这就完成定理的证明. $\square$

注 6.2 当 ρ_1 和 ρ_2 是一对共轭复根时, 所得到的解是复值解. 这时, 通过分离实部与虚部的方法可以得到方程 (6.11) 的两个实值解.

注 6.3 当 $\rho_1 - \rho_2 = m$ 是非负整数时, 不能从 $\rho = \rho_2$ 出发得到与 (6.14) 式不同的广义幂级数解, 因为此时 $f_0(\rho_2 + m) = f_0(\rho_1) = 0$. 然而, 我们可以利用第五章例 5.9 中的方法来求出一个与广义幂级数解 (6.14) 线性无关的解.

例 6.5 求解 Bessel[①]方程

$$x^2 y'' + xy' + (x^2 - n^2)y = 0,$$

其中常数 $n > 0$.

解 注意到 $x = 0$ 是 Bessel 方程的正则奇点. 由定理 6.3 可知, 它有广义幂级数解

$$y = \sum_{k=0}^{\infty} c_k x^{k+\rho}, \quad c_0 \neq 0,$$

其中系数 c_k $(k = 0, 1, 2, \cdots)$ 和指标 ρ 待定. 将上面的广义幂级数解代入 Bessel 方程, 得到

$$\sum_{k=0}^{\infty} [(\rho + n + k)(\rho - n + k)c_k + c_{k-2}] x^{k+\rho} = 0,$$

这里我们约定 $c_{-2} = c_{-1} = 0$. 于是

$$(\rho + n + k)(\rho - n + k)c_k + c_{k-2} = 0. \tag{6.18}$$

由此得到指标方程

$$(\rho + n)(\rho - n) = 0,$$

它的两个根为

$$\rho_1 = n, \quad \rho_2 = -n.$$

从 $\rho = \rho_1 = n$ 出发, 得到递推公式

$$(2n + k)kc_k + c_{k-2} = 0, \quad k = 0, 1, 2, \cdots. \tag{6.19}$$

由此得到

$$c_1 = c_3 = \cdots = c_{2k+1} = \cdots = 0$$

---

① F. W. Bessel (1784—1846), 德国天文学家、数学家. 他是天体测量学的奠基人之一.

及

$$c_2 = -\frac{1}{2^2(n+1)}c_0,$$

$$c_4 = \frac{1}{2^4(n+1)(n+2)2!}c_0.$$

一般地, 有

$$c_{2k} = \frac{(-1)^k}{2^{2k}(n+1)(n+2)\cdots(n+k)k!}c_0, \quad k = 0, 1, 2, \cdots.$$

利用 Γ 函数的记号 $\Gamma(x)$ 以及

$$\Gamma(n+k+1) = (n+k)(n+k-1)\cdots(n+1)\Gamma(n+1), \quad \Gamma(k+1) = k!,$$

取

$$c_0 = \frac{1}{2^n\Gamma(n+1)},$$

则有

$$c_{2k} = \frac{(-1)^k}{\Gamma(n+k+1)\Gamma(k+1)}\frac{1}{2^{2k+n}}.$$

于是, 得到 Bessel 方程的一个广义幂级数解

$$y = J_n(x) = \sum_{k=0}^{\infty}\frac{(-1)^k}{\Gamma(n+k+1)\Gamma(k+1)}\left(\frac{x}{2}\right)^{2k+n}.$$

容易证明这个解对于任意的 x 都是收敛的, 称之为**第一类 Bessel 函数**.

下面从 $\rho_2 = -n$ 出发来讨论第二个解. 此时, 递推公式为

$$k(k-2n)c_k + c_{k-2} = 0, \quad k = 0, 1, 2, \cdots. \tag{6.20}$$

显然, 要分情况来讨论.

(1) $2n$ 不为任何整数.

此时, 递推公式中 c_k 的系数 $k(k-2n) \neq 0$. 因此, 可以与上面的讨论类似, 取

$$c_0 = \frac{1}{2^{-n}\Gamma(-n+1)},$$

从而得到 Bessel 方程的另一个解

$$J_{-n}(x) = \sum_{k=0}^{\infty} \frac{(-1)^k}{\Gamma(-n+k+1)\Gamma(k+1)} \left(\frac{x}{2}\right)^{2k-n},$$

称它为**第二类 Bessel 函数**.

(2) $2n$ 等于某个整数 N.

此时, 递推公式 (6.20) 中 c_N 的系数为零. 因此, 不能从这个公式来确定 c_N. 再分两种情形来讨论.

(i) $2n = 2s+1$ 是一个奇数.

此时, 由递推公式 (6.20) 可知, 当 k 为偶数时, c_k 的系数 $k(k-2n)$ $\neq 0$. 于是, 可以同 (1) 的讨论一样确定 $c_2, c_4, \cdots$. 而当 k 为奇数时, 若 $k < 2n = 2s+1$, 则 c_k 的系数不为零. 因此, 我们有

$$c_1 = c_3 = \cdots = c_{2s-1} = 0.$$

若 $k \geqslant 2s+1$, 则由递推公式 (6.20) 可知, c_{2s+1} 的系数为零, 但是 c_{k+2j} 的系数不为零. 因此, 只要令 $c_{2s+1} = 0$, 则

$$c_{2s+3} = c_{2s+5} = \cdots = 0.$$

所以, 这时仍然可以得到一个广义幂级数解 $J_{-n}(x)$, 其表达式与 (1) 中的第二类 Bessel 函数相同.

(ii) $2n$ 为一个偶数.

此时, n 为整数. 由递推公式 (6.20) 可知

$$c_2 \neq 0, \quad c_4 \neq 0, \quad \cdots, \quad c_{2n-2} \neq 0$$

及

$$2n(2n - 2n)c_{2n} + c_{2n-2} = 0.$$

这是不可能的. 因此, 这时不能从 $\rho = -n$ 出发来得到第二个广义幂级数解.

关于 Bessel 方程的进一步讨论, 建议读者参看有关的参考文献.

习　题　6.3

1. 判别 $x = -1, 0, 1$ 是下列微分方程的什么点 (常点、正则奇点或非正则奇点):

(1) $xy'' + (1 - x)y' + xy = 0$;

(2) $2x^4(1 - x^2)y'' + 2xy' + 3x^2y = 0$;

(3) $x^2(1 - x^2)y'' + 2x^{-1}y' + 4y = 0$.

2. 利用广义幂级数求解下列微分方程:

(1) $2xy'' + y' + xy = 0$;

(2) $xy'' + y' - y = 0$.

第七章 边值问题

前面几章讨论了微分方程初值问题解的存在和唯一性. 然而, 许多问题的研究涉及的是微分方程边值问题的解. 一般来讲, 微分方程边值问题的解不一定存在, 即使存在, 也不一定唯一. 本章要讨论的是二阶微分方程的齐次边值问题, 以 Sturm-Liouville 边值问题为主, 它不仅在数学物理上有很多重要的应用, 而且也为后续 "泛函分析" 课程中的线性算子谱理论提供了不平凡的例子. 此外, 本章还将讨论另一类重要的边值问题——周期边值问题.

§7.1 Sturm 比较定理

Sturm[①]是在微分方程研究中较早使用定性方法的数学家. 所谓定性方法, 就是不依赖于微分方程解的具体形式, 而利用微分方程本身的特点来断定其具有某些特殊性质的解的存在性, 如周期解、边值问题解等.

考虑二阶齐次线性微分方程

$$y'' + p(x)y' + q(x)y = 0, \tag{7.1}$$

其中 $p(x)$ 和 $q(x)$ 均是区间 J 上的连续函数.

引理 7.1 方程 (7.1) 的任何非零解在区间 J 上的零点均是孤立的.

证明 设 $y = \phi(x)$ 是方程 (7.1) 的任一非零解, 即 $\phi(x) \not\equiv 0$, $x \in J$. 假设 $\bar{x} \in J$ 是 $\phi(x)$ 的零点, 且它不是孤立的, 即存在一串

---

① J. C. F. Sturm (1803—1855), 法国数学家.

$x_j \in J$ $(j = 1, 2, \cdots)$, 使得

$$\phi(x_j) = 0, \quad \lim_{j \to +\infty} x_j = \bar{x},$$

则由 $\phi(x)$ 的连续可微性可知

$$\phi'(\bar{x}) = \lim_{j \to +\infty} \frac{\phi(x_j) - \phi(\bar{x})}{x_j - \bar{x}} = 0.$$

于是, $y = \phi(x)$ 是方程 (7.1) 满足初始条件 $\phi(\bar{x}) = 0$, $\phi'(\bar{x}) = 0$ 的解. 但是, $y \equiv 0$ 是方程 (7.1) 满足相同初始条件的解. 由解的唯一性可知

$$\phi(x) \equiv 0.$$

这与假设 $y = \phi(x)$ 是非零解矛盾. □

设 $y = \phi(x)$ 是方程 (7.1) 的一个非零解, x_1 是它的一个零点. 由引理 7.1 可知, x_1 是孤立的零点. 我们可以考虑 $\phi(x)$ 在 x_1 左边 (或右边) 距离 x_1 最近的零点 $x_2 < x_1$ (或 $x_2 > x_1$) (如果有的话). 此时, $\phi(x)$ 在 x_1 和 x_2 之间没有零点. 称 x_1 和 x_2 是 $\phi(x)$ 的**相邻零点**.

引理 7.2　设 $y = \phi_1(x)$ 和 $y = \phi_2(x)$ 是方程 (7.1) 的两个非零解, 则

(1) 它们是线性相关的, 当且仅当它们有相同的零点;

(2) 它们是线性无关的, 当且仅当它们的零点是相互交错的.

证明　(1) 如果 $\phi_1(x)$ 与 $\phi_2(x)$ 是线性相关的, 则存在非零常数 c, 使得

$$\phi_2(x) = c\, \phi_1(x), \quad x \in J.$$

由此可见, 它们具有相同的零点.

反之, 如果 $\phi_1(x)$ 和 $\phi_2(x)$ 在点 $x = x_0$ 处均为零, 则其 Wronsky 行列式 $W(x)$ 在点 $x = x_0$ 处为零. 再由推论 5.1 可知, $\phi_1(x)$ 与 $\phi_2(x)$ 是线性相关的.

(2) 假设 $\phi_1(x)$ 与 $\phi_2(x)$ 是线性无关的, 进一步假定 x_1 和 x_2 是 $\phi_1(x)$ 的相邻零点. 不妨设

$$\phi_1(x) > 0, \quad x_1 < x < x_2.$$

由此及导数的定义可知

$$\phi_1'(x_1) \geqslant 0, \quad \phi_1'(x_2) \leqslant 0.$$

再利用解的唯一性以及 $y = \phi_1(x)$ 是非零解, 可推出

$$\phi_1'(x_1) > 0, \quad \phi_1'(x_2) < 0. \tag{7.2}$$

由于 $\phi_2(x)$ 与 $\phi_1(x)$ 线性无关, 由 (1) 可知

$$\phi_2(x_1)\phi_2(x_2) \neq 0.$$

下面来证明

$$\phi_2(x_1)\phi_2(x_2) < 0. \tag{7.3}$$

由于 $\phi_1(x)$ 与 $\phi_2(x)$ 是线性无关的, 所以它们的 Wronsky 行列式 $W(x) \neq 0, x \in J$. 由此可知

$$W(x_1)W(x_2) > 0,$$

而

$$W(x_1) = \phi_1(x_1)\phi_2'(x_1) - \phi_1'(x_1)\phi_2(x_1) = -\phi_1'(x_1)\phi_2(x_1),$$
$$W(x_2) = -\phi_1'(x_2)\phi_2(x_2),$$

于是

$$W(x_1)W(x_2) = \phi_1'(x_1)\phi_1'(x_2)\phi_2(x_1)\phi_2(x_2),$$

从而由 (7.2) 式可得到 (7.3) 式. 由连续函数的性质可知, 存在 $\bar{x} \in (x_1, x_2)$, 使得 $\phi_2(\bar{x}) = 0$. 由同样的推理可知, 在 $\phi_2(x)$ 的两个相邻零

点之间一定存在 $\phi_1(x)$ 的一个零点, 即 $\phi_1(x)$ 和 $\phi_2(x)$ 的零点是相互交错的.

反之, 如果 $\phi_1(x)$ 和 $\phi_2(x)$ 的零点是相互交错的, 则它们没有相同的零点. 由 (1) 可知, 它们是线性无关的. □

下面的定理是本节的主要结论.

定理 7.1 (Sturm 比较定理) 设有两个齐次线性微分方程

$$y'' + p(x)y' + Q(x)y = 0 \tag{7.4}$$

和

$$y'' + p(x)y' + R(x)y = 0, \tag{7.5}$$

其中函数 $p(x), Q(x), R(x)$ 在区间 J 上均是连续的, 并且

$$R(x) \geqslant Q(x), \quad x \in J \tag{7.6}$$

成立, 又设 $y = \phi(x)$ 是方程 (7.4) 的非零解, 并且 $x_1, x_2 \, (x_1 < x_2)$ 是它的两个相邻零点, 则方程 (7.5) 的任何非零解 $y = \psi(x)$ 至少有一个零点 $x_0 \in [x_1, x_2]$.

证明 由于 x_1 和 x_2 是 $\phi(x)$ 的相邻零点, 不妨设 $\phi(x) > 0$, $x \in (x_1, x_2)$. 由引理 7.2 的证明可知

$$\phi'(x_1) > 0, \quad \phi'(x_2) < 0. \tag{7.7}$$

假设定理的结论不成立, 即 $\psi(x)$ 在区间 $[x_1, x_2]$ 上无零点, 不妨设

$$\psi(x) > 0, \quad x \in [x_1, x_2]. \tag{7.8}$$

注意到

$$\phi''(x) + p(x)\phi'(x) + Q(x)\phi(x) = 0$$

和

$$\psi''(x) + p(x)\psi'(x) + R(x)\psi(x) = 0,$$

将第一个方程乘以 $\psi(x)$, 第二个方程乘以 $\phi(x)$, 然后相减, 得到

$$(\psi(x)\phi'(x) - \phi(x)\psi'(x))' + p(x)(\psi(x)\phi'(x) - \phi(x)\psi'(x))$$
$$= (R(x) - Q(x))\phi(x)\psi(x).$$

令 $v(x) = \psi(x)\phi'(x) - \phi(x)\psi'(x)$, 并注意到假设条件, 则对于 $x \in [x_1, x_2]$, 有

$$v'(x) + p(x)v(x) \geqslant 0.$$

这个不等式两端乘以 $\mathrm{e}^{\int_{x_1}^{x} p(t)\mathrm{d}t}$, 得到

$$\frac{\mathrm{d}}{\mathrm{d}x}\left(\mathrm{e}^{\int_{x_1}^{x} p(t)\mathrm{d}t} v(x)\right) \geqslant 0, \quad x \in [x_1, x_2].$$

由此可知函数 $\mathrm{e}^{\int_{x_1}^{x} p(t)\mathrm{d}t} v(x)$ 是单调递增的, 于是

$$\mathrm{e}^{\int_{x_1}^{x_2} p(t)\mathrm{d}t} v(x_2) \geqslant \mathrm{e}^{\int_{x_1}^{x_1} p(t)\mathrm{d}t} v(x_1) = v(x_1).$$

然而

$$\mathrm{e}^{\int_{x_1}^{x_2} p(t)\mathrm{d}t} v(x_2) = \mathrm{e}^{\int_{x_1}^{x_2} p(t)\mathrm{d}t} \psi(x_2)\phi'(x_2) < 0,$$

$$v(x_1) = \psi(x_1)\phi'(x_1) > 0,$$

引出矛盾. 这就表明, $\psi(x)$ 在 $[x_1, x_2]$ 上至少有一个零点. $\square$

注 7.1　在定理 7.1 中, 如果 $R(x) > Q(x)$, 则结论可以加强为 "存在 $x_0 \in (x_1, x_2)$, 使得 $\psi(x_0) = 0$".

定义 7.1　设 $y = \phi(x)$ 是方程 (7.1) 的一个非零解. 如果 $\phi(x)$ 在区间 J 上最多有一个零点, 则称它是**非振动**的; 否则, 称它为是**振动**的. 如果 $\phi(x)$ 在 J 上有无穷多个零点, 则称它在 J 上是**无限振动**的.

利用上面的 Sturm 比较定理, 可以得到下面的结论.

推论 7.1　设方程 (7.1) 中的系数函数满足

$$q(x) \leqslant 0, \quad x \in J,$$

则该方程的一切非零解均是非振动的.

证明   将方程 (7.1) 与方程

$$y'' + p(x)y' = 0$$

进行比较. 显然, 后面这个方程有一个解 $y \equiv 1$. 再由 Sturm 比较定理可知, 方程 (7.1) 的任意非零解在 J 上至多有一个零点, 否则, 可以推出 $y \equiv 1$ 在方程 (7.1) 的任意非零解的两个零点之间一定有一个零点.   □

推论 7.2   考虑微分方程

$$y'' + Q(x)y = 0, \tag{7.9}$$

其中函数 $Q(x)$ 在区间 $[a, +\infty)$ 上连续, 且存在常数 $m > 0$, 使得

$$Q(x) \geqslant m.$$

方程 (7.9) 的任意非零解 $y = \phi(x)$ 在区间 $[a, +\infty)$ 上是无限振动的, 并且它的任意两个相邻零点的距离不超过 $\dfrac{\pi}{\sqrt{m}}$.

证明   先来证明方程 (7.9) 的任意非零解 $y = \phi(x)$ 的无限振动性. 为此, 只要证明任何长度为 $\dfrac{\pi}{\sqrt{m}}$ 的区间上均有 $\phi(x)$ 的零点即可. 取任意的常数 $b \geqslant a$, 考虑区间 $I = \left[b, b + \dfrac{\pi}{\sqrt{m}} \right]$. 将方程 (7.9) 与微分方程

$$y'' + my = 0$$

进行比较. 后面这个方程有非零解

$$y = \sin(\sqrt{m}(x - b)).$$

这个解以区间 I 的两个端点为零点. 根据 Sturm 比较定理可知, 方程 (7.9) 的任意非零解 $y = \phi(x)$ 在区间 I 中至少有一个零点. 于是, $\phi(x)$ 在 $\left[b, b + \dfrac{\pi}{\sqrt{m}} \right]$, $\left[b + \dfrac{2\pi}{\sqrt{m}}, b + \dfrac{3\pi}{\sqrt{m}} \right]$, $\cdots$ 中的每个区间上均至

少有一个零点, 即方程 (7.9) 的任意非零解均是无限振动的.

再来证明方程 (7.9) 的任意非零解 $y = \phi(x)$ 的相邻零点的距离不超过 $\dfrac{\pi}{\sqrt{m}}$. 假设 $\phi(x)$ 有两个相邻零点 x_1, x_2, 且 $x_2 - x_1 > \dfrac{\pi}{\sqrt{m}}$. 可以选择 $\tilde{x}_1, \tilde{x}_2$, 使得

$$x_1 < \tilde{x}_1 < \tilde{x}_2 < x_2, \quad \tilde{x}_2 - \tilde{x}_1 = \frac{\pi}{\sqrt{m}}.$$

微分方程 $y'' + my = 0$ 有非零解

$$\tilde{\phi}(x) = \sin(\sqrt{m}(x - \tilde{x}_1)).$$

这个解的两个相邻零点为 $\tilde{x}_1, \tilde{x}_2$. 但是, $y = \phi(x)$ 在 $[\tilde{x}_1, \tilde{x}_2]$ 中无零点. 这与 Sturm 比较定理矛盾. $\square$

注 7.2 在推论 7.2 中, 条件 $Q(x) \geqslant m > 0$ 不能减弱成 $Q(x) > 0$. 例如, 微分方程

$$y'' + \frac{1}{4x^2}y = 0, \quad x \in [1, +\infty)$$

的非零解为

$$y = \sqrt{x}(c_1 + c_2 \ln x),$$

其中 c_1, c_2 为任意非零常数. 显然, 对于任意给定的非零常数 c_1, c_2, 相应非零解在 $[1, +\infty)$ 上至多有一个零点.

例 7.1 设有微分方程

$$\frac{\mathrm{d}^2 x}{\mathrm{d}t^2} + P(t)x = 0,$$

其中 $P(t)$ 是连续函数, 并且

$$n^2 < P(t) < (n+1)^2,$$

这里 n 是非负整数. 证明: 上述方程的非零解都不是以 2π 为周期的.

证明 假设 $x = \phi(t)$ 是该方程的一个非零解, 且它是以 2π 为周期的, 则

$$\phi(t + 2\pi) \equiv \phi(t), \quad t \in \mathbb{R}.$$

将其代入该方程可知

$$P(t + 2\pi)\phi(t) \equiv P(t)\phi(t),$$

于是 $P(t + 2\pi) = P(t)$ 对于一切的 $t \in \{t \in \mathbb{R} | \phi(t) \neq 0\}$ 成立. 注意到 $\phi(t) \not\equiv 0$, 所以 $\phi(x)$ 的零点是孤立的, 于是对于 $\phi(x)$ 的任意零点 t_0, 存在 $\{t_n\}$, 使得 $t_n \to t_0 \ (n \to \infty)$, 但是 $\phi(t_n) \neq 0 \ (n = 1, 2, \cdots)$. 因此

$$P(t_n + 2\pi) = P(t_n), \quad n = 1, 2, \cdots.$$

再由 $P(t)$ 的连续性可知 $P(t_0 + 2\pi) = P(t_0)$. 由此得到 $P(t)$ 是以 2π 为周期的函数.

由不等式 $n^2 < P(t) < (n+1)^2$ 可知, 存在常数 $\delta \left(0 < \delta < \dfrac{1}{2}\right)$, 使得

$$0 < (n + \delta)^2 \leqslant P(t) \leqslant (n + 1 - \delta)^2, \quad t \in \mathbb{R}.$$

再由推论 7.2 可知, 该方程的每个非零解在 $\mathbb{R}$ 上是无限振动的, 并且两个相邻零点的距离介于 $\dfrac{\pi}{n + 1 - \delta}$ 和 $\dfrac{\pi}{n + \delta}$ 之间 (见推论 7.2 和习题 7.1 的第 2 题).

由于 $\phi(t) \not\equiv 0$, 如果 t_1 和 t_2 是 $\phi(t)$ 的两个相邻零点, 则

$$\phi'(t_1)\phi'(t_2) < 0.$$

设 t_0 是 $\phi(t)$ 的一个零点, 则 $t_0 + 2\pi$ 也是它的一个零点, 且

$$\phi'(t_0)\phi'(t_0 + 2\pi) = (\phi'(t_0))^2 > 0.$$

于是, $\phi(t)$ 在 $[t_0, t_0 + 2\pi]$ 中的零点可以记为

$$t_0 < t_1 < t_2 < \cdots < t_{2m-1} < t_{2m} = t_0 + 2\pi,$$

并且

$$\frac{\pi}{n+1-\delta} \leqslant t_{j+1} - t_j \leqslant \frac{\pi}{n+\delta}, \quad j = 0, 1, 2, \cdots, 2m-1.$$

将这些不等式相加, 立即得到

$$\frac{2m\pi}{n+1-\delta} \leqslant t_{2m} - t_0 = 2\pi \leqslant \frac{2m\pi}{n+\delta},$$

即

$$n + \delta \leqslant m \leqslant n + 1 - \delta.$$

这是不可能的. $\square$

习　题　7.1

1. 证明注 7.1 的结论: 在定理 7.1中, 如果 $R(x) > Q(x)$, 则结论可以加强为 "存在 $\bar{x} \in (x_1, x_2)$, 使得 $\psi(\bar{x}) = 0$".

2. 考虑微分方程

$$y'' + Q(x)y = 0.$$

假设函数 $Q(x)$ 在 $\mathbb{R}$ 上连续, 且存在正数 m, M, 使得

$$m < Q(x) < M.$$

证明: 该方程的任意非零解 $y = \phi(x)$ 都是无限振动的; 如果 x_1, x_2 $(x_1 < x_2)$ 是 $\phi(x)$ 的两个相邻零点, 则

$$\frac{\pi}{\sqrt{M}} < x_2 - x_1 < \frac{\pi}{\sqrt{m}}.$$

3. 假设 $y(x)$ 和 $z(x)$ 分别是方程 $y'' + q(x)y = 0$ 和 $z'' + Q(x)z = 0$ 的满足初始条件

$$y(x_0) = z(x_0), \quad y'(x_0) = z'(x_0)$$

的解, 并假定在区间 (x_0, x_1) 上, $Q(x) > q(x)$, $y(x) > 0$, $z(x) > 0$. 证

明: 函数 $\dfrac{z(x)}{y(x)}$ 在此区间上是单调递减的.

4. 设 $y = \phi(x)$ 是微分方程 $y'' + q(x)y = 0$ 的非零解, 其中连续函数 $q(x) > 0$, 又假定 $x_1, x_2, \cdots, x_n, \cdots$ 是 $\phi(x)$ 的依次增大的零点. 证明: 如果函数 $q(x)$ 是严格单调递增的, 则 $x_{n+1} - x_n < x_n - x_{n-1}$.

5. 假设上一题的所有假设均成立, 记

$$b_n = \max_{x \in [x_n, x_{n+1}]} |\phi(x)|, \quad n = 1, 2, \cdots.$$

证明:

$$b_1 > b_2 > b_3 > \cdots.$$

6. 在第 4 题的假设之下, 进一步假设 $\lim\limits_{x \to +\infty} q(x) = C > 0$. 证明:

$$\lim_{n \to \infty} b_n > 0.$$

7. 假设函数 $q(x) \leqslant 0$ 是连续的. 证明: 微分方程

$$y'' + q(x)y = 0$$

满足

$$y(0) = a, \quad y(1) = b$$

的解存在且唯一; 进一步, 如果 $a \neq 0, b = 0$, 则这个解在区间 $[0, 1]$ 上是严格单调的.

8. 设 $f(x, y, u)$ 是连续可微函数, $0 \leqslant x \leqslant 1$, 又假设 $y = \phi(x)$ 是微分方程

$$y'' = f(x, y, y')$$

在区间 $[0, 1]$ 上的解, 且 $\phi(0) = a, \phi(1) = b$, $\dfrac{\partial f(x, y, u)}{\partial y} > 0$ 对于一切的 $x \in [0, 1]$ 和 (y, u) 均成立. 证明: 如果 β 充分接近 b, 则该方程存在解 $y = \psi(x)$, 使得 $\psi(0) = a, \psi(1) = \beta$.

§7.2　Sturm-Liouville 边值问题

本节讨论二阶齐次线性微分方程

$$(p(x)y')' + (\lambda r(x) + q(x))y = 0 \tag{7.10}$$

满足条件

$$Ky(a) + Ly'(a) = 0, \quad My(b) + Ny'(b) = 0 \tag{7.11}$$

的非零解的存在性, 其中 λ 是一个参数, 函数 $q(x), r(x)$ 在区间 $[a, b]$ 上连续, 函数 $p(x)$ 在区间 $[a, b]$ 上连续可微, $p(x), r(x) > 0$, 常数 K, L, M, N 满足

$$K^2 + L^2 > 0, \quad M^2 + N^2 > 0.$$

注意到, (7.11) 式是解在区间 $[a, b]$ 的端点处的取值条件, 我们称这样的条件为**边值条件**. 通常将求微分方程满足边值条件的解的问题称为**边值问题**. 特别地, 称边值问题 (7.10), (7.11) 为齐次线性微方程的 **Sturm-Liouville 边值问题**. 另外, 还有相应的非齐次线性微分方程的 Sturm-Liouville 边值问题, 参见习题 7.2 的第 3 题.

定义 7.2　如果对于 $\lambda = \lambda_0$, Sturm-Liouville 边值问题 (7.10), (7.11) 有非零解 $y = \phi_0(x)$, 则称 λ_0 是这个边值问题的**特征值**, 而称解 $y = \phi_0(x)$ 为对应于特征值 λ_0 的**特征函数**.

例 7.2　求 Sturm-Liouville 边值问题

$$\begin{cases} y'' + \lambda y = 0, \\ y'(0) = 0, \ y'(l) = 0 \end{cases}$$

的特征值和特征函数.

解　由关于高阶常系数线性方程解的结论可知, 该边值问题中微分方程的解的形式依赖于 λ 的符号, 因此分别对 $\lambda < 0, \lambda = 0, \lambda > 0$ 三种情况进行讨论.

当 $\lambda = -a^2 < 0$ 时, 上述方程的通解为

$$y = c_1 e^{ax} + c_2 e^{-ax},$$

其中 c_1, c_2 为任意常数. 利用边值条件, 可知

$$ac_1 - ac_2 = 0, \quad ac_1 e^{al} - ac_2 e^{-al} = 0.$$

由此得到 $c_1 = c_2 = 0$, 即该边值问题没有非零解.

当 $\lambda = 0$ 时, 上述方程的通解为

$$y = c_1 + c_2 x,$$

其中 c_1, c_2 为任意常数. 由边值条件可知 $c_2 = 0$. 于是, 该边值问题有一个非零解 $\phi_0(x) \equiv 1$.

当 $l = a^2 > 0$ 时, 上述方程的通解为

$$y = c_1 \cos ax + c_2 \sin ax,$$

其中 c_1, c_2 为任意常数. 利用边值条件, 可以得到

$$ac_2 = 0, \quad -ac_1 \sin al + ac_2 \cos al = 0.$$

如果要求 y 不恒为零, 则

$$\sin al = 0.$$

于是 $a = \dfrac{n}{l}\pi$, $n = 1, 2, \cdots$. 由此得到特征值

$$\lambda_n = \left(\frac{n}{l}\pi\right)^2, \quad n = 1, 2, \cdots,$$

相应的特征函数是

$$\phi_n(x) = \cos \frac{n}{l}\pi x, \quad n = 1, 2, \cdots. \tag{7.12}$$

当 $n \to \infty$ 时, 上述特征值 $\lambda_n \to +\infty$. 而且, 由 Fourier 级数理论可知, 特征函数系 $\{\phi_n(x)\}_{n=0}^{\infty}$ 在区间 $[0, l]$ 上组成一个完全的正交函数系; 任意在 $[0, l]$ 上满足 Dirichlet 条件[①] 的函数 $f(x)$ 可以展开成 Fourier 级数:

$$f(x) = \sum_{n=0}^{\infty} a_n \cos \frac{n}{l}\pi x,$$

其中 Fourier 系数为

$$a_0 = \frac{1}{l} \int_0^l f(x)\mathrm{d}x,$$

$$a_n = \frac{2}{l} \int_0^l f(x) \cos \frac{n}{l}\pi x \mathrm{d}x, \quad n = 1, 2, \cdots.$$

本节的目的是将例 7.2 中谈到的事实推广到一般的 Sturm-Liouville 边值问题 (7.10), (7.11) 上.

现在回到 Sturm-Liouville 边值问题 (7.10), (7.11). 首先来做一些变换, 将 Sturm-Liouville 边值问题 (7.10), (7.11) 化成方便讨论的形式. 令

$$t = \frac{1}{c_0} \int_a^x \frac{1}{p(s)}\mathrm{d}s, \quad c_0 = \int_a^b \frac{1}{p(s)}\mathrm{d}s > 0,$$

则 $t(a) = 0$, $t(b) = 1$, 并且

$$\frac{\mathrm{d}t}{\mathrm{d}x} = \frac{1}{c_0 p(x)} > 0.$$

于是, 方程 (7.10) 转化成

$$\frac{\mathrm{d}^2 y}{\mathrm{d}t^2} + (\lambda c_0^2 p(x(t)) r(x(t)) + c_0^2 p(x(t)) q(x(t))) y = 0,$$

而边值条件 (7.11) 转化成

$$K y(0) + \frac{L}{c_0 p(a)} y'(0) = 0, \quad M y(1) + \frac{N}{c_0 p(b)} y'(1) = 0,$$

[①] 称函数 $f(x)$ 在区间 $[0, l]$ 上满足 **Dirichlet 条件**, 如果它是分段单调的, 且具有有限个不连续点.

这里将 y 看成 t 的函数. 再令

$$\tilde{r}(t) = c_0^2 p(x(t)) r(x(t)), \quad \tilde{q}(t) = c_0^2 p(x(t)) q(x(t)),$$

以及

$$\cos\alpha = \pm\frac{K}{\sqrt{K^2 + \left(\dfrac{L}{c_0 p(a)}\right)^2}}, \quad \sin\alpha = \mp\frac{\dfrac{L}{c_0 p(a)}}{\sqrt{K^2 + \left(\dfrac{L}{c_0 p(a)}\right)^2}},$$

$$\cos\beta = \pm\frac{M}{\sqrt{M^2 + \left(\dfrac{N}{c_0 p(b)}\right)^2}}, \quad \sin\beta = \mp\frac{\dfrac{N}{c_0 p(b)}}{\sqrt{M^2 + \left(\dfrac{N}{c_0 p(b)}\right)^2}},$$

其中 $0 \leqslant \alpha < \pi, 0 < \beta \leqslant \pi$.

　　经过这样的转化, 我们可以将 Sturm-Liouvlle 边值问题 (7.10), (7.11) 改写成如下形式:

$$\begin{cases} \dfrac{\mathrm{d}^2 y}{\mathrm{d}x^2} + (\lambda r(x) + q(x))y = 0, & (7.13) \\[2mm] y(0)\cos\alpha - y'(0)\sin\alpha = 0, \\ y(1)\cos\beta - y'(1)\sin\beta = 0, & (7.14) \end{cases}$$

其中函数 $r(x), q(x)$ 在区间 $[0,1]$ 上连续, $r(x) > 0$, 常数 α, β 满足

$$0 \leqslant \alpha < \pi, \quad 0 < \beta \leqslant \pi.$$

　　下面的定理是本节的主要结果.

　　定理 7.2　Sturm-Liouville 边值问题 (7.13), (7.14) 有无穷多个特征值:

$$\lambda_0 < \lambda_1 < \cdots < \lambda_n < \cdots, \quad \lim_{n \to +\infty} \lambda_n = +\infty;$$

并且对应于特征值 λ_n $(n = 0, 1, \cdots)$ 的特征函数 $\phi(x, \lambda_n)$ 在 $(0,1)$ 中恰好有 n 个零点.

注 7.3 对应于 λ_0 的特征函数 $\phi_0(x) = \phi(x, \lambda_0)$ 在 $(0, 1)$ 中无零点.

为了证明定理 7.2, 先做一些讨论, 并证明几个引理. 记 $y = \phi(x, \lambda)$ 是方程 (7.13) 满足初始条件

$$\phi(0, \lambda) = \sin\alpha, \quad \phi'(0, \lambda) = \cos\alpha \tag{7.15}$$

的解, 则 $\phi(x, \lambda) \not\equiv 0$, 且它满足边值条件 (7.14) 的第一个等式. 接下来证明, 对于某些 λ, 它也满足边值条件 (7.14) 的第二个等式. 这样就得到了 Sturm-Liouville 边值问题 (7.13), (7.14) 的非零解.

为此, 引入变量 $\rho(x, \lambda) > 0$ 和 $\theta(x, \lambda)(\mathrm{mod}\ 2\pi)$:

$$\phi(x, \lambda) = \rho(x, \lambda)\sin\theta(x, \lambda), \quad \phi'(x, \lambda) = \rho(x, \lambda)\cos\theta(x, \lambda).$$

由于 $y = \phi(x, \lambda)$ 是方程 (7.13) 满足初始条件 (7.15) 的解, 因此由方程 (7.13) 可知

$$\theta'(x, \lambda) = \cos^2\theta(x, \lambda) + (\lambda r(x) + q(x))\sin^2\theta(x, \lambda) \tag{7.16}$$

(这里将 $\theta(x, \lambda)$ 看作关于 x 的一元函数) 以及初始条件 $\theta(0, \lambda) = \alpha + 2j\pi$. 为了确定起见, 取 $j = 0$, 即 $\theta(x, \lambda)$ 满足初始条件

$$\theta(0, \lambda) = \alpha. \tag{7.17}$$

由此可知函数 $\theta = \theta(x, \lambda)$ 是初值问题 (7.16), (7.17) 的唯一解. 由解的延伸定理和解对参数的连续可微性 (定理 4.6) 可知, 这个解在 $0 \leqslant x \leqslant 1$ 上存在, 并且关于 λ 是连续可微的.

引理 7.3 对于任意固定的 $x \in (0, 1]$, 函数 $\theta(x, \lambda)$ 关于 λ 在 $-\infty < \lambda < +\infty$ 上是连续的, 且严格单调递增.

证明 由 (7.16) 式和 (7.17) 式可知

$$\frac{\mathrm{d}}{\mathrm{d}x}\frac{\partial\theta}{\partial\lambda} = (\lambda r(x) + q(x) - 1)\sin(2\theta(x, \lambda))\frac{\partial\theta}{\partial\lambda} + r(x)\sin^2\theta(x, \lambda) \tag{7.18}$$

及

$$\frac{\partial \theta}{\partial \lambda}(0, \lambda) = 0. \tag{7.19}$$

由此得到

$$\frac{\partial \theta}{\partial \lambda} = \int_0^x e^{\int_t^x E(s,\lambda)ds} r(t) \sin^2 \theta(t, \lambda) dt,$$

其中

$$E(s, \lambda) = (\lambda r(s) + q(s) - 1) \sin(2\theta(s, \lambda)).$$

由假设可知 $r(x) > 0$, 且 $\sin^2 \theta(x, \lambda) \not\equiv 0$, 于是

$$\frac{\partial \theta}{\partial \lambda} > 0.$$

引理证毕.　□

令 $\omega(\lambda) = \theta(1, \lambda)$, 则 $\omega(\lambda)$ 关于 λ 是单调递增的.

引理 7.4　对于任意固定的 $x_0 \in (0, 1]$, 有 $\theta(x_0, \lambda) > 0$, 且

$$\lim_{\lambda \to -\infty} \theta(x_0, \lambda) = 0.$$

特别地, 有 $\omega(\lambda) > 0$, 且当 $\lambda \to -\infty$ 时, $\omega(\lambda) \to 0$.

证明　首先, 证明存在 $x_1 \leqslant 1$, 使得

$$\theta(x, \lambda) > 0, \quad x \in (0, x_1]. \tag{7.20}$$

事实上, 如果 $\alpha > 0$, 则此结论由 $\theta(0, \lambda) = \alpha > 0$ 和 $\theta(x, \lambda)$ 关于 x 的连续性直接得到. 如果 $\alpha = 0$, 由方程 (7.16) 可知

$$\theta'(0, \lambda) = \cos^2 \theta(0, \lambda) + (\lambda r(0) + q(0)) \sin^2 \theta(0, \lambda) = 1 > 0.$$

因此, 存在 $x_1 \leqslant 1$, 使得不等式 (7.20) 成立.

其次, 证明不等式 (7.20) 在 $x \in (0, 1]$ 时成立.

如果不成立, 则存在 $\bar{x} \in (x_1, 1]$, 使得

$$\theta(\bar{x}, \lambda) = 0.$$

取 $\bar{x}$ 为满足上式的最小值, 于是 $\theta(x, \lambda) > 0$, $x \in (0, \bar{x})$. 由导数的定义可知

$$\theta'(\bar{x}, \lambda) = \lim_{x \to \bar{x} - 0} \frac{\theta(x, \lambda) - \theta(\bar{x}, \lambda)}{x - \bar{x}} \leqslant 0.$$

然而, 由方程 (7.16) 可知

$$\theta'(\bar{x}, \lambda) = \cos^2 \theta(\bar{x}, \lambda) + (\lambda r(\bar{x}) + q(\bar{x})) \sin^2 \theta(\bar{x}, \lambda) = 1 > 0.$$

这个矛盾表明, 不等式 (7.20) 在 $x \in (0, 1]$ 时成立. 特别地, 有

$$\omega(\lambda) = \theta(1, \lambda) > 0.$$

最后, 证明对于任意固定的 $x_0 \in (0, 1]$, 有

$$\lim_{\lambda \to -\infty} \theta(x_0, \lambda) = 0.$$

对于充分小的常数 $\varepsilon > 0 \left(\varepsilon < \dfrac{\pi}{4} \text{ 和 } \varepsilon < \pi - \alpha \right)$, 令

$$h^2 = \left(1 + \frac{\pi - 2\varepsilon}{x_0} \right) \frac{1}{\sin^2 \varepsilon},$$
$$M = \max\{q(x) | 0 \leqslant x \leqslant 1\},$$
$$m = \min\{r(x) | 0 \leqslant x \leqslant 1\} > 0,$$

则当 $\lambda < -\dfrac{h^2 + M}{m}$ 时, 有

$$\lambda r(x) + q(x) < -h^2.$$

在 (x, θ)-平面上取两个点 $A(0, \pi - \varepsilon)$ 和 $B(x_0, \varepsilon)$. 由初始条件 (7.17) 及 $\alpha < \pi - \varepsilon$, 可以找到正数 $\bar{x}_0 \leqslant 1$, 使得当 $0 \leqslant x \leqslant \bar{x}_0$ 时, 方程 (7.16) 的过点 $(0, \alpha)$ 的积分曲线 $\theta = \theta(x, \lambda)$ 在直线 AB 的下方.

现在来证明这条积分曲线当 $0 \leqslant x \leqslant x_0$ 时始终在直线 AB 的下方, 从而可知 $\theta(x_0, \lambda) < \varepsilon$. 否则, 可设这条积分曲线与直线 AB

第一次交于点 $x = \bar{x}_1$. 于是, 这条积分曲线在 $x = \bar{x}_1$ 处的切线斜率 $\theta'(\bar{x}_1, \lambda)$ 大于或等于直线 AB 的斜率 $k = \dfrac{2\varepsilon - \pi}{x_0}$. 然而, 由方程 (7.16) 和 λ 的选取可知

$$\theta'(\bar{x}_1, \lambda) < 1 - h^2 \sin^2 \varepsilon = \frac{2\varepsilon - \pi}{x_0}.$$

这个矛盾表明, 积分曲线 $\theta = \theta(x, \lambda)$ 当 $0 \leqslant x \leqslant x_0$ 时始终在直线 AB 的下方 (图 7.1).

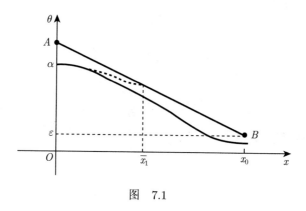

图　7.1

注意到 $\lambda \to -\infty$ 时 $h^2 \to +\infty$, 这样就证明了

$$\lim_{\lambda \to -\infty} \theta(x_0, \lambda) = 0.$$

引理的证明完成.　□

引理 7.5　对于任意固定的 $x_0 \in (0, 1]$, 当 $\lambda \to +\infty$ 时, 有 $\theta(x_0, \lambda) \to +\infty$. 特别地, 有 $\lim\limits_{\lambda \to +\infty} \omega(\lambda) \to +\infty$.

证明　由引理 7.3 可知 $\theta(x_0, \lambda)$ 关于 λ 是严格单调递增的. 假设结论不正确, 则存在正整数 K, 使得

$$0 < \theta(x_0, \lambda) \leqslant 2K\pi.$$

注意到当 $x \in [0, x_0]$ 时, $r(x) \geqslant m > 0$, 因此对于任意的正整数 N, 存在 $\Lambda > 0$, 当 $\lambda > \Lambda$ 时, 有

$$\lambda r(x) + q(x) > N^2, \quad x \in [0, x_0].$$

由方程 (7.16) 可知

$$\frac{\mathrm{d}\theta}{\cos^2\theta + N^2\sin^2\theta} \geqslant \mathrm{d}x.$$

上式两端积分, 得到

$$\int_0^{2K\pi} \frac{\mathrm{d}\theta}{\cos^2\theta + N^2\sin^2\theta} \geqslant \int_\alpha^{\theta(x_0,\lambda)} \frac{\mathrm{d}\theta}{\cos^2\theta + N^2\sin^2\theta} \geqslant \int_0^{x_0} \mathrm{d}x = x_0,$$

而左端的积分为

$$\int_0^{2K\pi} \frac{\mathrm{d}\theta}{\cos^2\theta + N^2\sin^2\theta} = 4K\int_0^{\frac{\pi}{2}} \frac{\mathrm{d}\theta}{\cos^2\theta + N^2\sin^2\theta} = \frac{2K\pi}{N},$$

因此

$$\frac{2K\pi}{N} \geqslant x_0.$$

上式不可能对于任意的 N 成立. 引理证毕. $\quad\square$

定理 7.2 的证明   由上面几个引理可知, 对于任意的非负整数 k, 方程

$$\theta(1, \lambda) = \omega(\lambda) = \beta + k\pi$$

有且仅有一个根 λ_k, 且这个根是单根. 由此可知 Sturm-Liouville 边值问题 (7.13), (7.14) 对于每个 λ_k 有一个非零解 $\phi(x, \lambda_k)$. 接下来只要说明 $\phi(x, \lambda_k)$ 在 $(0, 1)$ 上恰有 k 个零点即可.

注意到

$$\theta(0, \lambda_k) = \alpha < \pi, \quad \theta(1, \lambda_k) = \beta + k\pi > k\pi,$$

利用连续函数的介值定理可知, 对于 $1 \leqslant j \leqslant k$, 存在 $x_j \in (0, 1)$, 使得

$$\theta(x_j, \lambda_k) = j\pi.$$

再由

$$\phi(x, \lambda) = \rho(x, \lambda) \sin \theta(x, \lambda),$$

可以得到

$$\phi(x_j, \lambda_k) = 0.$$

由方程 (7.16) 可知, 当 $x = x_j$ 时,

$$\theta'(x_j, \lambda_k) = 1 > 0,$$

于是 $x_j \ (j = 1, 2, \cdots, k)$ 均为 $\phi(x, \lambda_k)$ 的简单零点.

当 $k = 0$ 时, 可以证明 $\theta(x, \lambda_0) \neq j\pi$, $x \in [0, 1]$. 事实上, 如果存在 $j \geqslant 1$, 使得 $\theta(x_i, \lambda_0) = j\pi$, 那么令 $\bar{x}_j = \max\{x_i | \theta(x_i, \lambda_0) = j\pi\}$. 由于 $\theta(1, \lambda_0) = \beta < \pi$, 因此有 $0 < \bar{x}_j < 1$, 且

$$\theta(\bar{x}_j, \lambda_0) = j\pi, \quad \theta(x, \lambda_0) < j\pi, \quad x \in (\bar{x}_j, 1).$$

由此可知

$$\theta'(\bar{x}_j, \lambda_0) \leqslant 0.$$

但是, 由方程 (7.16) 可知

$$\theta'(\bar{x}_j, \lambda_0) = \cos^2 \theta(\bar{x}_j, \lambda_0) + (\lambda_0 r(\bar{x}_j) + q(\bar{x}_j)) \sin^2 \theta(\bar{x}_j, \lambda_0) = 1,$$

矛盾. 因此 $\theta(x, \lambda_0) \neq j\pi$, $x \in [0, 1]$. 这个结论说明, 特征函数 $\phi_0(x)$ 在 $[0, 1]$ 上无零点. 定理的证明完成. $\quad\square$

习　题　7.2

1. 求解边值问题:

(1) $\begin{cases} y'' + \lambda y = 0, \\ y'(0) = 0, y(1) = 0; \end{cases}$
(2) $\begin{cases} y'' + \lambda y = 0, \\ y(0) = 0, y'(1) = 0. \end{cases}$

2. 证明: 边值问题

$$\begin{cases} x^2y'' - \lambda xy' + \lambda y = 0, \\ y(1) = 0, y(2) = 0 \end{cases}$$

没有非零解, 其中 λ 为实参数.

3. 对于怎样的 λ, 边值问题

$$\begin{cases} y'' + \lambda y = 1, \\ y(0) = 0, y(1) = 0 \end{cases}$$

无解?

4. 讨论非齐次线性微分方程的 Sturm-Liouville 边值问题

$$\begin{cases} y'' + (\lambda r(x) + q(x))y = f(x), \\ y(0)\cos\alpha - y'(0)\sin\alpha = 0, y(1)\cos\beta - y'(1)\sin\beta = 0, \end{cases}$$

其中 $r(x), q(x)$ 均为连续函数, $r(x) > 0$. 证明: 当 λ 不是对应的齐次线性微分方程的 Sturm-Liuville 边值问题的特征值时, 它有且仅有一个解; 当 $\lambda = \lambda_m$ 是特征值时, 它有解的充要条件是

$$\int_0^1 f(x)\phi_m(s)\mathrm{d}s = 0,$$

其中 $\phi_m(x)$ 是对应于特征值 λ_m 的特征函数.

§7.3 特征函数系的正交性

由定理 7.2 可知, Sturm-Liouville 边值问题 (7.13), (7.14) 有可数多个特征值

$$\lambda_0 < \lambda_1 < \lambda_2 < \cdots < \lambda_n < \cdots \to +\infty,$$

并且对于特征值 λ_n $(n = 0, 1, 2, \cdots)$, 存在特征函数 $\phi(x, \lambda_n)$, 使得它在 $(0,1)$ 中恰有 n 个零点. 此外, 对于任意非零常数 $c, c\phi(x, \lambda_n)$ 也是特征函数.

引理 7.6 对应于特征值 $\lambda_n(n = 0, 1, 2, \cdots)$, Sturm-Liouville 边值问题 (7.13), (7.14) 有且只有一个线性无关的特征函数.

证明 设 $y = \phi(x, \lambda_n)$ 和 $y = \psi(x, \lambda_n)$ 是 Sturm-Liouville 边值问题 (7.13), (7.14) 的对应于特征值 λ_n $(n = 0, 1, 2, \cdots)$ 的两个非零解, 亦即它们都是方程 (7.13) 当 $\lambda = \lambda_n$ 时的解, 且分别满足边值条件

$$\phi(0, \lambda_n)\cos\alpha - \phi'(0, \lambda_n)\sin\alpha = 0,$$
$$\psi(0, \lambda_n)\cos\alpha - \psi'(0, \lambda_n)\sin\alpha = 0.$$

这是关于 $\sin\alpha, \cos\alpha$ 的一个线性方程组. 由于 $\sin\alpha, \cos\alpha$ 不同时为零, 因此上面这个线性方程组的系数行列式为零, 即

$$\phi(0, \lambda_n)\psi'(0, \lambda_n) - \phi'(0, \lambda_n)\psi(0, \lambda_n) = 0.$$

上式左端是 $\phi(x, \lambda_n), \psi(x, \lambda_n)$ 的 Wronsky 行列式在 $x = 0$ 处的值. 再由推论 5.1 可知, $\phi(x, \lambda_n)$ 与 $\psi(x, \lambda_n)$ 线性相关. 引理证毕.   □

由引理 7.6 可知, 除了相差一个常数因子外, Sturm-Liouville 边值问题 (7.13), (7.14) 的全部特征函数为

$$\phi(x, \lambda_0), \ \phi(x, \lambda_1), \ \cdots, \ \phi(x, \lambda_n), \ \cdots.$$

引理 7.7 Sturm-Liouville 边值问题 (7.13), (7.14) 的特征函数系在区间 $[0, 1]$ 上满足

$$\int_0^1 r(x)\phi(x, \lambda_n)\phi(x, \lambda_m)\mathrm{d}x = \begin{cases} 0, & m \neq n, \\ \delta_n > 0, & m = n, \end{cases}$$

$$n, m = 0, 1, 2, \cdots.$$

证明 因为 $\phi(x, \lambda_n) \not\equiv 0$ $(n = 0, 1, 2, \cdots)$ 和 $r(x) > 0$, 所以

$$\delta_n = \int_0^1 r(x)\phi^2(x, \lambda_n)\mathrm{d}x > 0, \quad n = 0, 1, 2, \cdots.$$

下面来证明: 对于 $n, m = 0, 1, 2, \cdots$, 当 $m \neq n$ 时,

$$\int_0^1 r(x)\phi(x, \lambda_n)\phi(x, \lambda_m)\mathrm{d}x = 0.$$

注意到函数 $\phi(x, \lambda_m)$ 和 $\phi(x, \lambda_n)$ 满足方程 (7.13), 得到

$$\phi''(x, \lambda_m) + (\lambda_m r(x) + q(x))\phi(x, \lambda_m) = 0,$$
$$\phi''(x, \lambda_n) + (\lambda_n r(x) + q(x))\phi(x, \lambda_n) = 0.$$

第一个方程乘以 $\phi(x, \lambda_n)$, 第二个方程乘以 $\phi(x, \lambda_m)$, 之后相减, 再两端积分, 得到

$$(\lambda_n - \lambda_m) \int_0^1 r(x)\phi(x, \lambda_n)\phi(x, \lambda_m)\mathrm{d}x$$
$$= (\phi(x, \lambda_n)\phi'(x, \lambda_m) - \phi(x, \lambda_m)\phi'(x, \lambda_n))\big|_0^1.$$

再由边值条件

$$\phi(0, \lambda_n)\cos\alpha - \phi'(0, \lambda_n)\sin\alpha = 0,$$
$$\phi(0, \lambda_m)\cos\alpha - \phi'(0, \lambda_m)\sin\alpha = 0$$

推出

$$\phi(0, \lambda_n)\phi'(0, \lambda_m) - \phi(0, \lambda_m)\phi'(0, \lambda_n) = 0.$$

同理, 可以得到

$$\phi(1, \lambda_n)\phi'(1, \lambda_m) - \phi(1, \lambda_m)\phi'(1, \lambda_n) = 0.$$

由于当 $m \neq n$ 时, $\lambda_m \neq \lambda_n$, 因此

$$\int_0^1 r(x)\phi(x, \lambda_n)\phi(x, \lambda_m)\mathrm{d}x = 0. \qquad \square$$

注 7.4 令

$$\phi_n(x) = \sqrt{r(x)}\phi(x, \lambda_n),$$

则引理 7.7 的结果意味着 $[0,1]$ 上的函数系 $\{\phi_n(x)\}$ 是正交函数系. 特别地, 如果 $r(x) \equiv c\,(c$ 为正常数$)$, 则特征函数系 $\{\phi(x, \lambda_n)\}$ 组成 $[0,1]$ 上的正交函数系.

例 7.3 求 Sturm-Liouville 边值问题

$$\begin{cases} y'' + \lambda y = 0, \\ y(0) - y'(0) = 0, y'(1) = 0, \end{cases} \tag{7.21}$$

的特征值和特征函数, 并讨论在区间 $[0,1]$ 上有定义的函数 $f(x)$ 关于该特征函数系的 (广义) Fourier 级数展开.

解 当 $\lambda = -a^2 < 0\ (a > 0)$ 时, 该边值问题中微分方程的通解为

$$y = c_1 \mathrm{e}^{ax} + c_2 \mathrm{e}^{-ax},$$

其中 c_1, c_2 为任意常数. 利用边值条件, 可以得到

$$(1 - a)c_1 + (1 + a)c_2 = 0, \quad \mathrm{e}^a c_1 - \mathrm{e}^{-a} c_2 = 0,$$

因此

$$c_1 = c_2 = 0,$$

即该边值问题没有负的特征值.

当 $\lambda = 0$ 时, 上述微分方程的通解为

$$y = c_1 + c_2 x,$$

其中 c_1, c_2 为任意常数. 利用边值条件, 可以得到 $c_1 = c_2 = 0$. 由此可知该边值问题无非零解.

当 $\lambda = a^2 > 0$ 时, 上述微分方程的通解为

$$y = c_1 \cos ax + c_2 \sin ax,$$

其中 c_1, c_2 为任意常数. 利用边值条件, 可知

$$c_1 - c_2 a = 0, \quad -c_1 \sin a + c_2 \cos a = 0.$$

这个线性方程组有非零解的充要条件是

$$\cos a - a \sin a = 0. \tag{7.22}$$

显然, 有无穷多个 a 值:

$$0 < a_1 < a_2 < \cdots < a_n < \cdots,$$

使得 (7.22) 式成立. 因此, $\lambda_n = a_n^2 \ (n = 1, 2, \cdots)$ 是正的特征值, 对应的特征函数为

$$\phi_n(x) = a_n \cos a_n x + \sin a_n x, \quad n = 1, 2, \cdots.$$

由注 7.4 可知, 特征函数系

$$\phi_1(x), \ \phi_2(x), \ \cdots, \ \phi_n(x), \ \cdots$$

构成一个正交函数系, 并且

$$\delta_n = \int_0^1 \phi_n^2(x)\mathrm{d}x > 0, \quad n = 1, 2, \cdots.$$

对于任意在区间 $[0, 1]$ 上满足 Dirichlet 条件的函数 $f(x)$, 可以将 $f(x)$ 展开成 (广义) Fourier 级数:

$$f(x) = \sum_{n=1}^{\infty} b_n \phi_n(x),$$

其中

$$b_n = \frac{1}{\delta_n} \int_0^1 f(x)\phi_n(x)\mathrm{d}x, \quad n = 1, 2, \cdots.$$

*§7.4　周期边值问题

在现实世界中, 许多现象表现出周而复始的特点, 如月圆月缺、海水的潮汐等. 这些现象本质上是一种周期运动. 因此, 研究微分方程周期解的存在性问题就显得十分重要. 本节考虑二阶微分方程周期解的存在性问题.

考虑二阶微分方程

$$\frac{\mathrm{d}^2 x}{\mathrm{d}t^2} = f\left(t, x, \frac{\mathrm{d}x}{\mathrm{d}t}\right), \tag{7.23}$$

其中函数 f 在 $\mathbb{R}^3$ 上连续, 对 $x, \dfrac{\mathrm{d}x}{\mathrm{d}t}$ 满足局部 Lipschitz 条件, 并且 $f(t+1, \cdot, \cdot) = f(t, \cdot, \cdot)$.

显然, 如果 $x = x(t)$ 是方程 (7.23) 的一个 1-周期解, 即 $x(t+1) \equiv x(t)$, 则

$$x(0) = x(1), \quad x'(0) = x'(1). \tag{7.24}$$

称 (7.24) 式为方程 (7.23) 的**周期边值条件**.

引理 7.8　如果方程 (7.23) 的解 $x = \phi(t)$ 满足周期边值条件 (7.24), 则 $\phi(t)$ 一定是 1-周期的.

证明　令 $\psi(t) = \phi(t+1)$, 则

$$\psi'(t) = \phi'(t+1), \quad \psi''(t) = \phi''(t+1).$$

由 f 关于 t 是 1-周期的可知, $x = \psi(t)$ 也是方程 (7.23) 的解, 又由

$$\psi(0) = \phi(1) = \phi(0), \quad \psi'(0) = \phi'(1) = \phi'(0)$$

可知, $x = \phi(t)$ 与 $x = \psi(t)$ 是方程 (7.23) 满足相同初始条件的解, 所以由解的存在唯一性可知

$$\phi(t) \equiv \psi(t) = \phi(t+1),$$

即 $\phi(t)$ 是 1-周期的. $\square$

由此可见, 寻求方程 (7.23) 的 1-周期解等价于寻求方程 (7.23) 的满足周期边值条件 (7.24) 的解. 因此, 称边值问题 (7.23), (7.24) 为**周期边值问题**.

考虑微分方程

$$\frac{\mathrm{d}^2 x}{\mathrm{d}t^2} + (\lambda r(t) + q(t))x = 0, \tag{7.25}$$

满足周期边值条件 (7.24) 的非零解, 其中函数 $r(t), q(t) \in C^0[0,1]$, 且 $r(t), q(t)$ 均是 1-周期的, 且 $r(t) > 0$.

定义 7.3 如果对于某个 λ, 周期边值问题 (7.25), (7.24) 有非零解 $x = \varphi(t, \lambda)$, 则称此 λ 为这个周期边值问题的**特征值**, 而称对应于特征值 λ 的解 $x = \varphi(t, \lambda)$ 为**特征函数**.

与 Sturm-Liouville 边值问题类似, 我们有下面的定理.

定理 7.3 周期初值问题 (7.25), (7.24) 存在一串特征值 λ_0, $\lambda_1, \cdots, \lambda_n, \cdots$, 满足

$$\lambda_0 < \lambda_1 \leqslant \lambda_2 < \lambda_3 \leqslant \lambda_4 < \cdots < \lambda_{2n+1} \leqslant \lambda_{2n+2} < \cdots$$

以及

$$\lim_{n \to \infty} \lambda_n = +\infty,$$

使得

(1) 对于 $\lambda = \lambda_0$, 周期边值问题 (7.25), (7.24) 在线性无关的意义下有唯一一个特征函数 $x = \varphi(t, \lambda_0)$;

(2) 如果对于某个 $j \geqslant 0$, $\lambda_{2j+1} < \lambda_{2j+2}$, 则周期边值问题 (7.25), (7.24) 当 $\lambda = \lambda_{2j+1}$ 时在线性无关的意义下有唯一一个特征函数 $x = \varphi(t, \lambda_{2j+1})$, 而当 $\lambda = \lambda_{2j+2}$ 时在线性无关的意义下有唯一一个特征函数 $x = \varphi(t, \lambda_{2j+2})$;

(3) 如果对于某个 $j \geqslant 0$, $\lambda_{2j+1} = \lambda_{2j+2}$, 则周期边值问题 (7.25), (7.24) 当 $\lambda = \lambda_{2j+1} = \lambda_{2j+2}$ 时有两个线性无关的特征函数.

进一步, $\varphi(t, \lambda_0)$ 在 $[0,1]$ 上无零点, 而 $\varphi(t, \lambda_{2j+1})$ 和 $\varphi(t, \lambda_{2j+2})$ 在 $[0,1)$ 上恰有 $2j+2$ 个零点.

证明定理 7.3 需要用到下面讨论的一些结果和几个引理. 令 $x = \phi(t, \lambda)$ 和 $x = \psi(t, \lambda)$ 是方程 (7.25) 的两个线性无关解, 它们满足初始条件

$$\phi(0, \lambda) = 1, \quad \phi'(0, \lambda) = 0,$$

$$\psi(0, \lambda) = 0, \quad \psi'(0, \lambda) = 1.$$

显然, 方程 (7.25) 的任意解 $x(t, \lambda)$ 均是它们的线性组合:

$$x(t, \lambda) = c_1 \phi(t, \lambda) + c_2 \psi(t, \lambda),$$

其中 c_1, c_2 为常数. 我们的目的是寻找不全为零的常数 c_1, c_2, 使得 $x(t, \lambda)$ 满足周期边值条件 (7.24).

假设 $x(t, \lambda)$ 满足周期边值条件 (7.24), 则

$$\begin{cases} (\phi(1, \lambda) - 1)c_1 + \psi(1, \lambda)c_2 = 0, \\ \phi'(1, \lambda)c_1 + (\psi'(1, \lambda) - 1)c_2 = 0. \end{cases} \tag{7.26}$$

由 Wronsky 行列式的 Liouville 公式 (见引理 5.10) 可知

$$\phi(t, \lambda)\psi'(t, \lambda) - \phi'(t, \lambda)\psi(t, \lambda) \equiv 1, \tag{7.27}$$

因此线性方程组 (7.26) 的系数行列式为

$$(\phi(1, \lambda) - 1)(\psi'(1, \lambda) - 1) - \phi'(1, \lambda)\psi(1, \lambda) = 2 - (\phi(1, \lambda) + \psi'(1, \lambda)).$$

定义

$$f(\lambda) = \phi(1, \lambda) + \psi'(1, \lambda). \tag{7.28}$$

线性方程组 (7.26) 有非零解的充要条件是

$$f(\lambda) = 2, \tag{7.29}$$

有两个线性无关解的充要条件是

$$\text{rank} \begin{pmatrix} \phi(1,\lambda) - 1 & \psi(1,\lambda) \\ \phi'(1,\lambda) & \psi'(1,\lambda) - 1 \end{pmatrix} = 0,$$

即

$$\phi(1,\lambda) = \psi'(1,\lambda) = 1, \quad \psi(1,\lambda) = \phi'(1,\lambda) = 0. \tag{7.30}$$

由这些讨论得出下面的结论:

(1) 如果对于某个 $\bar{\lambda}$, $f(\bar{\lambda}) = 2$, 但是 (7.30) 式不成立, 则线性方程组 (7.26) 有一个非零解 (c_1^0, c_2^0), $\lambda = \bar{\lambda}$ 是周期边值问题 (7.25), (7.24) 的简单特征值, 对应的特征函数为 $x(t) = c_1^0 \phi(t, \bar{\lambda}) + c_2^0 \psi(t, \bar{\lambda})$;

(2) 如果对于某个 $\bar{\lambda}$, (7.30) 式成立, 则线性方程组 (7.26) 有两个线性无关解 (c_1^0, c_2^0), (C_1^0, C_2^0), $\lambda = \bar{\lambda}$ 是周期边值问题 (7.25), (7.24) 的重特征值, 对应的特征函数分别为

$$x_1(t) = c_1^0 \phi(t, \bar{\lambda}) + c_2^0 \psi(t, \bar{\lambda}), \quad x_2(t) = C_1^0 \phi(t, \bar{\lambda}) + C_2^0 \psi(t, \bar{\lambda}).$$

考虑方程 (7.25) 满足如下边值条件的边值问题:

$$x(0) = 0, \quad x(1) = 0. \tag{7.31}$$

由定理 7.2 可知, 该边值问题有一串特征值:

$$\mu_0 < \mu_1 < \cdots < \mu_n < \cdots \to +\infty.$$

引理 7.9 函数 $\psi(t, \mu_j) \, (j = 0, 1, 2, \cdots)$ 是边值问题 (7.25), (7.31) 的特征函数.

证明 由 $\psi(t, \lambda)$ 的定义可知 $\psi(0, \mu_j) = 0$, $\psi'(0, \mu_j) = 1 \, (j = 0, 1, 2, \cdots)$. 由定理 7.2 可知, 对每个 $\mu_j \, (j = 0, 1, 2, \cdots)$, 存在非零的函数 $\tilde{\psi}(t, \mu_j)$, 使得它是边值问题 (7.25), (7.31) 的解, 因此 $\tilde{\psi}(0, \mu_j) = 0$, 并且 $\tilde{\psi}'(0, \mu_j) = c \neq 0$. 于是, 由 Picard 定理可知

$$\tilde{\psi}(t, \mu_j) = c \, \psi(t, \mu_j), \quad j = 0, 1, 2, \cdots.$$

引理证毕. □

类似地，可以证明下面的引理成立.

引理 7.10   当 ν 是方程 (7.25) 满足边值条件

$$x'(0) = x'(1) = 0$$

的特征值时, $\phi(t, \nu)$ 是特征函数.

下面的引理给出了由 (7.28) 式定义的函数 $f(\lambda)$ 的性质.

引理 7.11   对于由 (7.28) 式定义的 $f(\lambda)$, 存在 $\nu_0 < \mu_0$, 使得

$$f(\nu_0) \geqslant 2, \quad f(\mu_{2j}) \leqslant -2, \quad f(\mu_{2j+1}) \geqslant 2, \quad j = 0, 1, 2, \cdots . \quad (7.32)$$

进一步, 对于任意 $j \in \{0, 1, 2, \cdots\}$, 有

(1) 如果对于某个 $\hat{\lambda} \neq \mu_{2j+1}$, $f(\hat{\lambda}) = 2$, 则 $\hat{\lambda}$ 是周期边值问题 (7.25), (7.24) 的简单特征值, 并且此时有

$$\begin{cases} f'(\hat{\lambda}) < 0, & \hat{\lambda} < \mu_0, \\ (-1)^j f'(\hat{\lambda}) > 0, & \mu_j < \hat{\lambda} < \mu_{j+1}; \end{cases} \quad (7.33)$$

(2) 如果 $f(\mu_{2j+1}) = 2$, 且 $f'(\mu_{2j+1}) \neq 0$, 则 $\lambda = \mu_{2j+1}$ 是周期边值问题 (7.25), (7.24) 的简单特征值;

(3) 如果 $f(\mu_{2j+1}) = 2$, 且 $f'(\mu_{2j+1}) = 0$, 则 $\lambda = \mu_{2j+1}$ 是周期边值问题 (7.25), (7.24) 的重特征值, 此时该边值问题有两个线性无关的特征函数, 并且

$$f''(\mu_{2j+1}) < 0. \quad (7.34)$$

证明   由引理 7.9 可知, 对于任意 $j \in \{0, 1, 2, \cdots\}$, 当 μ_j 是边值问题 (7.25), (7.31) 的特征值时, $\psi(t, \mu_j)$ 是其特征函数. 由定理 7.2 可知, $\psi(1, \mu_j) = 0$, 并且 $\psi(t, \mu_j)$ 在 $(0, 1)$ 上恰有 j 个零点. 因此

$$\begin{cases} \psi'(1, \mu_j) > 0, & j = 2m+1, \\ \psi'(1, \mu_j) < 0, & j = 2m. \end{cases}$$

这里用到了 $\psi'(0,\mu_j) = 1 > 0$. 由 (7.27) 式及 $\psi(1,\mu_j) = 0$ 可知

$$\phi(1,\mu_j)\psi'(1,\mu_j) = 1,$$

于是

$$f(\mu_j) = \psi'(1,\mu_j) + \frac{1}{\psi'(1,\mu_j)}.$$

注意到, 当 $\psi'(1,\mu_j) > 0$ 时, $f(\mu_j) \geqslant 2$; 当 $\psi'(1,\mu_j) < 0$ 时, $f(\mu_j) \leqslant -2$.

令 ν_0 是方程 (7.25) 满足边值条件 $x'(0) = x'(1) = 0$ 的最小特征值. 由引理 7.10 可知, $\phi(t,\nu_0)$ 是特征函数, 从而 $\phi(t,\nu_0)$ 在 $(0,1)$ 上无零点. 由此得到 $\nu_0 < \mu_0$. 又由 $\phi(0,\nu_0) = 1 > 0$ 可知 $\phi(1,\nu_0) > 0$. 由 $\phi'(1,\nu_0) = 0$, 利用 (7.27) 式可以得到

$$\phi(1,\nu_0)\psi'(1,\nu_0) = 1,$$

因此

$$f(\nu_0) = \phi(1,\nu_0) + \frac{1}{\phi(1,\nu_0)} \geqslant 2.$$

这样就证明了 (7.32) 式.

现在我们来计算 $f'(\lambda)$ 的值. 注意到

$$f'(\lambda) = \frac{\mathrm{d}}{\mathrm{d}\lambda}\phi(1,\lambda) + \frac{\mathrm{d}}{\mathrm{d}\lambda}\psi'(1,\lambda).$$

令 $u = \dfrac{\partial}{\partial\lambda}\phi(t,\lambda)$, 则 u 满足的微分方程为

$$u'' + (\lambda r(t) + q(t))u = -r(t)\phi(t,\lambda),$$

以及初始条件为

$$u(0) = 0, \quad u'(0) = 0.$$

利用常数变易法, 可以得到

$$u = \int_0^t (\phi(t,\lambda)\psi(s,\lambda) - \psi(t,\lambda)\phi(s,\lambda))r(s)\phi(s,\lambda)\mathrm{d}s.$$

因此

$$\frac{\mathrm{d}}{\mathrm{d}\lambda}\phi(1,\lambda) = \int_0^1 (\phi(1,\lambda)\psi(s,\lambda) - \psi(1,\lambda)\phi(s,\lambda))r(s)\phi(s,\lambda)\mathrm{d}s.$$
$$(7.35)$$

同理, 可以得到

$$\frac{\mathrm{d}}{\mathrm{d}\lambda}\psi'(1,\lambda) = \int_0^1 (\phi'(1,\lambda)\psi(s,\lambda) - \psi'(1,\lambda)\phi(s,\lambda))r(s)\psi(s,\lambda)\mathrm{d}s.$$
$$(7.36)$$

于是

$$f'(\lambda) = \int_0^1 [a\psi^2(s,\lambda) + b\psi(s,\lambda)\phi(s,\lambda) + c\phi^2(s,\lambda)]r(s)\mathrm{d}s, \quad (7.37)$$

其中

$$a = \phi'(1,\lambda), \quad b = \phi(1,\lambda) - \psi'(1,\lambda), \quad c = -\psi(1,\lambda).$$

令 (7.37) 式右端中括号内的式子为 $\Delta(s,\lambda)$, 则 $\Delta(s,\lambda)$ 是 $\phi(s,\lambda)$ 和 $\psi(s,\lambda)$ 的二次三项式.

利用 (7.27) 式推出 $\Delta(s,\lambda)$ 的判别式为

$$b^2 - 4ac = (\phi(1,\lambda) - \psi'(1,\lambda))^2 + 4\phi'(1,\lambda)\psi(1,\lambda)$$
$$= f^2(\lambda) - 4.$$

由此可知, 在 $f(\lambda) = 2$ 时, $\Delta(s,\lambda)$ 是完全平方式或者 -1 乘以完全平方式, 其符号与 $c = -\psi(1,\lambda)$ 的符号相同. 显然, $f'(\lambda)$ 不为零, 除非 $\Delta(s,\lambda) \equiv 0$. 由于 $\phi(t,\lambda)$ 与 $\psi(t,\lambda)$ 是线性无关的, 如果 $\Delta(s,\lambda) \equiv 0$, 则 $a = b = c = 0$, 即

$$\phi'(1,\lambda) = \psi(1,\lambda) = 0, \quad \phi(1,\lambda) = \psi'(1,\lambda).$$

再由 $f(\lambda) = 2$ 可以得到 $\phi(1,\lambda) = \psi'(1,\lambda) = 1$, 即线性方程组 (7.26) 有两个线性无关解, 也就是特征值是重的.

如果 $\lambda < \mu_0$ 或者 $\mu_j < \lambda < \mu_{j+1}$, 则 $\psi(1,\lambda) \neq 0$. 因此, 即便 $f(\lambda) = 2$, $\Delta(s,\lambda)$ 也不恒为零. 所以, $f'(\lambda)$ 的符号与 $-\psi(1,\lambda)$ 相同. 这就完成 (7.33) 式的证明.

下面只要证明 (7.34) 式, 就完成引理的证明. 当 $\lambda = \mu_{2j+1}$, $f(\lambda) = 2$ 时, $f'(\lambda) = 0$, 因此 (7.30) 式成立, 即

$$\begin{aligned} \psi(1,\mu_{2j+1}) = \phi'(1,\mu_{2j+1}) = 0, \\ \psi'(1,\mu_{2j+1}) = \phi(1,\mu_{2j+1}) = 1. \end{aligned} \tag{7.38}$$

记

$$\begin{aligned} \phi_\lambda = \frac{\partial \phi}{\partial \lambda}(1,\lambda), \quad \psi_\lambda = \frac{\partial \psi}{\partial \lambda}(1,\lambda), \\ \phi'_\lambda = \frac{\partial \phi'}{\partial \lambda}(1,\lambda), \quad \psi'_\lambda = \frac{\partial \psi'}{\partial \lambda}(1,\lambda), \end{aligned}$$

则

$$f''(\lambda) = \phi'_{\lambda\lambda} + \psi'_{\lambda\lambda}.$$

在 (7.27) 式两端对 λ 求导数, 得到

$$\psi_\lambda \phi' + \psi \phi'_\lambda - \psi'_\lambda \phi - \psi' \phi_\lambda = 0. \tag{7.39}$$

再利用 (7.38) 式, 得到

$$\psi'_\lambda(1,\mu_{2j+1}) = -\phi_\lambda(1,\mu_{2j+1}). \tag{7.40}$$

在 (7.39) 式两端对 λ 再次求导数, 令 $t = 1$ 和 $\lambda = \mu_{2j+1}$, 并利用到 (7.38) 式和 (7.40) 式, 得到

$$2\psi_\lambda \phi'_\lambda + 2\phi_\lambda^2 - \psi'_{\lambda\lambda} - \phi_{\lambda\lambda} = 0.$$

因此

$$f''(\lambda) = 2(\phi_\lambda^2(1, \mu_{2j+1}) + \psi_\lambda(1, \mu_{2j+1})\phi'_\lambda(1, \mu_{2j+1})). \qquad (7.41)$$

在 (7.35) 式中, 令 $\lambda = \mu_{2j+1}$, 利用 (7.38) 式, 得到

$$\phi_\lambda(1, \mu_{2j+1}) = \int_0^1 \psi(s, \mu_{2j+1})\phi(s, \mu_{2j+1})r(s)\mathrm{d}s.$$

同理, 可以得到

$$\psi_\lambda(1, \mu_{2j+1}) = \int_0^1 \psi^2(s, \mu_{2j+1})r(s)\mathrm{d}s,$$

$$\phi'_\lambda(1, \mu_{2j+1}) = -\int_0^1 \phi^2(s, \mu_{2j+1})r(s)\mathrm{d}s.$$

由于 $\phi(t, \lambda)$ 与 $\psi(t, \lambda)$ 线性无关, 注意到 $r(x) > 0$, 利用 Cauchy 不等式可知

$$
\begin{aligned}
f''(\lambda) = {} & 2\left[\left(\int_0^1 \psi(s, \mu_{2j+1})\phi(s, \mu_{2j+1})r(s)\mathrm{d}s\right)^2\right.\\
& \left. - \int_0^1 \psi^2(s, \mu_{2j+1})r(s)\mathrm{d}s \int_0^1 \phi^2(s, \mu_{2j+1})r(s)\mathrm{d}s\right]\\
< {} & 2\left[\int_0^1 \psi(s, \mu_{2j+1})^2 r(s)\mathrm{d}s \int_0^1 \phi^2(s, \mu_{2j+1})r(s)\mathrm{d}s\right.\\
& \left. - \int_0^1 \psi^2(s, \mu_{2j+1})r(s)\mathrm{d}s \int_0^1 \phi^2(s, \mu_{2j+1})r(s)\mathrm{d}s\right]\\
= {} & 0.
\end{aligned}
$$

引理证毕. □

引理 7.12　周期边值问题 (7.25), (7.24) 的任意非零解 $x = \varphi(t)$ 在 $[0, 1)$ 上的零点个数为偶数.

证明 利用解的存在和唯一性 (定理 5.8) 可知, 方程 (7.25) 的任意非零解 $x = \psi(t)$ 的零点都是简单零点, 即如果 $\psi(\bar{t}) = 0$, 则 $\psi'(\bar{t}) \neq 0$. 由此可知, 如果 t_1 和 t_2 是 $x = \psi(t)$ 的相邻零点, 则 $\psi'(t_1)\psi'(t_2) < 0$.

(1) 如果 $\varphi(0) = 0$, 则由周期性可知

$$\varphi(1) = 0, \quad \varphi'(0) = \varphi'(1) \neq 0.$$

设 $t_1, t_2, \cdots, t_{j+1}\,(0 = t_1 < t_2 < \cdots < t_j < t_{j+1} = 1)$ 是 $\varphi(t)$ 在 $[0,1]$ 上的零点. 于是, 由刚才的结论可知

$$\varphi'(t_1)\varphi'(t_2) < 0, \quad \varphi'(t_2)\varphi'(t_3) < 0, \quad \cdots, \quad \varphi'(t_j)\varphi'(t_{j+1}) < 0$$

及

$$\varphi'(t_1)\varphi'(t_{j+1}) = \varphi'(0)\varphi'(1) = (\varphi'(0))^2 > 0.$$

由此可知 j 为偶数.

(2) 如果 $\varphi(0) \neq 0$, 不妨设 $\varphi(0) > 0$, 则 $\varphi(1) > 0$. 假设 $t_1, t_2, \cdots, t_j\,(0 < t_1 < t_2 < \cdots < t_j < 1)$ 是 $\varphi(t)$ 在 $[0,1)$ 上的零点, 则 $\varphi'(t_1) < 0, \varphi'(t_j) > 0$. 再次利用相邻零点的导数异号这一事实, 可知 j 为偶数. 引理的证明完成. $\square$

定理 7.3 的证明 注意到 $f(\lambda)$ 是由 (7.28) 式定义的 λ 的连续函数, 由引理 7.11 可知, 存在一串 $\lambda_n\,(n = 0, 1, 2, \cdots)$ 满足

$$\nu_0 \leqslant \lambda_0 < \mu_0 < \lambda_1 \leqslant \mu_1 \leqslant \lambda_2 < \mu_2 < \lambda_3 \leqslant \mu_3 \leqslant \lambda_4 < \cdots, \quad (7.42)$$

使得

$$f(\lambda_n) = 2, \quad n = 0, 1, 2, \cdots.$$

即 $\lambda_n\,(n = 0, 1, 2, \cdots)$ 是周期边值问题 (7.25), (7.24) 的特征值. 再由引理 7.11 可知, 定理中的结论 (1), (2), (3) 成立.

由引理 7.12 可知, 周期边值问题 (7.25), (7.24) 的特征函数 $\varphi(t, \lambda_j)\,(j = 0, 1, 2, \cdots)$ 在 $[0,1)$ 上有偶数个零点. 由引理 7.9 可

知, $\psi(t, \mu_j)\,(j = 0, 1, 2, \cdots)$ 是边值问题 (7.25), (7.31) 的特征函数. 再由定理 7.2, $\psi(t, \mu_j)(j = 0, 1, 2, \cdots)$ 在 $(0, 1)$ 上恰有 j 个零点. 由于 $\lambda_0 < \mu_0$ 以及 $\psi(t, \mu_0)$ 在 $(0, 1)$ 上无零点, 因此利用 Sturm 比较定理可知, $\varphi(t, \lambda_0)$ 在 $[0, 1]$ 上无零点.

对于任意 $j \in \{0, 1, 2, \cdots\}$, 注意到 $\mu_{2j} < \lambda_{2j+1} \leqslant \lambda_{2j+2} < \mu_{2j+2}$, 由 Sturm 比较定理可以得到, $\varphi(t, \lambda_{2j+1})$ 和 $\varphi(t, \lambda_{2j+2})$ 在 $[0, 1)$ 上至少有 $2j + 1$ 个零点, 但少于 $2j + 4$ 个. 再由 $\varphi(t, \lambda_j)$ 的零点个数是偶数得到, 函数 $\varphi(t, \lambda_{2j+1})$ 和 $\varphi(t, \lambda_{2j+2})$ 在 $[0, 1)$ 上恰有 $2j + 2$ 个零点. 这样就完成定理的证明. $\square$

接下来讨论非线性微分方程周期解的存在性, 主要工具是隐函数定理.

考虑二阶微分方程

$$\frac{\mathrm{d}^2 x}{\mathrm{d}t^2} + \omega_0^2 x = p(t) + \varepsilon f\left(t, x, \frac{\mathrm{d}x}{\mathrm{d}t}\right), \tag{7.43}$$

其中 $\omega_0 > 0$ 是常数, ε 是小参数, $p(t)$ 是以 1 为周期的连续函数, 而 $f\left(t, x, \dfrac{\mathrm{d}x}{\mathrm{d}t}\right)$ 是连续函数, 且关于 t 是 1-周期的, 关于 x 和 $\dfrac{\mathrm{d}x}{\mathrm{d}t}$ 是连续可微的.

类似于引理 7.8 的证明可以得到, 方程 (7.43) 的解 $x = x(t)$ 是 1-周期解当且仅当

$$x(0) = x(1), \quad x'(0) = x'(1). \tag{7.44}$$

假设 $x = x(t; x_0, v_0, \varepsilon)$ 是方程 (7.43) 的解, 它满足初始条件

$$x(0; x_0, v_0, \varepsilon) = x_0, \quad x'(0; x_0, v_0, \varepsilon) = v_0. \tag{7.45}$$

由定理 4.6 可知, 当 $|\varepsilon|$ 充分小时, 这个解在 $0 \leqslant t \leqslant 1$ 上存在, 并且关于 t, x_0, v_0, ε 连续可微.

显然, $x = x(t; x_0, v_0, \varepsilon)$ 是方程 (7.43) 的 1-周期解当且仅当

$$\begin{cases} F(x_0, v_0, \lambda) \triangleq x(1; x_0, v_0, \varepsilon) - x_0 = 0, \\ G(x_0, v_0, \lambda) \triangleq x'(1; x_0, v_0, \varepsilon) - v_0 = 0. \end{cases} \tag{7.46}$$

于是, 只要 (x_0, v_0) 满足 (7.46) 式, 则从 (x_0, v_0) 出发的方程 (7.43) 的解即为 1-周期解.

定理 7.4 设 $\dfrac{\omega_0}{2\pi} \neq$ 整数, 则当 ε 是小参数时, 方程 (7.43) 有唯一的 1-周期解.

证明 当 $\varepsilon = 0$ 时, 利用常数变易法可以求出方程 (7.43) 的通解:

$$x(t, x_0, v_0, 0) = x_0 \cos \omega_0 t + \frac{v_0}{\omega_0} \sin \omega_0 t + \frac{1}{\omega_0} \int_0^t p(s) \sin \omega_0(t - s) \mathrm{d}s.$$

此时 (7.46) 式可以写成

$$\begin{cases} (\cos \omega_0 - 1)x_0 + \dfrac{\sin \omega_0}{\omega_0} v_0 = -\dfrac{1}{\omega_0} \int_0^1 p(s) \sin \omega_0(1 - s) \mathrm{d}s, \\ -(\omega_0 \sin \omega_0)x_0 + (\cos \omega_0 - 1)v_0 = -\int_0^1 p(s) \cos \omega_0(1 - s) \mathrm{d}s. \end{cases}$$

这是一个关于 x_0, v_0 的线性方程组, 它的系数行列式为

$$\Delta = (\cos \omega_0 - 1)^2 + \sin^2 \omega_0 = 2(1 - \cos \omega_0) \neq 0.$$

因此, 上面的线性方程组有唯一解 $x_0 = \bar{x}_0, v_0 = \bar{v}_0$. 此外, 当 $\varepsilon = 0$ 时,

$$\det \frac{\partial(F, G)}{\partial(x_0, v_0)} = \Delta \neq 0.$$

由隐函数定理可知, 当 $|\varepsilon| \ll 1$ 时, 由 (7.46) 式可确定唯一的连续函数

$$x_0 = x_0(\varepsilon), \quad v_0 = v_0(\varepsilon),$$

满足

$$x_0(0) = \bar{x}_0, \quad v_0(0) = \bar{v}_0.$$

从 $(x_0(\varepsilon), v_0(\varepsilon))$ 出发的解 $x = x(t,\varepsilon) = x(t, x_0(\varepsilon), v_0(\varepsilon), \varepsilon)$ 是 1-周期解. 定理的证明完成. □

习 题 7.4

1. 证明: 微分方程

$$\frac{\mathrm{d}^2 x}{\mathrm{d}t^2} + 2x = 3\sin t + \lambda x^3$$

当 λ 是小参数时至少有一个 2π-周期解.

2. 证明: 微分方程

$$\frac{\mathrm{d}^2 x}{\mathrm{d}t^2} + 2x = \lambda \sin t + x^3$$

当 λ 是小参数时至少有一个 2π-周期解.

3. 证明: 微分方程

$$\frac{\mathrm{d}^2 x}{\mathrm{d}t^2} + x + \arctan x = \sin t$$

没有 2π-周期解.

4. 考虑微分方程

$$\frac{\mathrm{d}^2 x}{\mathrm{d}t^2} + \omega^2 x = p(t),$$

其中 p 是 2π-周期的连续函数, 正数 $\omega \notin \mathbb{Z}$. 证明:

(1) 该方程有唯一的 2π-周期解;

(2) 该方程的所有解均是有界的, 即对于该方程的任一解 $x(t)$, 存在常数 $M > 0$, 使得

$$\sup_{t \in \mathbb{R}} (|x(t)| + |x'(t)|) < M.$$

第八章　一阶偏微分方程

前面几章讨论的是常微分方程 (组) 的理论和解法. 本章讨论一阶偏微分方程的求解问题. 我们将要证明, 对于一类相当广泛的一阶拟线性偏微分方程, 可以通过相应的常微分方程组的首次积分来求解. 事实上, 一阶偏微分方程的各种解法与常微分方程组的首次积分有着密切的联系.

§8.1　首 次 积 分

8.1.1　首次积分的定义

在本小节中, 首先给出常微分方程组首次积分的定义, 然后通过例子说明它在常微分方程 (组) 求解中的作用.

定义 8.1　考虑常微分方程组

$$\frac{\mathrm{d}y_j}{\mathrm{d}x} = f_j(x, y_1, \cdots, y_n), \quad j = 1, 2, \cdots, n, \tag{8.1}$$

其中函数 $f_j(x, y_1, \cdots, y_n)$ $(j = 1, 2, \cdots, n)$ 在区域 $D \subset \mathbb{R}^{n+1}$ 上连续, 关于 $y_1, \cdots, y_n$ 连续可微. 设函数 $V = V(x, y_1, \cdots, y_n)$ 在 D 的某个子区域 G 内连续可微. 如果 V 不是常值函数, 但是沿着方程组 (8.1) 在区域 G 内的任一积分曲线

$$\Gamma: y_1 = y_1(x), \cdots, y_n = y_n(x), \quad x \in J,$$

V 取常值, 即

$$V(x, y_1(x), \cdots, y_n(x)) \equiv c_0, \quad x \in J, \tag{8.2}$$

其中 c_0 为常数, 则称 $V(x, y_1, \cdots, y_n) = c$ 为方程组 (8.1) 的一个**首次积分**, 其中 c 为任意常数.

通常也直接称函数 $V(x, y_1, \cdots, y_n)$ 是首次积分.

例 8.1   考虑微分方程组

$$\begin{cases} y' = z, \\ z' = -g(y). \end{cases}$$

容易验证函数

$$V(y, z) = \frac{1}{2} z^2 + G(y)$$

是它的一个首次积分, 其中 G 是 g 的一个原函数. 事实上, 设
$\begin{cases} y = y(x), \\ z = z(x) \end{cases}$ 是一个解, 则

$$\frac{\mathrm{d}}{\mathrm{d}x} V(y(x), z(x)) = z(x)(z'(x) + g(y(x))) = 0.$$

因此 $V(y(x), z(x)) \equiv c_0$, 其中 c_0 为常数. 再由这个等式可知

$$z = y' = \pm \sqrt{2(c_0 - G(y))}.$$

这是一个变量分离方程, 可以通过积分求解:

$$\int \frac{\mathrm{d}y}{\sqrt{2(c_0 - G(y))}} = \pm(x + c),$$

其中 c 为任意常数.

例 8.2   求解微分方程组

$$\begin{cases} \dfrac{\mathrm{d}x}{\mathrm{d}t} = y - x(x^2 + y^2 - 1), \\ \dfrac{\mathrm{d}y}{\mathrm{d}t} = -x - y(x^2 + y^2 - 1). \end{cases} \tag{8.3}$$

解 由方程组 (8.3) 可知

$$x\frac{\mathrm{d}x}{\mathrm{d}t} + y\frac{\mathrm{d}y}{\mathrm{d}t} = -(x^2 + y^2)(x^2 + y^2 - 1),$$

即

$$\mathrm{d}(x^2 + y^2) = -2(x^2 + y^2)(x^2 + y^2 - 1)\mathrm{d}t.$$

这是一个关于变量 $x^2 + y^2$ 和 t 的变量分离方程. 由这个方程可得

$$\frac{x^2 + y^2 - 1}{x^2 + y^2}\mathrm{e}^{2t} = c_1, \tag{8.4}$$

其中 c_1 为任意常数. 上面的这个等式意味着, 非常值函数

$$V_1(t, x, y) = \frac{x^2 + y^2 - 1}{x^2 + y^2}\mathrm{e}^{2t}$$

是方程组 (8.3) 的一个首次积分. 然而, 对于方程组 (8.3) 来说, 仅仅知道一个首次积分不足以完全确定它的解. 现在来寻求另一个首次积分. 由方程组 (8.3) 可知

$$x\frac{\mathrm{d}y}{\mathrm{d}t} - y\frac{\mathrm{d}x}{\mathrm{d}t} = -(x^2 + y^2),$$

即

$$\frac{\mathrm{d}}{\mathrm{d}t}\left(\arctan\frac{y}{x}\right) = -1.$$

由此得到

$$\arctan\frac{y}{x} + t = c_2,$$

其中 c_2 是任意常数. 这意味着, 非常值函数

$$V_2(x, y, t) = \arctan\frac{y}{x} + t$$

是方程组 (8.3) 的另一个首次积分.

利用两个首次积分 $V_1(x, y, t)$ 和 $V_2(x, y, t)$ 可以得到方程组 (8.3) 的通解. 事实上, 引入极坐标

$$x = r\cos\theta, \quad y = r\sin\theta,$$

则

$$r = \frac{1}{\sqrt{1 - c_1 \mathrm{e}^{-2t}}}, \quad \theta = c_2 - t.$$

于是, 方程组 (8.3) 的通解为

$$x = \frac{1}{\sqrt{1 - c_1 \mathrm{e}^{-2t}}} \cos(c_2 - t), \quad y = \frac{1}{\sqrt{1 - c_1 \mathrm{e}^{-2t}}} \sin(c_2 - t). \quad (8.5)$$

特别地, 当 $c_1 = 0$ 时, 得到方程组 (8.3) 的一个周期解

$$x = \cos(c_2 - t), \quad y = \sin(c_2 - t),$$

它在 (x, y)-平面上的轨道是单位圆周

$$x^2 + y^2 = 1,$$

并且它在这个圆周上的运动方向为顺时针方向.

方程组 (8.3) 的其他解在 (x, y)-平面上的轨道均不是单位圆周. 其实, 由 (8.5) 式可知, 当 $t \to +\infty$ 时, 其他解均盘旋地趋向于单位圆周 (图 8.1).

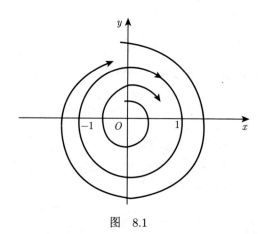

图   8.1

上面两个例子表明, 首次积分在求解常微分方程 (组) 中占有重要的位置. 一般来说, 常微分方程 (组) 的求解难度与它的阶数有关. 阶数越高, 求解越困难. 而每求出一个首次积分, 可以将常微分方程 (组) 的阶数降低一次.

8.1.2 首次积分的性质

在上一小节看到, 首次积分在常微分方程 (组) 求解中起到重要的作用. 因此, 判别一个非常值函数是否为某个给定的常微分方程组的首次积分就显得非常重要. 然而, 利用首次积分的定义来判别非常值函数是否为常微分方程组 (8.1) 的首次积分, 需要知道该方程组在区域 G 内的每个解, 这在实际应用中显然是有困难的. 下面的结果提供了一个不依赖于求出常微分方程组的每个解来判别非常值函数是否为其首次积分的有效办法.

定理 8.1 设非常值函数 $\Phi(x, y_1, \cdots, y_n)$ 在区域 G 内连续可微, 则

$$\Phi(x, y_1, \cdots, y_n) = c$$

(c 为任意常数) 是方程组 (8.1) 的一个首次积分, 当且仅当

$$\frac{\partial \Phi}{\partial x} + \frac{\partial \Phi}{\partial y_1} f_1 + \cdots + \frac{\partial \Phi}{\partial y_n} f_n = 0 \tag{8.6}$$

对于一切的 $(x, y_1, \cdots, y_n) \in G$ 成立.

证明 必要性 设 $\Phi(x, y_1, \cdots, y_n)$ 是方程组 (8.1) 的一个首次积分. 对于 G 内的任一点 $(x_0, y_{10}, \cdots, y_{n0})$, 假设

$$\Gamma: y_1 = y_1(x), \cdots, y_n = y_n(x), \quad x \in J$$

是方程组 (8.1) 在区域 G 内的一条积分曲线, 它满足

$$y_1(x_0) = y_{10}, \quad \cdots, \quad y_n(x_0) = y_{n0}.$$

由首次积分的定义可知

$$\Phi(x, y_1(x), \cdots, y_n(x)) \equiv c_0, \quad x \in J,$$

其中 c_0 为常数. 上式两端求导数, 然后令 $x = x_0$, 则

$$\frac{\partial \Phi}{\partial x} + \frac{\partial \Phi}{\partial y_1} f_1 + \cdots + \frac{\partial \Phi}{\partial y_n} f_n = 0$$

在 $(x_0, y_{10}, \cdots, y_{n0})$ 处成立. 再由 $(x_0, y_{10}, \cdots, y_{n0})$ 的任意性得到 (8.6) 式对于一切的 $(x, y_1, \cdots, y_n) \in G$ 成立.

充分性 设 (8.6) 式对于一切的 $(x, y_1, \cdots, y_n) \in G$ 成立. Γ 为方程组 (8.1) 在 G 内的任一积分线曲线:

$$\Gamma : y_1 = y_1(x), \cdots, y_n(x), \quad x \in J.$$

由于积分曲线 $\Gamma \subset G$, 则

$$\frac{\mathrm{d}}{\mathrm{d}x} \Phi(x, y_1(x), \cdots, y_n(x)) = \frac{\partial \Phi}{\partial x} + \frac{\partial \Phi}{\partial y_1} f_1 + \cdots + \frac{\partial \Phi}{\partial y_n} f_n = 0,$$

其中 f_j, $\dfrac{\partial \Phi}{\partial x}$ 及 $\dfrac{\partial \Phi}{\partial y_j}$ $(j = 1, 2, \cdots)$ 均在 $(x, y_1(x), \cdots, y_n(x))$ 处取值. 因此

$$\Phi(x, y_1(x), \cdots, y_n(x)) \equiv c_0, \quad x \in J,$$

其中 c_0 为常数, 即 $\Phi(x, y_1, \cdots, y_n)$ 为方程组 (8.1) 的一个首次积分. 定理证毕. $\square$

下面的结果表明, 当知道了一个首次积分后, 我们可以将常微分方程组的阶降低一次.

定理 8.2 若已知方程组 (8.1) 的一个首次积分, 则可以将方程组 (8.1) 的求解问题转化为一个 $n - 1$ 阶常微分方程组的求解问题.

证明 设 $V(x, y_1, \cdots, y_n) = c$ (c 为任意常数) 为方程组 (8.1) 的一个首次积分. 由于 $V(x, y_1, \cdots, y_n)$ 是非常值函数, 因此偏导数

$$\frac{\partial V}{\partial y_1}, \quad \cdots, \quad \frac{\partial V}{\partial y_n}$$

不同时为零. 否则, 由定理 8.1 可知 $\dfrac{\partial V}{\partial x} = 0$, 于是 V 为常值函数, 矛盾.

不妨设 $\dfrac{\partial V}{\partial y_n} \neq 0$. 由隐函数定理, 可以从 $V(x, y_1, \cdots, y_n) = c$ 中解出

$$y_n = g(x, y_1, \cdots, y_{n-1}, c), \tag{8.7}$$

其中函数 g 关于 $x, y_1, \cdots, y_{n-1}$ 是连续可微的, 且

$$\begin{aligned}
\frac{\partial g}{\partial x} &= -\frac{\partial V}{\partial x}\left(\frac{\partial V}{\partial y_n}\right)^{-1}, \\
\frac{\partial g}{\partial y_j} &= -\frac{\partial V}{\partial y_j}\left(\frac{\partial V}{\partial y_n}\right)^{-1}, \quad j = 1, 2, \cdots, n-1.
\end{aligned} \tag{8.8}$$

将 (8.7) 式代入方程组 (8.1) 的前 $n-1$ 个方程, 得到方程组

$$\begin{aligned}
\frac{\mathrm{d}y_j}{\mathrm{d}x} &= f_j(x, y_1, \cdots, y_{n-1}, g(x, y_1, \cdots, y_{n-1}, c)), \\
&\quad j = 1, 2, \cdots, n-1,
\end{aligned} \tag{8.9}$$

假设方程组 (8.9) 有解

$$y_1 = u_1(x), \quad y_2 = u_2(x), \quad \cdots, \quad y_{n-1} = u_{n-1}(x). \tag{8.10}$$

我们来证明函数组

$$y_1 = u_1(x), \cdots, y_{n-1} = u_{n-1}(x), y_n = g(x, u_1(x), \cdots, u_{n-1}(x), c)$$

是方程组 (8.1) 的解. 显然, 该函数组满足方程组 (8.1) 的前 $n-1$ 个方程. 现在来证明该函数组满足方程组 (8.1) 的最后一个方程. 我们有

$$\frac{\mathrm{d}}{\mathrm{d}x}g(x,u_1(x),\cdots,u_{n-1}(x),c) = \frac{\partial g}{\partial x} + \sum_{j=1}^{n-1}\frac{\partial g}{\partial y_j}u_j'(x).$$

利用 (8.8) 式和 (8.9) 式, 得到

$$\frac{\mathrm{d}}{\mathrm{d}x}g(x,u_1(x),\cdots,u_{n-1}(x),c) = -\left(\frac{\partial V}{\partial x} + \sum_{j=1}^{n-1}\frac{\partial V}{\partial y_j}f_j\right)\left(\frac{\partial V}{\partial y_n}\right)^{-1}.$$

再由定理 8.1 可知, 上式右端等于

$$f_n(x,u_1(x),\cdots,u_{n-1}(x),g(x,u_1(x),\cdots,u_{n-1}(x),c)).$$

这说明, 上述函数组满足方程组 (8.1) 的最后一个方程. 因此, 该函数组是方程组 (8.1) 的解. $\square$

由这一定理可知, 只要知道了足够多的首次积分, 方程组 (8.1) 的求解问题就转化成一个代数方程的求解问题. 显然, 如果 V 是一个首次积分, 则对于任意的非零常数 α, αV 也是首次积分. 更一般地, 假如 $V_1, V_2, \cdots, V_k$ 是 k 个首次积分, 则对于任意的非常值可微函数 $F(y_1, y_2, \cdots, y_k)$, 函数 $F(V_1, V_2, \cdots, V_k)$ 也是首次积分. 然而, 尽管这些首次积分与原来的首次积分是不同的, 但是它们是由原来的首次积分生成的, 对于求解方程组 (8.1) 并不能提供比原来的首次积分更多的帮助. 为此, 我们引入如下概念:

定义 8.2 设方程组 (8.1) 在区域 G 内有 n 个首次积分

$$V_j(x,y_1,\cdots,y_n) = c_j, \quad j = 1,2,\cdots,n. \tag{8.11}$$

如果

$$\det\frac{\partial(V_1,V_2,\cdots,V_n)}{\partial(y_1,y_2,\cdots,y_n)} \neq 0, \quad (x,y_1,\cdots,y_n) \in G, \tag{8.12}$$

则称它们是**相互独立**的.

注 8.1 若 (8.12) 式左端为零, 可以证明 $V_1 = V_1(x, y_1, \cdots, y_n)$, $V_2 = V_2(x, y_1, \cdots, y_n), \cdots, V_n = V_n(x, y_1, \cdots, y_n)$ 是函数相关的. 事实上, 当 $n = 2$ 时, 由首次积分的定义, 不妨设 $\dfrac{\partial V_2}{\partial y_2} \neq 0$. 隐函数定理保证了可以从 $V_2(x, y_1, y_2) = c_2$ 中解出 $y_2 = g(x, y_1, c_2)$, 将其代入 $V_1(x, y_1, y_2)$ 中, 得到

$$V_1(x, y_1, g(x, y_1, c_2)) \triangleq f(x, y_1, c_2).$$

接下来证明 $f(x, y_1, c_2)$ 与 x, y_1 无关, 即

$$\frac{\partial f}{\partial x} = \frac{\partial f}{\partial y_1} = 0.$$

注意到

$$V_2(x, y_1, g(x, y_1, c_2)) \equiv c_2,$$

因此

$$\frac{\partial g}{\partial x} = -\frac{\dfrac{\partial V_2}{\partial x}(x, y_1, g)}{\dfrac{\partial V_2}{\partial y_2}(x, y_1, g)}, \quad \frac{\partial g}{\partial y_1} = -\frac{\dfrac{\partial V_2}{\partial y_1}(x, y_1, g)}{\dfrac{\partial V_2}{\partial y_2}(x, y_1, g)}. \tag{8.13}$$

由于

$$\frac{\partial f}{\partial y_1} = \frac{\partial V_1}{\partial y_1} + \frac{\partial V_1}{\partial y_2} \frac{\partial g}{\partial y_1},$$

将 (8.13) 式代入上式, 再利用 (8.12) 式左端为零, 立即得到

$$\frac{\partial f}{\partial y_1} = 0.$$

而

$$\frac{\partial f}{\partial x} = \frac{\partial V_1}{\partial x} + \frac{\partial V_1}{\partial y_2} \frac{\partial g}{\partial x}.$$

由于 V_1 和 V_2 是方程组 (8.1) 的首次积分, 因此由定理 8.1可知

$$\frac{\partial V_1}{\partial x} + \frac{\partial V_1}{\partial y_1} f_1 + \frac{\partial V_1}{\partial y_2} f_2 = 0,$$

$$\frac{\partial V_2}{\partial x} + \frac{\partial V_2}{\partial y_1} f_1 + \frac{\partial V_2}{\partial y_2} f_2 = 0.$$

将它们代入 $\dfrac{\partial f}{\partial x}$ 的表达式, 可以得到

$$\frac{\partial f}{\partial x} = -\frac{\partial V_1}{\partial y_1} f_1 - \frac{\partial V_1}{\partial y_2} f_2 + \frac{\partial V_1}{\partial y_2} \frac{\partial g}{\partial x}.$$

再由 (8.13) 式可知

$$\frac{\partial g}{\partial x} = -\frac{\dfrac{\partial V_2}{\partial x}(x, y_1, g)}{\dfrac{\partial V_2}{\partial y_2}(x, y_1, g)} = \frac{\dfrac{\partial V_2}{\partial y_1} f_1 + \dfrac{\partial V_2}{\partial y_2} f_2}{\dfrac{\partial V_2}{\partial y_2}},$$

因此

$$\frac{\partial f}{\partial x} = \frac{1}{\dfrac{\partial V_2}{\partial y_2}} \left(\frac{\partial V_1}{\partial y_2} \frac{\partial V_2}{\partial y_1} f_1 + \frac{\partial V_1}{\partial y_2} \frac{\partial V_2}{\partial y_2} f_2 - \frac{\partial V_2}{\partial y_2} \frac{\partial V_1}{\partial y_1} f_1 - \frac{\partial V_2}{\partial y_2} \frac{\partial V_1}{\partial y_2} f_2 \right).$$

注意到假设

$$\det \frac{\partial(V_1, V_2)}{\partial(y_1, y_2)} = 0,$$

可以得到

$$\frac{\partial f}{\partial x} = 0.$$

所以, $f(x, y_1, c_2)$ 与 x, y_1 无关, 可将其记为 $f(c_2)$, 从而可知 $V_1 = f(c_2) = f(V_2)$, 即 V_1 和 V_2 是函数相关的. 对于一般的 n, 可以用数学归纳法证明.

下面的结果表明, 只要知道了方程组 (8.1) 的 n 个相互独立的首次积分, 就可以由它们直接得到该方程组的通解.

定理 8.3 假设

$$V_j(x, y_1, \cdots, y_n) = c_j, \quad j = 1, 2, \cdots, n$$

是方程组 (8.1) 的在区域 G 内的 n 个相互独立的首次积分, 则该方程组在 G 内的通解是由这 n 个首次积确定的函数

$$y_j = \phi_j(x, c_1, \cdots, c_n), \quad j = 1, 2, \cdots, n, \tag{8.14}$$

并且此通解表示了方程组 (8.1) 在 G 内的所有解.

证明 由于 $V_1(x, y_1, \cdots, y_n), \cdots, V_n(x, y_1, \cdots, y_n)$ 相互独立, 于是 (8.12) 式成立. 根据隐函数定理, 可以从

$$V_j(x, y_1, \cdots, y_n) = c_j, \quad j = 1, 2, \cdots, n$$

解出

$$y_j = \phi_j(x, c_1, \cdots, c_n), \quad j = 1, 2, \cdots, n.$$

接下来证明 $\phi_1(x, c_1, \cdots, c_n), \cdots, \phi_n(x, c_1, \cdots, c_n)$ 满足方程组 (8.1). 恒等式

$$V_j(x, \phi_1(x, c_1, \cdots, c_n), \cdots, \phi_n(x, c_1, \cdots, c_n)) \equiv c_j, \quad j = 1, 2, \cdots, n$$

两端对 x 求导数, 得到

$$\frac{\partial V_j}{\partial x} + \frac{\partial V_j}{\partial y_1}\phi_1' + \cdots + \frac{\partial V_j}{\partial y_n}\phi_n' = 0, \quad j = 1, 2, \cdots, n.$$

由首次积分的性质可知

$$\frac{\partial V_j}{\partial x} + \frac{\partial V_j}{\partial y_1}f_1 + \cdots + \frac{\partial V_j}{\partial y_n}f_n = 0, \quad j = 1, 2, \cdots, n.$$

由此得到

$$\frac{\partial V_j}{\partial y_1}(\phi_1' - f_1) + \cdots + \frac{\partial V_j}{\partial y_n}(\phi_n' - f_n) = 0, \quad j = 1, 2, \cdots, n.$$

再由条件 (8.12) 可知

$$\phi_j' = f_j, \quad j = 1, 2, \cdots, n.$$

这就证明了 $\phi_1(x, c_1, \cdots, c_n), \cdots, \phi_n(x, c_1, \cdots, c_n)$ 是方程组 (8.1) 的解.

下面来证明, $\phi_1(x, c_1, \cdots, c_n), \cdots, \phi_n(x, c_1, \cdots, c_n)$ 是方程组 (8.1) 的通解. 只要证明

$$\det \frac{\partial(\phi_1, \cdots, \phi_n)}{\partial(c_1, \cdots, c_n)} \neq 0$$

即可. 事实上, 由恒等式

$$V_j(x, \phi_1(x, c_1, \cdots, c_n), \cdots, \phi_n(x, c_1, \cdots, c_n)) \equiv c_j, \quad j = 1, 2, \cdots, n$$

可知, 对于 $j, k = 1, 2, \cdots,$ 有

$$\frac{\partial V_j}{\partial y_1}\frac{\partial \phi_1}{\partial c_k} + \cdots + \frac{\partial V_j}{\partial y_n}\frac{\partial \phi_n}{\partial c_k} = \delta_{jk} = \begin{cases} 0, & j \neq k, \\ 1, & j = k, \end{cases}$$

于是

$$\det \frac{\partial(\phi_1, \cdots, \phi_n)}{\partial(c_1, \cdots, c_n)} = \left(\det \frac{\partial(V_1, \cdots, V_n)}{\partial(y_1, \cdots, y_n)}\right)^{-1} \neq 0.$$

最后来证明, 通解 (8.14) 可以表示方程组 (8.1) 在 G 内的所有解. 假设 $y_1 = z_1(x), \cdots, y_n = z_n(x)$ 是方程组 (8.1) 在 G 内的一个解. 令

$$y_1^0 = z_1(x_0), \quad \cdots, \quad y_n^0 = z_n(x_0), \tag{8.15}$$

其中 $(x_0, y_1^0, \cdots, y_n^0) \in G$, 再令

$$c_1^0 = V_1(x_0, y_1^0, \cdots, y_n^0), \quad \cdots, \quad c_n^0 = V_n(x_0, y_1^0, \cdots, y_n^0).$$

考虑方程组

$$V_1(x, y_1, \cdots, y_n) = c_1^0, \quad \cdots, \quad V_n(x, y_1, \cdots, y_n) = c_n^0.$$

由隐函数定理可知, 当 (8.12) 式成立时, 可由上面的方程组解出

$$y_1 = \phi_1(x, c_1^0, \cdots, c_n^0), \quad \cdots, \quad y_n = \phi_n(x, c_1^0, \cdots, c_n^0), \quad (8.16)$$

它满足初始条件

$$y_1^0 = \phi_1(x_0, c_1^0, \cdots, c_n^0), \quad \cdots, \quad y_n^0 = \phi_n(x_0, c_1^0, \cdots, c_n^0).$$

注意到 (8.15) 式和 (8.16) 式是方程组 (8.1) 满足相同初始条件的解, 由解的唯一性可知

$$z_1(x) \equiv \phi_1(x, c_1^0, \cdots, c_n^0), \quad \cdots, \quad z_n(x) \equiv \phi_n(x, c_1^0, \cdots, c_n^0).$$

定理证毕. $\square$

8.1.3 首次积分的存在性

由前面的结果可知, 对于方程组 (8.1) 的求解来讲, 只要找到它的 n 个相互独立的首次积分即可. 然而, 一般来说, 找到首次积分是一件非常困难的事情. 本小节将证明: 在相当广泛的条件下, 首次积分是 (局部) 存在的.

定理 8.4 设点 $P_0(x_0, y_1^0, \cdots, y_n^0) \in G$, 则存在点 P_0 的一个邻域 $G_1 \subset G$, 使得方程组 (8.1) 在 G_1 内有 n 个相互独立的首次积分.

证明 在点 P_0 的一个小邻域 $G_1 \subset G$ 内取点 $(x_0, c_1, \cdots, c_n)$. 考虑初始条件

$$y_1(x_0) = c_1, \quad \cdots, \quad y_n(x_0) = c_n.$$

方程组 (8.1) 满足上述初始条件的解存在且唯一:

$$y_1 = \phi_1(x, c_1, \cdots, c_n), \quad \cdots, \quad y_n = \phi_n(x, c_1, \cdots, c_n),$$

并且函数 $\phi_j (j = 1, 2, \cdots, n)$ 对于 $(x, c_1, \cdots, c_n)$ 是连续可微的. 利用解对初值的连续可微性 (定理 4.6), 可知

$$\det \left. \frac{\partial(\phi_1, \cdots, \phi_n)}{\partial(c_1, \cdots, c_n)} \right|_{x=x_0} = 1.$$

因此, 存在函数组 $V_1 = V_1(x, y_1, \cdots, y_n), \cdots, V_n = V_n(x, y_1, \cdots, y_n)$, 使得

$$V_1(x, y_1, \cdots, y_n) = c_1, \quad \cdots, \quad V_n(x, y_1, \cdots, y_n) = c_n,$$

且 $V_1 = V_1(x, y_1, \cdots, y_n), \cdots, V_n = V_n(x, y_1, \cdots, y_n)$ 是连续可微的, 并有

$$\det \left. \frac{\partial(V_1, \cdots, V_n)}{\partial(y_1, \cdots, y_n)} \right|_{x=x_0} = 1.$$

所以, 存在点 P_0 的一个邻域 G_1, 使得

$$\det \frac{\partial(V_1, \cdots, V_n)}{\partial(y_1, \cdots, y_n)} \neq 0$$

在 G_1 内成立. 这样就得到方程组 (8.1) 在区域 G_1 上的 n 个相互独立的首次积分 $V_1, V_2, \cdots, V_n$. □

下面的定理表明, 对于方程组 (8.1) 来说, 最多存在 n 个相互独立的首次积分.

定理 8.5　方程组 (8.1) 最多有 n 个相互独立的首次积分.

证明　设方程组 (8.1) 的 $n + 1$ 个首次积分为 $V_1, V_2, \cdots, V_{n+1}$. 由首次积分的性质可知

$$\frac{\partial V_j}{\partial x} + \frac{\partial V_j}{\partial y_1} f_1 + \cdots + \frac{\partial V_j}{\partial y_n} f_n = 0, \quad j = 1, 2, \cdots, n+1. \qquad (8.17)$$

这意味着, $1, f_1, \cdots, f_n$ 是线性方程组 (8.17) 的非零解. 因此, 线性方程组 (8.17) 的系数行列式

$$\det \frac{\partial(V_1, V_2, \cdots, V_{n+1})}{\partial(x_1, y_1, \cdots, y_n)} = 0.$$

由此可知, 函数组 $V_1, V_2, \cdots, V_{n+1}$ 是函数相关的, 即它们不是相互独立的, 矛盾. □

接下来的结果表明, 如果知道了方程组 (8.1) 的 n 个相互独立的首次积分, 则该方程组的任一首次积分均可由这 n 个首次积分表示.

定理 8.6 设 $V_1 = V_1(x, y_1, \cdots, y_n), \cdots, V_n = V_n(x, y_1, \cdots, y_n)$ 是方程组 (8.1) 在区域 G 内的 n 个相互独立的首次积分, 则对于在区域 G 内的任意首次积分 $V = V(x, y_1, \cdots, y_n)$, 存在连续可微的函数 h, 使得

$$V(x, y_1, \cdots, y_n) = h(V_1, \cdots, V_n).$$

证明 因为 $V_1(x, y_1, \cdots, y_n), \cdots, V_n(x, y_1, \cdots, y_n)$ 在区域 G 内是相互独立的, 所以

$$J = \det \frac{\partial(V_1, \cdots, V_n)}{\partial(y_1, \cdots, y_n)} \neq 0.$$

由隐函数定理可知, 可以从方程组

$$V_j = V_j(x, y_1, \cdots, y_n), \quad j = 1, 2, \cdots, n$$

解出

$$y_j = y_j(x, V_1, \cdots, V_n), \quad j = 1, 2, \cdots, n.$$

对于任意的首次积分 $V(x, y_1, \cdots, y_n)$, 令

$$h(x, V_1, \cdots, V_n) = V(x, y_1(x, V_1, \cdots, V_n), \cdots, y_n(x, V_1, \cdots, V_n)).$$

现在来证明 $h(x, V_1, \cdots, V_n)$ 与 x 无关, 即

$$\frac{\partial h}{\partial x} = 0.$$

事实上,

$$\frac{\partial h}{\partial x} = \frac{\partial V}{\partial x} + \sum_{j=1}^{n} \frac{\partial V}{\partial y_j} \frac{\partial y_j}{\partial x}.$$

再由 $y_j = y_j(x, V_1, \cdots, V_n)$ 的定义可知

$$\frac{\partial V_j}{\partial x} + \sum_{k=1}^{n} \frac{\partial V_j}{\partial y_k} \frac{\partial y_k}{\partial x} = 0, \quad j = 1, 2, \cdots, n.$$

由此得到

$$\frac{\partial y_j}{\partial x} = -\frac{1}{J} \det \frac{\partial(V_1, \cdots, V_n)}{\partial(y_1, \cdots, y_{j-1}, x, y_{j+1}, y_n)}, \quad j = 1, 2, \cdots, n.$$

于是

$$\frac{\partial h}{\partial x} = \frac{1}{J} \det \frac{\partial(V, V_1, \cdots, V_n)}{\partial(x, y_1, \cdots, y_n)}.$$

由于 $V, V_1, \cdots, V_n$ 是方程组 (8.1) 的首次积分, 因此 (8.6) 式对于 $\Phi = V, V_1, \cdots, V_n$ 均成立. 由此可知 $n+1$ 阶线性方程组

$$\begin{cases} \dfrac{\partial V}{\partial x} + \dfrac{\partial V}{\partial y_1} f_1 + \cdots + \dfrac{\partial V}{\partial y_n} f_n = 0, \\[2mm] \dfrac{\partial V_1}{\partial x} + \dfrac{\partial V_1}{\partial y_1} f_1 + \cdots + \dfrac{\partial V_1}{\partial y_n} f_n = 0, \\[2mm] \quad\cdots\cdots \\[2mm] \dfrac{\partial V_n}{\partial x} + \dfrac{\partial V_n}{\partial y_1} f_1 + \cdots + \dfrac{\partial V_n}{\partial y_n} f_n = 0 \end{cases}$$

有非零解 $(1, f_1, \cdots, f_n)$. 这意味着系数行列式

$$\det \frac{\partial(V, V_1, \cdots, V_n)}{\partial(x, y_1, \cdots, y_n)} = 0.$$

由此可知

$$\frac{\partial h}{\partial x} = 0,$$

即 $h(x, V_1, \cdots, V_n)$ 与 x 无关. 因此

$$V(x, y_1, \cdots, y_n) = h(V_1, \cdots, V_2).$$

定理证毕. □

注 8.2 在上面讨论的关于首次积分的理论中, 限定了所有的结论均是局部的, 即在小范围内成立. 而在大范围内, 所有这些结论一般来讲是不成立的. 首次积分的大范围存在性是一个相当困难的问题, 到目前为止, 尚无完整的解答.

§8.2 一阶齐次线性偏微分方程

一阶齐次线性偏微分方程的一般形式为

$$\sum_{j=1}^{n} A_j(x_1, x_2, \cdots, x_n)\frac{\partial u}{\partial x_j} = 0, \tag{8.18}$$

其中 $u = u(x_1, x_2, \cdots, x_n)$ 是未知函数, 系数函数 $A_j(x_1, x_2, \cdots, x_n)$ $(j = 1, 2, \cdots, n)$ 对于 $(x_1, x_2, \cdots, x_n) \in D$ 是连续可微的, 且它们不同时为零, 即

$$\sum_{j=1}^{n} |A_j(x_1, x_2, \cdots, x_n)| > 0.$$

在本节中, 我们考虑偏微分方程 (8.18) 的解法. 我们的目的是求出偏微分方程 (8.18) 的通解.

在叙述本节的主要结果之前, 我们先对偏微分方程 (8.18) 做一个简单的分析. 假设 $A_1(x_1, x_2, \cdots, x_n) \neq 0$, 可以对偏微分方程 (8.18)

进行变形:

$$\frac{\partial u}{\partial x_1} + \frac{A_2(x_1, x_2, \cdots, x_n)}{A_1(x_1, x_2, \cdots, x_n)} \frac{\partial u}{\partial x_2} + \cdots + \frac{A_n(x_1, x_2, \cdots, x_n)}{A_1(x_1, x_2, \cdots, x_n)} \frac{\partial u}{\partial x_n} = 0.$$
(8.19)

将这个等式与 (8.6) 式进行对比, 可知未知函数 u 是常微分方程组

$$\frac{\mathrm{d}x_2}{\mathrm{d}x_1} = \frac{A_2(x_1, x_2, \cdots, x_n)}{A_1(x_1, x_2, \cdots, x_n)}, \quad \cdots, \quad \frac{\mathrm{d}x_n}{\mathrm{d}x_1} = \frac{A_n(x_1, x_2, \cdots, x_n)}{A_1(x_1, x_2, \cdots, x_n)}$$
(8.20)

的一个首次积分. 于是, 将偏微分方程 (8.18) 的求解问题转化成求常微分方程组 (8.20) 的首次积分问题. 注意到常微分方程组 (8.20) 可以写成对称的形式:

$$\frac{\mathrm{d}x_1}{A_1(x_1, x_2, \cdots, x_n)} = \frac{\mathrm{d}x_2}{A_2(x_1, x_2, \cdots, x_n)} = \cdots = \frac{\mathrm{d}x_n}{A_n(x_1, x_2, \cdots, x_n)}.$$
(8.21)

这是一个 $n-1$ 阶常微分方程组, 称之为偏微分方程 (8.18) 的**特征方程**. 由首次积分的理论可知, 它有 $n-1$ 个相互独立的首次积分

$$\phi_j(x_1, x_2, \cdots, x_n) = c_j, \quad j = 1, 2, \cdots, n-1,$$
(8.22)

且它的任一首次积分均与这 $n-1$ 个首次积分函数相关.

由上面的分析, 可以得到下面的定理.

定理 8.7 设 (8.22) 式是特征方程 (8.21) 的 $n-1$ 个相互独立的首次积分, 则偏微分方程 (8.18) 的通解为

$$u = \Psi(\phi_1(x_1, x_2, \cdots, x_n), \cdots, \phi_{n-1}(x_1, x_2, \cdots, x_n)),$$
(8.23)

其中 Ψ 是任意连续可微函数.

证明 设 $\phi(x_1, x_2, \cdots, x_n)$ 是特征方程 (8.21) 的一个首次积分. 由于 $A_1(x_1, x_2, \cdots, x_n), A_2(x_1, x_2, \cdots, x_n), \cdots, A_n(x_1, x_2, \cdots, x_n)$ 不

同时为零, 假设存在一个邻域, 使得在此邻域内 $A_1(x_1, x_2, \cdots, x_n) \neq 0$. 由此可知, 特征方程 (8.21) 等价于下面的方程组:

$$\frac{\mathrm{d}x_j}{\mathrm{d}x_1} = \frac{A_j(x_1, x_2, \cdots, x_n)}{A_1(x_1, x_2, \cdots, x_n)}, \quad j = 2, 3, \cdots, n.$$

因此, $\phi(x_1, x_2, \cdots, x_n)$ 也是这个方程组的一个首次积分. 于是

$$\frac{\partial \phi}{\partial x_1} + \sum_{j=2}^n \frac{A_j(x_1, x_2, \cdots, x_n)}{A_1(x_1, x_2, \cdots, x_n)} \frac{\partial \phi}{\partial x_j} = 0,$$

即

$$\sum_{j=1}^n A_j(x_1, x_2, \cdots, x_n) \frac{\partial \phi}{\partial x_j} = 0.$$

这意味着, $u = \phi(x_1, x_2, \cdots, x_n)$ 为偏微分方程 (8.18) 的非常数解的充要条件是 $\phi(x_1, x_2, \cdots, x_n)$ 是特征方程 (8.21) 的一个首次积分.

由于 $\phi_1(x_1, x_2, \cdots, x_n), \cdots, \phi_{n-1}(x_1, x_2, \cdots, x_n)$ 是特征方程 (8.21)($n-1$ 阶常微分方程组) 的 $n-1$ 个相互独立的首次积分, 由首次积分的理论可知, 对于任意的连续可微函数 Ψ,

$$\Psi(\phi_1(x_1, x_2, \cdots, x_n), \cdots, \phi_{n-1}(x_1, x_2, \cdots, x_n))$$

是该特征方程的一个首次积分. 而且, 对于特征方程 (8.21) 的任意首次积分 $\phi(x_1, x_2, \cdots, x_n)$, 一定存在一个连续可微函数 Ψ_0, 使得

$$\phi(x_1, x_2, \cdots, x_n) = \Psi_0(\phi_1(x_1, x_2, \cdots, x_n), \cdots, \phi_{n-1}(x_1, x_2, \cdots, x_n)).$$

定理证毕. □

注 8.3 由于首次积分的理论是局部的, 因此偏微分方程 (8.18) 的通解表达式 (8.23) 也是局部的.

例 8.3 求解偏微分方程

$$(y + z)\frac{\partial u}{\partial x} + (z + x)\frac{\partial u}{\partial y} + (x + y)\frac{\partial u}{\partial z} = 0.$$

解　考虑相应的特征方程

$$\frac{\mathrm{d}x}{z+y} = \frac{\mathrm{d}y}{z+x} = \frac{\mathrm{d}z}{x+y}.$$

由此可以得到

$$\frac{\mathrm{d}(x+y+z)}{2(x+y+z)} = -\frac{\mathrm{d}(x-y)}{x-y}.$$

上式两端积分, 得到一个首次积分

$$(x-y)^2(x+y+z) = c_1,$$

其中 c_1 为任意常数. 此外, 还有

$$\frac{\mathrm{d}(x-y)}{x-y} = \frac{\mathrm{d}(y-z)}{y-z}.$$

由此得到另一个首次积分

$$\frac{x-y}{y-z} = c_2,$$

其中 c_2 为任意常数. 于是, 偏微分方程的通解为

$$u = \Psi\left((x-y)^2(x+y+z), \frac{x-y}{y-z}\right),$$

其中 Ψ 为任意连续可微函数.

　　例 8.4　求偏微分方程

$$x\frac{\partial z}{\partial x} - y\frac{\partial z}{\partial y} = 0$$

满足条件"当 $y=1$ 时, $z=2x$"的解.

　　解　该偏微分方程的特征方程为

$$\frac{\mathrm{d}x}{x} = \frac{\mathrm{d}y}{-y}.$$

由此可知一个首次积分为

$$xy = c,$$

其中 c 为任意常数. 所以, 该偏微分方程的通解为

$$z = \Psi(xy).$$

其中 Ψ 为任意连续可微函数. 又当 $y = 1$ 时, $z = 2x$, 即 $\Psi(x) = 2x$, 于是满足给定条件的解为

$$z = 2xy.$$

习 题 8.2

1. 求解下列偏微分方程:

(1) $(x + 2y)\dfrac{\partial z}{\partial x} - y\dfrac{\partial z}{\partial y} = 0$;

(2) $(x - z)\dfrac{\partial u}{\partial x} + (y - z)\dfrac{\partial u}{\partial y} + 2z\dfrac{\partial u}{\partial z} = 0$;

(3) $x(y^2 + z^2)\dfrac{\partial u}{\partial x} + y(z^2 + x^2)\dfrac{\partial u}{\partial y} + z(y^2 - x^2)\dfrac{\partial u}{\partial z} = 0$.

2. 求下列偏微分方程满足给定条件的解:

(1) $\sqrt{x}\dfrac{\partial u}{\partial x} + \sqrt{y}\dfrac{\partial u}{\partial y} + \sqrt{z}\dfrac{\partial u}{\partial z} = 0$, 当 $x = 1$ 时, $u = y - z$;

(2) $x\dfrac{\partial u}{\partial x} + y\dfrac{\partial u}{\partial y} + xy\dfrac{\partial u}{\partial z} = 0$, 当 $z = 0$ 时, $u = x^2 + y^2$;

(3) $\dfrac{\partial z}{\partial x} + (2\mathrm{e}^x - y)\dfrac{\partial z}{\partial y} = 0$, 当 $x = 0$ 时, $z = y$.

§8.3 一阶拟线性偏微分方程

我们称如下形式的偏微分方程为**一阶拟线性偏微分方程**:

$$\sum_{j=1}^{n} A_j(x_1, \cdots, x_n, u)\frac{\partial u}{\partial x_j} = B(x_1, \cdots, x_n, u), \tag{8.24}$$

其中函数 $A_1(x_1, \cdots, x_n, u), \cdots, A_n(x_1, \cdots, x_n, u)$ 和 $B(x_1, \cdots, x_n, u)$ 均连续可微. 这个方程的特点是, 它关于未知函数 $u = u(x_1, \cdots, x_n)$ 的偏导数是线性的.

假设 $u = \phi(x_1, \cdots, x_n)$ 是偏微分方程 (8.24) 的解. 令

$$\Phi(x_1, \cdots, x_n, u) = \phi(x_1, \cdots, x_n) - u,$$

则显然有 $\Phi(x_1, \cdots, x_n, u) \equiv 0$ 当且仅当 $u = \phi(x_1, \cdots, x_n)$. 注意到

$$\frac{\partial \Phi}{\partial x_j} = \frac{\partial \phi}{\partial x_j} \ (j = 1, 2, \cdots, n), \quad \frac{\partial \Phi}{\partial u} = -1,$$

于是

$$\sum_{j=1}^{n} A_j(x_1, \cdots, x_n, u) \frac{\partial \Phi}{\partial x_j} + B(x_1, \cdots, x_n, u) \frac{\partial \Phi}{\partial u} = 0. \qquad (8.25)$$

换句话说, 如果 $u = \phi(x_1, \cdots, x_n)$ 是偏微分方程 (8.24) 的解, 则 $\Phi(x_1, \cdots, x_n, u) = 0$ 是齐次线性偏微分方程 (8.25) 的解.

下面证明: 如果 $\Phi(x_1, \cdots, x_n, u)$ 是偏微分方程 (8.25) 的解, 且 $\dfrac{\partial \Phi}{\partial u} \neq 0$, 则从 $\Phi(x_1, \cdots, x_n, u) = 0$ 解出的 $u = \phi(x_1, \cdots, x_n)$ 是偏微分方程 (8.24) 的解. 事实上,

$$\frac{\partial \phi}{\partial x_j} = -\frac{\partial \Phi}{\partial x_j} \left(\frac{\partial \Phi}{\partial u} \right)^{-1}, \quad j = 1, 2, \cdots, n,$$

因此

$$\sum_{j=1}^{n} A_j(x_1, \cdots, x_n, u) \frac{\partial \phi}{\partial x_j} = -\left(\frac{\partial \Phi}{\partial u} \right)^{-1} \sum_{j=1}^{n} A_j(x_1, \cdots, x_n, u) \frac{\partial \Phi}{\partial x_j}.$$

因为 $\Phi(x_1, \cdots, x_n, u)$ 是偏微分方程 (8.25) 的解, 所以

$$-\left(\frac{\partial \Phi}{\partial u} \right)^{-1} \sum_{j=1}^{n} A_j(x_1, \cdots, x_n, u) \frac{\partial \Phi}{\partial x_j} = B(x_1, \cdots, x_n, u).$$

因此

$$\sum_{j=1}^{n} A_j(x_1,\cdots,x_n,\phi)\frac{\partial \phi}{\partial x_j} = B(x_1,\cdots,x_n,\phi),$$

即 $u = \phi(x_1,\cdots,x_n)$ 是偏微分方程 (8.24) 的解.

定理 8.8 假设齐次线性偏微分方程 (8.25) 的通解为

$$\Phi = \Phi(\psi_1(x_1,\cdots,x_n,u),\cdots,\psi_n(x_1,\cdots,x_n,u)),$$

其中

$$\psi_j(x_1,\cdots,x_n,u) = c_j, \quad j = 1,2,\cdots,n$$

是相应的特征方程

$$\frac{\mathrm{d}x_1}{A_1(x_1,\cdots,x_n,u)} = \cdots = \frac{\mathrm{d}x_n}{A_n(x_1,\cdots,x_n,u)} = \frac{\mathrm{d}u}{B(x_1,\cdots,x_n,u)}$$

$$(8.26)$$

的 n 个相互独立的首次积分, 而 Φ 是任意连续可微的函数, 则偏微分方程 (8.24) 的通解为

$$\Phi(\psi_1(x_1,\cdots,x_n,u),\cdots,\psi_n(x_1,\cdots,x_n,u)) = 0, \qquad (8.27)$$

其中假定 $\dfrac{\partial}{\partial u}\Phi(x_1,\cdots,x_n,u) \neq 0$.

证明 由前面的讨论可知, 只需证明偏微分方程 (8.24) 的任意解均可写成 (8.27) 式的形式. 这意味着, 对于偏微分方程 (8.24) 的任意解 $u = f(x_1,\cdots,x_n)$, 存在函数 Φ_0, 使得

$$\Phi_0(\psi_1(x_1,\cdots,x_n,f(x_1,\cdots,x_n)),\cdots,$$

$$\psi_n(x_1,\cdots,x_n,f(x_1,\cdots,x_n))) \equiv 0.$$

而这一式子等价于函数组

$$\psi_j(x_1,\cdots,x_n,f(x_1,\cdots,x_n)) \triangleq \phi_j(x_1,\cdots,x_n), \quad j = 1,2,\cdots,n$$

是函数相关的. 因此, 我们只要证明 $\phi_j(x_1, \cdots, x_n)(j = 1, 2, \cdots, n)$ 的函数相关性即可.

由于

$$\frac{\partial \phi_j}{\partial x_k} = \frac{\partial \psi_j}{\partial x_k} + \frac{\partial \psi_j}{\partial u} \frac{\partial f}{\partial x_k}, \quad j, k = 1, 2, \cdots, n,$$

利用 $f(x_1, \cdots, x_n)$ 是偏微分方程 (8.24) 的解以及 $\psi_j(x_1, \cdots, x_n, u)$ $(j = 1, 2, \cdots, n)$ 是偏微分方程 (8.25) 的解, 有

$$\sum_{k=1}^{n} A_k(x_1, \cdots, x_n, f(x_1, \cdots, x_n)) \frac{\partial \phi_j}{\partial x_k}$$

$$= \sum_{k=1}^{n} A_k(x_1, \cdots, x_n, f(x_1, \cdots, x_n)) \frac{\partial \psi_j}{\partial x_k}$$

$$+ \sum_{k=1}^{n} \frac{\partial \psi_j}{\partial u} A_k(x_1, \cdots, x_n, f(x_1, \cdots, x_n)) \frac{\partial f}{\partial x_k}$$

$$= \sum_{k=1}^{n} A_k(x_1, \cdots, x_n, f(x_1, \cdots, x_n)) \frac{\partial \psi_j}{\partial x_k}$$

$$+ B(x_1, \cdots, x_n, f(x_1, \cdots, x_n)) \frac{\partial \psi_j}{\partial u}$$

$$= 0.$$

再由 $A_1(x_1, \cdots, x_n, u), \cdots, A_n(x_1, \cdots, x_n, u)$ 不同时为零可知

$$\det \frac{\partial(\phi_1, \cdots, \phi_n)}{\partial(x_1, \cdots, x_n)} = 0,$$

即 $\phi_1(x_1, \cdots, x_n), \cdots, \phi_n(x_1, \cdots, x_n)$ 函数相关. □

例 8.5 求偏微分方程

$$xz \frac{\partial z}{\partial x} + yz \frac{\partial z}{\partial y} = -xy$$

的通解以及过曲线 $y = x^2, z = x^3$ 的解曲面.

解　对应的特征方程为

$$\frac{\mathrm{d}x}{xz} = \frac{\mathrm{d}y}{yz} = \frac{\mathrm{d}z}{-xy},$$

它有两个相互独立的首次积分

$$\frac{x}{y} = c_1, \quad z^2 + xy = c_2,$$

其中 c_1, c_2 为任意常数. 因此, 原方程的通解为

$$V\left(\frac{x}{y}, z^2 + xy\right) = 0,$$

其中 $V(\xi, \eta)$ 是任意满足 $V'_\eta \neq 0$ 的连续可微函数.

设由上式可以解出

$$z^2 + xy = f\left(\frac{x}{y}\right),$$

再将给定条件 $y = x^2, z = x^3$ 代入上式, 可知

$$f\left(\frac{1}{x}\right) = x^6 + x^3,$$

因此

$$f(x) = \frac{1}{x^3} + \frac{1}{x^6}.$$

于是, 所求的解曲面为

$$z^2 + xy = \left(\frac{y}{x}\right)^6 + \left(\frac{y}{x}\right)^3.$$

例 8.6　*求解偏微分方程*

$$\frac{\partial u}{\partial x} + 2\frac{\partial u}{\partial y} + 3\frac{\partial u}{\partial z} = xyz. \tag{8.28}$$

解 注意到偏微分方程 (8.28) 的右端不依赖于未知函数 u, 因此很容易证明该方程的通解由齐次线性偏微分方程

$$\frac{\partial u}{\partial x} + 2\frac{\partial u}{\partial y} + 3\frac{\partial u}{\partial z} = 0 \tag{8.29}$$

的通解与偏微分方程 (8.28) 的一个特解的和构成.

先来求齐次线性偏微分方程 (8.29) 的通解. 该方程对应的特征方程为

$$\frac{\mathrm{d}x}{1} = \frac{\mathrm{d}y}{2} = \frac{\mathrm{d}z}{3},$$

容易得到它的两个相互独立的首次积分

$$x - \frac{y}{2} = c_1, \quad x - \frac{z}{3} = c_2,$$

其中 c_1, c_2 为任意常数. 因此, 齐次线性偏微分方程 (8.29) 的通解为

$$u = V\left(x - \frac{y}{2}, x - \frac{z}{3}\right),$$

其中 V 是任意连续可微函数.

现在来求偏微分方程 (8.28) 的一个特解 $u_0(x, y, z)$. 由该方程的形式, 不妨设

$$u_0(x, y, z) = \frac{1}{2}x^2yz + u_1(x, y, z),$$

则

$$\frac{\partial u_1}{\partial x} + 2\frac{\partial u_1}{\partial y} + 3\frac{\partial u_1}{\partial z} + x^2z + \frac{3}{2}x^2y = 0.$$

再令

$$u_1(x, y, z) = -\frac{1}{3}x^3z - \frac{1}{2}x^3y + u_2(x, y, z),$$

则 $u_2(x, y, z)$ 应该满足的方程为

$$\frac{\partial u_2}{\partial x} + 2\frac{\partial u_2}{\partial y} + 3\frac{\partial u_2}{\partial z} - 2x^3 = 0.$$

这只要选择

$$u_2(x, y, z) = \frac{1}{2}x^4$$

即可. 于是

$$u_0(x, y, z) = \frac{1}{2}x^2yz - \frac{1}{3}x^3z - \frac{1}{2}x^3y + \frac{1}{2}x^4,$$

从而偏微分方程 (8.28) 的通解为

$$u = u_0(x, y, z) + V\left(x - \frac{y}{2}, x - \frac{z}{3}\right)$$
$$= \frac{1}{2}x^2yz - \frac{1}{3}x^3z - \frac{1}{2}x^3y + \frac{1}{2}x^4 + V\left(x - \frac{y}{2}, x - \frac{2}{3}\right).$$

习 题 8.3

1. 求下列偏微分方程的通解

(1) $xy\dfrac{\partial z}{\partial x} + (x - 2z)\dfrac{\partial z}{\partial y} = yz$;

(2) $x_1\dfrac{\partial y}{\partial x_1} + \cdots + x_n\dfrac{\partial y}{\partial x_n} = ky$ (k 为常数);

(3) $2y^4\dfrac{\partial z}{\partial x} - xy\dfrac{\partial z}{\partial y} = x\sqrt{z^2 + 1}$;

(4) $y\dfrac{\partial z}{\partial x} + x\dfrac{\partial z}{\partial y} = x - y$;

(5) $(y + z)\dfrac{\partial u}{\partial x} + (z + x)\dfrac{\partial u}{\partial y} + (x + y)\dfrac{\partial u}{\partial z} = u$.

2. 求下列偏微分方程在给定条件下的解:

(1) $y^2\dfrac{\partial z}{\partial x} + xy\dfrac{\partial z}{\partial y} = x$, 当 $x = 0$ 时, $z = y^2$;

(2) $x\dfrac{\partial z}{\partial x} + y\dfrac{\partial z}{\partial y} = z - x^2 - y^2$, 当 $y = -2$ 时, $z = x - x^2$;

(3) $x\dfrac{\partial z}{\partial x} + y\dfrac{\partial z}{\partial y} = 2xy$, 当 $y = x$ 时, $z = x^2$.

3. 求一曲面, 使其在任一点处的切平面在 x 轴上的截距为切点的 x 坐标的一半.

§8.4　一阶偏微分方程解的几何解释

为了更好地说明一阶偏微分方程解的几何意义, 本节只考虑如下一阶拟线性偏微分方程:

$$X(x,y,z)\frac{\partial z}{\partial x} + Y(x,y,z)\frac{\partial z}{\partial y} = Z(x,y,z), \qquad (8.30)$$

其中函数 $X(x,y,z), Y(x,y,z), Z(x,y,z)$ 在区域 $G \subset \mathbb{R}^3$ 上连续可微, 且 $X^2(x,y,z) + Y^2(x,y,z) \neq 0$. 由上一节的讨论可知, 该方程对应的特征方程为

$$\frac{\mathrm{d}x}{X(x,y,z)} = \frac{\mathrm{d}y}{Y(x,y,z)} = \frac{\mathrm{d}z}{Z(x,y,z)}. \qquad (8.31)$$

对于区域 G 上的每一点 $P(x,y,z)$, 定义一个向量

$$\boldsymbol{v}_P = (X(P), Y(P), Z(P)).$$

这样就在区域 G 上定义了一个向量场. 依据常微分方程解的几何解释, 特征方程 (8.31) 的解曲线就是这样的曲线: 该曲线在点 P 处切线的方向向量就是 $\boldsymbol{v}_P$ (图 8.2).

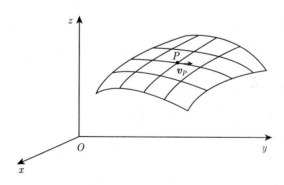

图　8.2

定义 8.3 将向量 $\boldsymbol{v}_P = (X(P), Y(P), Z(P))$ 称为偏微分方程 (8.30) 的**特征向量**, 特征方程 (8.31) 的解曲线称为**特征曲线**, 而将偏微分方程 (8.30) 的解 $z = z(x, y)$ 所确定的曲面称为**积分曲面**.

在积分曲面 $S : z = z(x, y)$ 上任取一点 $P(x, y, z)$, 则积分曲面 S 在这一点处的法向量为 $\boldsymbol{n}_P = \left(\dfrac{\partial z}{\partial x}, \dfrac{\partial z}{\partial y}, -1 \right)$. 于是

$$\langle \boldsymbol{v}_P, \boldsymbol{n}_P \rangle = X(x, y, z)\frac{\partial z}{\partial x} + Y(x, y, z)\frac{\partial z}{\partial y} - Z(x, y, z) = 0.$$

这意味着 $\boldsymbol{v}_P$ 和 $\boldsymbol{n}_P$ 是相互垂直的. 也就是说, 点 P 处的特征向量 $\boldsymbol{v}_P$ 是积分曲面 S 在点 P 处的一个切向量. 由此可知, 特征曲线与积分曲面 S 在点 P 处相切.

定理 8.9 积分曲面 S 是由特征曲线组成的.

证明 需要证明的是如下三个结论:

(1) 对于积分曲面 S 上任一点 $P_0(x_0, y_0, z_0)$, 有且仅有一条特征曲线 Γ_0 通过点 P_0;

(2) 特征曲线 $\Gamma_0 \subset S$;

(3) 由特征曲线生成的光滑曲面 $z = f(x, y)$ 是偏微分方程 (8.30) 的积分曲面.

结论 (1) 由特征方程 (8.31) 的解的存在和唯一性得到.

下面来证明结论 (2). 注意到特征方程 (8.31) 有两个相互独立的首次积分

$$\phi(x, y, z) = c_1, \quad \psi(x, y, z) = c_2$$

(c_1, c_2 为任意常数), 它们确定了特征曲线族, 因此特征曲线 Γ_0 满足

$$\phi(x, y, z) = c_1^0, \quad \psi(x, y, z) = c_2^0, \tag{8.32}$$

其中

$$c_1^0 = \phi(x_0, y_0, z_0), \quad c_2^0 = \psi(x_0, y_0, z_0). \tag{8.33}$$

由上一节的结果可知, 存在连续可微函数 h, 使得积分曲面 S 可表示成

$$h(\phi(x,y,z), \psi(x,y,z)) = 0.$$

由于点 $P_0 \in S$, 因此

$$h(\phi(x_0, y_0, z_0), \psi(x_0, y_0, z_0)) = 0.$$

再由 (8.33) 式可知

$$h(c_1^0, c_2^0) = 0.$$

于是, 对于特征曲线 $\varGamma_0$ 上的任一点 (x, y, z), 由 (8.32) 式可知

$$h(\phi(x,y,z), \psi(x,y,z)) = 0,$$

即特征曲线 $\varGamma_0 \subset S$.

现在来证明结论 (3). 一张光滑曲面 $\mathcal{F}$: $z = f(x,y)$, 它在点 $P(x,y,z)$ 处的法向量为

$$\boldsymbol{n}_P = \left(\frac{\partial f}{\partial x}, \frac{\partial f}{\partial y}, -1 \right).$$

假设曲面 $\mathcal{F}$ 是由特征曲线生成的, 于是点 P 处的法向量 $\boldsymbol{n}_P$ 应该与过这一点的特征曲线的切向量 $\boldsymbol{v}_P$ 垂直, 即

$$X(x,y,f(x,y))\frac{\partial f}{\partial x} + Y(x,y,f(x,y))\frac{\partial f}{\partial y} - Z(x,y,f(x,y)) = 0,$$

亦即 $z = f(x,y)$ 是偏微分方程 (8.30) 的解. 于是, 曲面 $\mathcal{F}$ 是积分曲面. $\square$

一阶偏微分方程 (8.30) 的**初值问题**就是: 给定一条光滑曲线

$$\gamma : x = f(s),\ y = g(s),\ z = h(s),\quad s \in I,$$

其中 s 为参数, 求偏微分方程 (8.30) 的一张积分曲面 S, 使得它通过曲线 γ. 这时称 γ 为**初始曲线**.

由此可知, 如果从曲线 γ 上每一点出发的特征曲线组成一张光滑曲面, 且这张曲面可以写成 $z = F(x, y)$, 则这张曲面就是初值问题的积分曲面. 如果这样的曲面是唯一的, 则表明初值问题的解是存在且唯一的. 如果这张曲面不能写成 $z = F(x, y)$ 的形式, 则它不是偏微分方程 (8.30) 的积分曲面, 此时初值问题无解.

在曲线 γ 上任取一点 $P(f(s), g(s), h(s))$, 则通过该点的特征曲线为

$$\Gamma_P : \phi(x, y, z) = c_1^0, \psi(x, y, z) = c_2^0, \tag{8.34}$$

其中常数

$$c_1^0 = \phi(f(s), g(s), h(s)), \quad c_2^0 = \psi(f(s), g(s), h(s)). \tag{8.35}$$

在上式中消去参数 s, 假设得到

$$E(c_1^0, c_2^0) = 0.$$

由点 P 的任意性可知, 上式表示了与初始曲线 γ 在点 P 处相交的特征曲线应该满足的关系式. 再由 (8.34) 式可知,

$$E(\phi(x, y, z), \psi(x, y, z)) = 0$$

确定了所求的积分曲面 $S : z = F(x, y)$.

例 8.7 求偏微分方程

$$x\frac{\partial z}{\partial x} + y\frac{\partial z}{\partial y} = z - xy$$

通过初始曲线 $\gamma : x = 2, z = y^2 + 1$ 的积分曲面.

解 对应的特征方程为

$$\frac{\mathrm{d}x}{x} = \frac{\mathrm{d}y}{y} = \frac{\mathrm{d}z}{z - xy},$$

容易得到它的两个相互独立的首次积分

$$\frac{x}{y} = c_1, \quad \frac{z+xy}{y} = c_2,$$

其中 c_1, c_2 为任意常数. 利用当 $x = 2$ 时, $z = y^2 + 1$, 得到

$$c_1 = \frac{2}{y}, \quad \frac{y^2+1+2y}{y} = c_2.$$

从中消去 y, 得到

$$c_1\left(\frac{2}{c_1}+1\right)^2 = 2c_2.$$

因此, 积分曲面为

$$\frac{x}{y}\left(2\frac{y}{x}+1\right)^2 = 2\frac{z+xy}{y},$$

整理后得到

$$2x(z+xy) = (x+2y)^2.$$

　　例 8.8　*求偏微分方程*

$$\sqrt{x}\frac{\partial z}{\partial x} + \sqrt{y}\frac{\partial z}{\partial y} = \sqrt{z}$$

通过初始曲线 $\gamma : x = y = z$ 的积分曲面.

　　解　对应的特征方程为

$$\frac{\mathrm{d}x}{\sqrt{x}} = \frac{\mathrm{d}y}{\sqrt{y}} = \frac{\mathrm{d}z}{\sqrt{z}},$$

得到它的两个相互独立的首次积分

$$\sqrt{x} - \sqrt{y} = c_1, \quad \sqrt{y} - \sqrt{z} = c_2,$$

其中 c_1, c_2 为任意常数. 在初始曲线 γ 上, 有 $c_1 = c_2 = 0$. 这意味着初始曲线 γ 与所给方程的一条特征曲线重合, 因此这个初值问题有无穷多个解, 具体表达式为

$$\sqrt{z} = \sqrt{y} + \phi(\sqrt{x} - \sqrt{y}),$$

其中 ϕ 为任意满足 $\phi(0) = 0$ 的连续可微函数.

习 题 8.4

1. 求偏微分方程

$$x\frac{\partial z}{\partial x} - y\frac{\partial z}{\partial y} = 0$$

的积分曲面, 使得它通过初始曲线

$$x = t, \quad y = 3t, \quad z = 1 + t^2.$$

2. 求解初值问题

$$\begin{cases} (x^2 + y^2)\dfrac{\partial z}{\partial x} + 2xy\dfrac{\partial z}{\partial y} = 0, \\ \text{当 } x = 2y \text{ 时, } z = y^2. \end{cases}$$

*第九章　微分方程定性理论简介

　　19 世纪 80 年代, 由法国著名数学家 Poincaré 开创的微分方程定性理论, 不借助于微分方程的求解, 而从微分方程本身的特点出发来研究它的解应该具有的某些性质 (周期性、稳定性等), 成为研究非线性微分方程的主要方法. 20 世纪以来, 微分方程定性理论已经成为常微分方程研究的主流. 与 Poincaré 同时, 俄国数学家 Lyapunov[①]对微分方程解的稳定性进行了深入研究, 这是微分方程定性理论的又一重要工作.

　　本章将简要介绍微分方程定性理论研究中的一些基本概念和基本方法. 对这些内容感兴趣的读者可以参看文献 [9] 和 [15].

§9.1　动力系统, 相空间和轨线

　　考虑微分方程组

$$\frac{\mathrm{d}\boldsymbol{x}}{\mathrm{d}t} = \boldsymbol{f}(\boldsymbol{x}),　(9.1)$$

其中 $\boldsymbol{x} \in D \subseteq \mathbb{R}^n$, $\boldsymbol{f} : D \to \mathbb{R}^n$ 是连续的. 方程组 (9.1) 的右端函数不明显地依赖于自变量 t, 我们称这样的微分方程组为**自治微分方程组**或**自治系统**.

　　在本章中, 除非有特殊的说明, 总是假定方程组 (9.1) 的初值问题的解是存在且唯一的, 即满足

$$\boldsymbol{x}(t_0) = \boldsymbol{x}_0, \quad \forall \boldsymbol{x}_0 \in D$$

的解是存在且唯一的.

---

　　① A. M. Lyapunov(1857—1918), 俄国数学家、力学家.

引理 9.1 假设 $\boldsymbol{x} = \boldsymbol{\phi}(t)$ 是方程组 (9.1) 的解, 则对于任意常数 c, $\boldsymbol{x} = \boldsymbol{\phi}(t+c)$ 也是它的解.

证明 设解 $\boldsymbol{x} = \boldsymbol{\phi}(t)$ 的存在区间为 (α, β), 则

$$\boldsymbol{\phi}'(t) = \boldsymbol{f}(\boldsymbol{\phi}(t)), \quad \alpha < t < \beta.$$

将自变量 t 换成 $t+c$, 得到

$$\boldsymbol{\phi}'(t+c) = \boldsymbol{f}(\boldsymbol{\phi}(t+c)), \quad \alpha < t+c < \beta.$$

令 $\boldsymbol{u}(t) = \boldsymbol{\phi}(t+c)$, 则

$$\boldsymbol{u}'(t) = \boldsymbol{f}(\boldsymbol{u}(t)), \quad \alpha - c < t < \beta - c,$$

即 $\boldsymbol{x} = \boldsymbol{\phi}(t+c)$ 是方程组 (9.1) 的一个解, 其存在区间为 $(\alpha-c, \beta-c)$.
$\square$

注 9.1 引理 9.1 表明, 方程组 (9.1) 的积分曲线在沿 t 轴的平移下依然是该方程组的积分曲线.

定义 9.1 将方程组 (9.1) 中 $\boldsymbol{x}$ 的取值范围 D 称作**相空间**. 设 $\boldsymbol{x} = \boldsymbol{\phi}(t, \boldsymbol{x}_0)$ 是方程组 (9.1) 满足初始条件 $\boldsymbol{\phi}(0, \boldsymbol{x}_0) = \boldsymbol{x}_0$ 的解, 它的存在区间为 J. 令

$$\gamma(\boldsymbol{x}_0) = \{\boldsymbol{x} \in D | \boldsymbol{x} = \boldsymbol{\phi}(t, \boldsymbol{x}_0), t \in J\} \tag{9.2}$$

表示相空间 D 中的一条曲线, 称它为解 $\boldsymbol{x} = \boldsymbol{\phi}(t, \boldsymbol{x}_0)$ 或方程组 (9.1) 的**轨线**.

显然, 所谓的轨线, 就是积分曲线 $\{t, \boldsymbol{x}(t)\}$ 沿着 t 轴向相空间的投影. 它有着明确的力学意义: 它是由方程组 (9.1) 描述的质点运动的轨迹.

引理 9.2 如果方程组 (9.1) 的轨线 $\gamma(\boldsymbol{x}_0)$ 与 $\gamma(\boldsymbol{y}_0)$ 相交, 则它们必定重合, 即 $\gamma(\boldsymbol{x}_0) = \gamma(\boldsymbol{y}_0)$.

证明　假设 $\gamma(\boldsymbol{x}_0)$ 与 $\gamma(\boldsymbol{y}_0)$ 有一个交点 $\boldsymbol{z}_0$, 则存在 τ 和 σ, 使得

$$\boldsymbol{\phi}(\tau, \boldsymbol{x}_0) = \boldsymbol{\phi}(\sigma, \boldsymbol{y}_0) \quad (= \boldsymbol{z}_0).$$

因此, 解 $\boldsymbol{x} = \boldsymbol{\phi}(t, \boldsymbol{x}_0)$ 满足条件 $\boldsymbol{x}(\tau) = \boldsymbol{z}_0$. 由引理 9.1 可知, $\boldsymbol{x} = \boldsymbol{\phi}(t+(\sigma-\tau), \boldsymbol{y}_0)$ 也是方程组 (9.1) 的解, 它满足 $\boldsymbol{x}(\tau) = \boldsymbol{\phi}(\sigma, \boldsymbol{y}_0) = \boldsymbol{z}_0$. 根据解的唯一性, 可知

$$\boldsymbol{\phi}(t, \boldsymbol{x}_0) \equiv \boldsymbol{\phi}(t + (\sigma - \tau), \boldsymbol{y}_0).$$

由轨线的定义可知 $\gamma(\boldsymbol{x}_0) = \gamma(\boldsymbol{y}_0)$. □

注 9.2　由引理 9.2 可知, 方程组 (9.1) 不仅积分曲线唯一, 轨线也唯一. 也就是说, 对于相空间 D 上的任一点, 最多只有一条轨线通过该点. 这在分析相空间轨线的分布时是重要的.

定义 9.2　假设方程组 (9.1) 有一个常值解 $\boldsymbol{x} = \boldsymbol{\phi}(t, \boldsymbol{x}_0) \equiv \boldsymbol{x}_0$, 称 $\boldsymbol{x}_0$ 是方程组 (9.1) 的**平衡点**.

当 $\boldsymbol{x}_0$ 是方程组 (9.1) 的平衡点时, $\boldsymbol{\phi}'(t, \boldsymbol{x}_0) = \boldsymbol{0}$, 于是 $\boldsymbol{f}(\boldsymbol{x}_0) = \boldsymbol{0}$. 反之, 如果存在 $\boldsymbol{x}_0$, 使得 $\boldsymbol{f}(\boldsymbol{x}_0) = \boldsymbol{0}$, 显然 $\boldsymbol{x}(t) \equiv \boldsymbol{x}_0$ 是该方程组的一个常值解. 如果将 $\boldsymbol{f}(\cdot)$ 看成 $\mathbb{R}^n$ 中的一个向量场的话, 那么称使得 $\boldsymbol{f}(\boldsymbol{x}) = \boldsymbol{0}$ 的点 $\boldsymbol{x}$ 为这个向量场的**奇点**. 由上面的讨论可知, 自治系统的平衡点就是向量场的奇点, 故有时也称自治系统的平衡点为自治系统的奇点.

当 $\boldsymbol{x}_0$ 不是方程组 (9.1) 的平衡点时, 称 $\boldsymbol{x}_0$ 为该方程组的**常点**. 因此, $\boldsymbol{x}_0$ 是方程组 (9.1) 的常点当且仅当 $\boldsymbol{f}(\boldsymbol{x}_0) \neq \boldsymbol{0}$.

对于平衡点 $\boldsymbol{x}_0$ 来讲, 过 $\boldsymbol{x}_0$ 的轨线就是 $\{\boldsymbol{x}_0\}$. 再由引理 9.2 可知, 过常点的轨线不包括任何的奇点.

一般来讲, 找不到方程组 (9.1) 的解的明显表达式, 因此面临的任务就是: 从向量场的特点出发, 获取轨线的几何特征, 弄清楚轨线族的拓扑结构图 (称为**相图**).

从几何上讲, 平衡点是简单的, 然而在平衡点附近的其他轨线可以表现出非常复杂的形态.

除了平衡点外, 下面的轨线在几何上讲也是简单的: 轨线为一条闭曲线.

引理 9.3 轨线 $\gamma(\boldsymbol{x}_0)$ 是一条闭曲线当且仅当解 $\boldsymbol{x} = \boldsymbol{\phi}(t, \boldsymbol{x}_0)$ 关于 t 是周期的.

证明 假设 $\gamma(\boldsymbol{x}_0)$ 是一条闭曲线. 由引理 9.2 可知, 在这条闭曲线上的任一点 $\boldsymbol{p}$ 处, 有 $\boldsymbol{f}(\boldsymbol{p}) \neq 0$. 于是, 存在常数 $c_0 > 0$, 使得对于这条闭曲线上的点 $\boldsymbol{q}$, 有 $|\boldsymbol{f}(\boldsymbol{q})| \geqslant c_0$. 再由轨线的定义可知, 存在 $T > 0$, 使得 $\boldsymbol{\phi}(T, \boldsymbol{x}_0) = \boldsymbol{x}_0$. 利用解的存在和唯一性, 可知

$$\boldsymbol{\phi}(t + T, \boldsymbol{x}_0) \equiv \boldsymbol{\phi}(t, \boldsymbol{x}_0),$$

即 $\boldsymbol{\phi}(t, \boldsymbol{x}_0)$ 是 t 的周期函数. 反之, 如果 $\boldsymbol{\phi}(t, \boldsymbol{x}_0)$ 是周期函数, 假设它的周期为 T, 则由周期性及轨线的定义可知

$$\gamma(\boldsymbol{x}_0) = \{\boldsymbol{x} | \boldsymbol{x} = \boldsymbol{\phi}(t, \boldsymbol{x}_0), 0 \leqslant t \leqslant T\}.$$

由于 $\boldsymbol{\phi}(T, \boldsymbol{x}_0) = \boldsymbol{x}_0$, 因此集合

$$\{\boldsymbol{x} | \boldsymbol{x} = \boldsymbol{\phi}(t, \boldsymbol{x}_0), 0 \leqslant t \leqslant T\}$$

是 $\mathbb{R}^n$ 中的一条闭曲线. $\quad \square$

由上面的结论可知, 相空间中的轨线有三种类型:

(1) 奇点; (2) 闭轨线; (3) 开轨线.

所谓**开轨线**, 是指 $\boldsymbol{\phi}(\cdot, \boldsymbol{x}_0) : \mathbb{R} \to \gamma(\boldsymbol{x}_0)$ 为一一映射.

奇点和闭轨线代表的运动分别是直线运动和周期运动. 从几何上看, 它们是简单的. 在这个意义上讲, 它们是平凡的轨线. 而开轨线所能代表的运动的类型非常多, 如拟周期运动、Poisson 回复运动等. 对开轨的分析是微分方程定性理论和动力系统研究的中心内容.

一般来讲, 方程组 (9.1) 的解不是大范围存在的. 例如, 微分方程 $x' = 1 + x^2$ 每个解的存在区间的长度为 π. 为了讨论方便, 我们对方

程组 (9.1) 进行修改, 使得它的解的存在区间为 $\mathbb{R}$, 但是又不破坏方程组 (9.1) 的特性, 比如轨线的走向和相图的拓扑结构等.

如果 $D = \mathbb{R}^n$, 考虑微分方程组

$$\frac{\mathrm{d}\boldsymbol{x}}{\mathrm{d}t} = \frac{\boldsymbol{f}(\boldsymbol{x})}{|\boldsymbol{f}(\boldsymbol{x})| + 1}. \tag{9.3}$$

由解的延伸定理可知, 这个方程组的解是大范围存在的. 而且, 有下面的引理.

引理 9.4　方程组 (9.3) 的轨线与方程组 (9.1) 的轨线是重合的.

证明　令

$$s = w(t) = \tau + \int_\tau^t \frac{\mathrm{d}t}{1 + |\boldsymbol{f}(\boldsymbol{\psi}(t))|},$$

其中 $\boldsymbol{x} = \boldsymbol{\psi}(t)$ 是方程组 (9.3) 的解. 注意到 $w'(t) = \dfrac{1}{1 + |\boldsymbol{f}(\boldsymbol{\psi}(t))|} > 0$, 所以 $s = w(t)$ 有反函数 $t = w^{-1}(s)$. 由方程组 (9.3) 可以得到

$$\frac{\mathrm{d}\boldsymbol{x}}{\mathrm{d}s} = \boldsymbol{f}(\boldsymbol{x}), \tag{9.4}$$

其中

$$\boldsymbol{x} = \boldsymbol{\psi}(w^{-1}(s)) \triangleq \boldsymbol{\psi}^*(s),$$

即 $\boldsymbol{x} = \boldsymbol{\psi}^*(s)$ 是方程组 (9.4) 的解. 而方程组 (9.1) 的向量场与方程组 (9.4) 的向量场相同.

另外, $\boldsymbol{x} = \boldsymbol{\psi}^*(s)$ 的轨线与 $\boldsymbol{x} = \boldsymbol{\psi}(t)$ 的轨线是一样的, 仅仅是它们的参数表达不同, 因此它们的轨线是同一条几何曲线, 即方程组 (9.3) 的轨线与方程组 (9.1) 的轨线是重合的.　□

如果 $D \neq \mathbb{R}^n$, 则 D 的边界 $\partial D \neq \varnothing$. 此时, 可以考虑微分方程组

$$\frac{\mathrm{d}\boldsymbol{x}}{\mathrm{d}t} = \frac{\mathrm{dist}(\boldsymbol{x}, \partial D)\boldsymbol{f}(\boldsymbol{x})}{(\mathrm{dist}(\boldsymbol{x}, \partial D) + 1)(|\boldsymbol{f}(\boldsymbol{x})| + 1)}.$$

与引理 9.4 的证明类似, 可以证明该方程组的轨线与方程组 (9.1) 的轨线是重合的.

注 9.3 有了上面的这些结论, 今后在讨论方程组 (9.1) 的轨线时, 除非特别声明, 总是假定其初值问题的解是大范围存在的, 即解的区间为 $\mathbb{R}$. 需要提醒读者注意的一点是: 我们仅仅在讨论一般形式的方程组 (9.1) 的轨线的拓扑结构时, 可以假定其解的大范围存在性; 而当微分方程组的具体形式已经给定时, 还是需要讨论微分方程组的解是否大范围存在.

例 9.1 考虑微分方程组

$$\begin{cases} \dfrac{\mathrm{d}x}{\mathrm{d}t} = -y + x(x^2 + y^2 - 1), \\ \dfrac{\mathrm{d}y}{\mathrm{d}t} = x + y(x^2 + y^2 - 1). \end{cases} \tag{9.5}$$

求出它的轨线类型, 并画出粗略相图.

解 应用极坐标, 令 $x = r\cos\theta, y = r\sin\theta$, 则方程组 (9.5) 可以化成

$$\begin{cases} \dfrac{\mathrm{d}r}{\mathrm{d}t} = r(r^2 - 1), \\ \dfrac{\mathrm{d}\theta}{\mathrm{d}t} = 1. \end{cases} \tag{9.6}$$

积分后得到该方程组的解

$$r = \frac{1}{\sqrt{1 - c_1 \mathrm{e}^{2t}}}, \ \theta = t + c_2 \quad \text{和} \quad r \equiv 0,$$

其中 c_1, c_2 为任意常数.

对于方程组 (9.6) 而言, 它有两个解 $r \equiv 0$ 和 $r \equiv 1$. 再由其他解的表达式可以看出, 其他解当 $t \to +\infty$ 或 $t \to -\infty$ 时趋向于这两个解之一. 具体地说, 对于初值 $r_0 = r(0)$, 有

(1) 当 $0 < r_0 < 1$ 时, 从 (r_0, θ_0) 出发的解永远位于 (x, y)-平面上的单位圆内部, 且当 $t \to +\infty$ 时, 逆时针盘旋趋向于原点 $r = 0$; 当 $t \to -\infty$ 时, 顺时针盘旋趋向于单位圆周 $r = 1$.

(2) 当 $r_0 > 1$ 时, 从 (r_0, θ_0) 出发的解永远位于 (x, y)-平面上的单位圆外部, 且当 $t \to -\infty$ 时, 顺时针盘旋趋向于单位圆周 $r = 1$.

因此, 方程组 (9.5) 有三种轨线类型: 奇点 $(0, 0)$; 闭轨线 $x^2 + y^2 = 1$; 开轨线. 由此可以画出该方程组的粗略相图 (图 9.1).

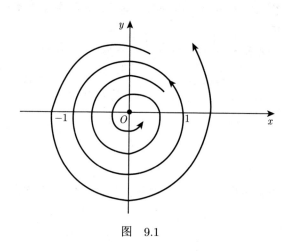

图　9.1

在自治微分方程组 (9.1) 的解的性质中, 我们抽象出下面三条最重要的性质:

(1) 积分曲线的平移不变性: 引理 9.1 的结论.

(2) 过相空间每一点的轨线的唯一性: 引理 9.2 的结论.

(3) 群的性质: 设 $\boldsymbol{x} = \boldsymbol{\phi}(t, \boldsymbol{x}_0)$ 是方程组 (9.1) 的解, 则对于任意的 $t, s \in \mathbb{R}$, 有

$$\boldsymbol{\phi}(t, \boldsymbol{\phi}(s, \boldsymbol{x}_0)) = \boldsymbol{\phi}(t + s, \boldsymbol{x}_0).$$

这个式子的意义是: 在相空间中, 如果从 $\boldsymbol{x}_0$ 出发的解经过时间 s 到达 $\boldsymbol{x}_1 = \boldsymbol{\phi}(s, \boldsymbol{x}_0)$, 然后从 $\boldsymbol{x}_1$ 出发经过时间 t 到达 $\boldsymbol{x}_2 = \boldsymbol{\phi}(t, \boldsymbol{\phi}(s, \boldsymbol{x}_0))$, 那么从 $\boldsymbol{x}_0$ 出发的解沿轨线经过时间 $t + s$ 也到达 $\boldsymbol{x}_2$. 该式子的证明是简单的: 由积分曲线的平移不变性可知, $\boldsymbol{\phi}(t + s, \boldsymbol{x}_0)$ 是方程组 (9.1) 的解, 而它与解 $\boldsymbol{\phi}(t, \boldsymbol{\phi}(s, \boldsymbol{x}_0))$ 在 $t = 0$ 时的初值都是 $\boldsymbol{\phi}(s, x_0)$.

由解的唯一性可知 $\phi(t, \phi(s, \boldsymbol{x}_0)) \equiv \phi(t+s, \boldsymbol{x}_0)$.

对于固定的 t, $\phi(t, \boldsymbol{x}_0)$ 给出了从相空间 $\mathbb{R}^n$ 到自身的变换 ϕ_t: $\boldsymbol{x}_0 \mapsto \phi(t, \boldsymbol{x}_0)$. 因此, 集合 $\{\phi_t | t \in \mathbb{R}\}$ 是一个单参数的变换集合, 它具有如下性质:

(1) $\phi_0 = \mathbf{id}$ 恒同变换;

(2) $\phi_s \circ \phi_t = \phi_t \circ \phi_s = \phi_{t+s}$, 即

$$\phi_s(\phi_t(\boldsymbol{x})) = \phi_t(\phi_s(\boldsymbol{x})) = \phi_{t+s}(\boldsymbol{x})$$

对于任意的 $\boldsymbol{x} \in \mathbb{R}^n$ 和任意的 $t, s \in \mathbb{R}$ 成立;

(3) $\phi_t(\boldsymbol{x})$ 对 t 和 $\boldsymbol{x}$ 均是连续的.

注 9.4 在上述集合 $\{\phi_t | t \in \mathbb{R}\}$ 的性质中, 性质 (1) 对应于方程组 (9.1) 的初值问题的定义, 性质 (2) 就是方程组 (9.1) 的解的群性质, 性质 (3) 对应于方程组 (9.1) 的解对初值的连续依赖性. 由定理 4.5 可知, 性质 (3) 等价于微分方程组初值问题的解是唯一的.

定义 9.3 具有上述性质 (1), (2), (3) 的单参数连续变换群, 称为一个**动力系统**.

如果微分方程组的右端函数依赖于自变量 t, 即

$$\frac{\mathrm{d}\boldsymbol{x}}{\mathrm{d}t} = \boldsymbol{f}(t, \boldsymbol{x}), \tag{9.7}$$

则前面所述关于方程组 (9.1) 的解的三条最重要的性质不再成立. 这时, 可以引入 $s = t$ 来考虑与方程组 (9.7) 等价的微分方程组

$$\frac{\mathrm{d}\boldsymbol{y}}{\mathrm{d}t} = \boldsymbol{F}(\boldsymbol{y}), \tag{9.8}$$

其中

$$\boldsymbol{y} = \begin{pmatrix} \boldsymbol{x} \\ s \end{pmatrix}, \quad \boldsymbol{F}(\boldsymbol{y}) = \begin{pmatrix} \boldsymbol{f}(s, \boldsymbol{x}) \\ 1 \end{pmatrix},$$

即方程组 (9.7) 可以转化成方程组 (9.8). 但是, 未知函数的维数升高一般会使问题的难度加大.

在方程组 (9.1) 的常点附近, 可以将轨线看成一组平行直线. 这样一来, 在常点附近轨线的行为是清楚的.

定理 9.1 设 x_0 是方程组 (9.1) 的一个常点, 即 $f(x_0) \neq 0$. 假设 $f \in C^1$, 则存在一个微分同胚 Φ, 使得在 Φ 之下向量场 $f(x)$ 变成 $e_1 = (1, 0, \cdots, 0)$.

定理的证明由定理 4.8 得到.

注 9.5 定理 9.1 表明, 在方程组 (9.1) 的常点附近, 可以找到一个微分同胚, 将方程组 (9.1) 的解变成方程组 $\dfrac{\mathrm{d}x}{\mathrm{d}t} = e_1$ 的解. 而后一个方程组的解是一组平行直线, 它的轨线也是一组平行直线, 因此方程组 (9.1) 的解在常点附近可以看成一组平行直线. 由此可知, 方程组 (9.1) 的轨线的拓扑结构在常点附近是简单的. 然而, 在奇点附近, 方程组 (9.1) 的轨线的拓扑结构可以变得非常复杂.

由定理 9.1 可立即得到下面的推论.

推论 9.1 考虑两个微分方程组

$$\frac{\mathrm{d}x}{\mathrm{d}t} = f(x), \quad \frac{\mathrm{d}y}{\mathrm{d}t} = g(y),$$

其中 f 和 g 均是连续可微的向量函数. 假设

$$f(x^*) \neq 0, \quad g(y^*) \neq 0,$$

则存在 x^* 的小邻域 D_1 和 y^* 的小邻域 D_2 以及一个微分同胚 $x = u(y) : D_2 \to D_1$, 使得

$$u'^{-1} f \circ u = g.$$

注 9.6 在推论 9.1 中, $f(x^*) \neq 0$ 和 $g(y^*) \neq 0$ 是不可缺少的. 如果 x^* 和 y^* 均为奇点, 且存在 u, 使得 $u(y^*) = x^*$ 及

$$u'^{-1} f \circ u = g,$$

在这个等式两边求导数, 立即得到

$$\boldsymbol{u}'^{-1}(\boldsymbol{y}^*)\boldsymbol{f}'(\boldsymbol{x}^*)\boldsymbol{u}'(\boldsymbol{y}^*) = \boldsymbol{g}'(\boldsymbol{y}^*).$$

由此可知, 矩阵 $\boldsymbol{f}'(\boldsymbol{x}^*)$ 与 $\boldsymbol{g}'(\boldsymbol{y}^*)$ 是相似的. 这是微分同胚 $\boldsymbol{u}$ 存在的必要条件. 但是, 这个条件不是充分的. 例如, 微分方程组

$$\frac{\mathrm{d}\boldsymbol{x}}{\mathrm{d}t} = \begin{pmatrix} 0 & -1 \\ 1 & 0 \end{pmatrix} \boldsymbol{x}$$

与

$$\frac{\mathrm{d}\boldsymbol{x}}{\mathrm{d}t} = \begin{pmatrix} 0 & -1 \\ 1 & 0 \end{pmatrix} \boldsymbol{x} + |\boldsymbol{x}|^2 \boldsymbol{x}$$

在奇点 $(0,0)$ 处的线性化方程组是相同的, 但是不存在微分同胚 $\boldsymbol{u}$, 将其中的一个变成另一个. 事实上, 假如这样的微分同胚 $\boldsymbol{u}$ 存在, 记 ϕ^t 和 ψ^t 分别是第一个方程组和第二个方程组的流, 则

$$\boldsymbol{u} \circ \phi^t \circ \boldsymbol{u}^{-1} = \psi^t.$$

由此可知, $\boldsymbol{u}$ 将第一个方程组的轨线映射到第二个方程组的轨线. 然而, 第一个方程组的轨线除奇点 $\boldsymbol{x} = \boldsymbol{0}$ 外均为封闭的, 而第二个方程组的轨线除 $\boldsymbol{x} = \boldsymbol{0}$ 外均不是封闭的. 由此得到矛盾.

§9.2　Lyapunov 稳定性

考虑微分方程组

$$\frac{\mathrm{d}\boldsymbol{x}}{\mathrm{d}t} = \boldsymbol{f}(t, \boldsymbol{x}), \tag{9.9}$$

其中函数 $\boldsymbol{f}(t, \boldsymbol{x})$ 对 $\boldsymbol{x} \in G \subset \mathbb{R}^n$ 和 $t \in (-\infty, +\infty)$ 均连续, 并且使得该方程组初值问题的解是存在且唯一的. 假设方程组 (9.9) 的一个解 $\boldsymbol{x} = \phi(t)$ 在 $(-\infty, +\infty)$ 上有定义.

由定理 4.5 可知, 方程组 (9.9) 的解对初值是连续依赖的, 即对于 $\mathbb{R}$ 上的任意有界闭区间 I, 任意的 $t_0 \in I$, 以及任意的 $\varepsilon > 0$, 存在 $\delta > 0$, 只要 $|\boldsymbol{x}_0 - \boldsymbol{\phi}(t_0)| < \delta$, 就有

$$|\boldsymbol{x}(t; t_0, x_0) - \boldsymbol{\phi}(t)| < \varepsilon, \quad t \in I,$$

其中 $\boldsymbol{x}(t; t_0, \boldsymbol{x}_0)$ 是方程组 (9.9) 满足初始条件 $\boldsymbol{x}(t_0) = \boldsymbol{x}_0$ 的解. 显然, 在这里 δ 不仅依赖于 ε, 还依赖于区间 I. 因此, 当区间 I 换成无界区间时, 上面的不等式一般不再成立.

例 9.2 微分方程

$$\frac{\mathrm{d}x}{\mathrm{d}t} = x$$

有解 $x \equiv 0$, 而其他的解为 $x = c\,\mathrm{e}^t$, 其中 c 为任意非零常数. 显然, 对于任意的 $\varepsilon > 0$,

$$|c\,\mathrm{e}^t - 0| < \varepsilon$$

不可能对所有的 $t \in \mathbb{R}$ 均成立, 除非 $c = 0$.

这个例子表明, 如果自变量扩展到无穷区间, 解对初值的连续依赖性不再成立. Poincaré 最早提出了自变量扩展到无穷区间上时解对初值的连续依赖性问题, Lyapunov 研究了这个问题, 连续性的破坏可以导致解对初值的敏感依赖甚至混沌现象的出现. 本节计划对连续性在无穷区间上的保持——Lyapunov 稳定性做简要的介绍.

定义 9.4 如果对于任意的 $\varepsilon > 0$, 存在 $\delta = \delta(\varepsilon) > 0$, 使得只要

$$|\boldsymbol{x}_0 - \boldsymbol{\phi}(t_0)| < \delta, \tag{9.10}$$

就有

$$|\boldsymbol{x}(t; t_0, \boldsymbol{x}_0) - \boldsymbol{\phi}(t)| < \varepsilon, \quad t \in \mathbb{R}, \tag{9.11}$$

则称解 $\boldsymbol{x} = \boldsymbol{\phi}(t)$ 是 **Lyapunov 稳定**的.

如果 (9.11) 式的成立范围是 $t \in (t_0, +\infty)$, 则称解 $\boldsymbol{x} = \boldsymbol{\phi}(t)$ 是 **Lyapunov 正向稳定**的;

如果 (9.11) 式的成立范围是 $t \in (-\infty, t_0)$, 则称解 $\boldsymbol{x} = \boldsymbol{\phi}(t)$ 是 **Lyapunov 负向稳定**的;

如果解 $\boldsymbol{x} = \boldsymbol{\phi}(t)$ 是 Lyapunov 正向稳定的, 且存在 $\delta_0 > 0$, 只要

$$|\boldsymbol{x}_0 - \boldsymbol{\phi}(t_0)| < \delta_0,$$

就有

$$\lim_{t \to +\infty} |\boldsymbol{x}(t; t_0, \boldsymbol{x}_0) - \boldsymbol{\phi}(t)| = 0, \tag{9.12}$$

则称解 $\boldsymbol{x} = \boldsymbol{\phi}(t)$ 是 **Lyapunov 正向渐近稳定**的;

如果解 $\boldsymbol{x} = \boldsymbol{\phi}(t)$ 是 Lyapunov 负向稳定的, 且存在 $\delta_0 > 0$, 只要

$$|\boldsymbol{x}_0 - \boldsymbol{\phi}(t_0)| < \delta_0,$$

就有

$$\lim_{t \to -\infty} |\boldsymbol{x}(t; t_0, \boldsymbol{x}_0) - \boldsymbol{\phi}(t)| = 0, \tag{9.13}$$

则称解 $\boldsymbol{x} = \boldsymbol{\phi}(t)$ 是 **Lyapunov 负向渐近稳定**的.

如果解 $\boldsymbol{x} = \boldsymbol{\phi}(t)$ 既不是 Lyapunov 正向稳定的, 也不是 Lyapunov 负向稳定的, 则称解 $\boldsymbol{x} = \boldsymbol{\phi}(t)$ 是**不稳定**的.

若 $\boldsymbol{x}_0$ 为奇点, 当常值解 $\boldsymbol{x} \equiv \boldsymbol{x}_0$ 具有 Lyapunov 稳定性时, 也称奇点 $\boldsymbol{x}_0$ 具有相应的 Lyapunov 稳定性.

注 9.7 仅仅有 (9.12) 式或 (9.13) 式成立时, 不能推出解 $\boldsymbol{x} = \boldsymbol{\phi}(t)$ 是 Lyapunov 正向或负向稳定的. 例如, 考虑单位圆周 $\mathbb{S}^1$ 上的微分方程

$$\frac{\mathrm{d}\theta}{\mathrm{d}t} = 1 + \cos\theta.$$

显然, 该方程有一个解 $\theta \equiv \pi$. 而在 $\mathbb{S}^1$ 上的其他点处, $1 + \cos\theta > 0$. 因此

$$\lim_{t \to +\infty} |\theta(t; t_0, \theta_0) - \pi| = 0.$$

但是, $\theta \equiv \pi$ 显然不是 Lyapunov 正向稳定的, 因为对于任意的 $\theta_0 = \pi + \delta > \pi$, 当 $t \geqslant t_0$ 时, $|\theta(t; t_0, \theta_0) - \pi|$ 不可能永远小于事先给定的 ε.

例 9.3　考虑微分方程组

$$\begin{cases} \dfrac{\mathrm{d}x}{\mathrm{d}t} = -y + x(x^2 + y^2 - 1), \\[2mm] \dfrac{\mathrm{d}y}{\mathrm{d}t} = x + y(x^2 + y^2 - 1). \end{cases} \tag{9.14}$$

显然, $(x, y) \equiv (0, 0)$ 是它的解. 而对于其他解来讲, 均满足

$$\frac{\mathrm{d}r}{\mathrm{d}t} = r(r^2 - 1), \quad \frac{\mathrm{d}\theta}{\mathrm{d}t} = 1,$$

这里 $x = r\cos\theta, y = r\sin\theta$. 由此可知, 只要 $r < 1$, 则 r 是单调递减的. 因此, 对于任意的 $\varepsilon > 0$, 取 $\delta = \varepsilon$, 则当 $r_0 = r(0) < \delta$ 时, $r(t) < \varepsilon, t > 0$. 由此得到解 $(x, y) \equiv (0, 0)$ 的 Lyapunov 正向稳定性. 进一步, 可以证明只要 $r_0 < 1$, 就有 $\lim\limits_{t \to +\infty} r(t) = 0$, 即 $(x, y) \equiv (0, 0)$ 是 Lyapunov 正向渐近稳定的.

为了简单起见, 在本节中只讨论零解 $\boldsymbol{\phi}(t) \equiv \mathbf{0}$ 的 Lyapunov 稳定性问题. 这是由于可以做变换 $\boldsymbol{y} = \boldsymbol{x} - \boldsymbol{\phi}(t)$, 将一般的解 $\boldsymbol{\phi}(t)$ 的 Lyapunov 稳定性转化成零解的情况进行讨论.

9.2.1　按线性近似判断 Lyapunov 稳定性

假定 $\boldsymbol{\phi}(t) \equiv \mathbf{0}$ 是方程组 (9.9) 的解, 则 $\boldsymbol{f}(t, \mathbf{0}) \equiv \mathbf{0}$. 将方程组 (9.9) 的右端函数 $\boldsymbol{f}(t, \boldsymbol{x})$ 展开成 $\boldsymbol{x}$ 的线性部分 $\boldsymbol{A}(t)\boldsymbol{x}$ 与高阶部分

$N(t, x)$ 之和, 即考虑微分方程组

$$\frac{\mathrm{d}x}{\mathrm{d}t} = A(t)x + N(t, x), \qquad (9.15)$$

其中 $A(t)$ 是 n 阶矩阵函数, 而函数 $N(t, x)$ 满足:

$$\lim_{|x| \to 0} \frac{|N(t, x)|}{|x|} = 0 \qquad (9.16)$$

对于 t 一致成立. 假定 $A(t)$ 是连续的, $N(t, x)$ 对 x 满足 Lipschitz 条件.

当 $A(t) \equiv A$ 为常数矩阵时, 由线性微分方程组的理论可知, 微分方程组

$$\frac{\mathrm{d}x}{\mathrm{d}t} = Ax \qquad (9.17)$$

的解是可以明确写出表达式的, 因此可以根据其表达式的形式立即得到下面的结果.

定理 9.2　对于方程组 (9.17) 的零解来说, 下面的结论成立:

(1) 零解是 Lyapunov 正 (负) 向渐近稳定的, 当且仅当矩阵 A 的特征值的实部均小 (大) 于零;

(2) 零解是正 (负) 向稳定的, 当且仅当矩阵 A 的特征值的实部非正 (负), 并且实部为零的特征值所对应的 Jordan 块都是一阶的;

(3) 零解是 Lyapunov 稳定的, 当且仅当矩阵 A 的特征值的实部为零, 并且出现重根时所对应的 Jordan 块是可对角化的;

(4) 零解不是 Lyapunov 正 (负) 向稳定的, 当且仅当矩阵 A 至少有一个实部为正 (负) 数的特征值, 或者至少有一个实部为零的特征值, 但是它所对应的 Jordan 块是不可对角化的.

一般来讲, 非线性微分方程组 (9.15) 的零解的 Lyapunov 稳定性与对应的线性微分方程组 $\dfrac{\mathrm{d}x}{\mathrm{d}t} = A(t)x$ 的零解的 Lyapunov 稳定性是不同的. 但是, 当 $A(t) \equiv A$ 为常数矩阵时, 有下面的结果.

定理 9.3 设方程组 (9.15) 中 $A(t) \equiv A$ 为常数矩阵. 如果 A 的所有特征值的实部均是负数, 则方程组 (9.15) 的零解是 Lyapunov 正向渐近稳定的.

证明 由于 A 的特征值的实部均为负数, 不妨设这些负数均不大于 -2σ $(\sigma > 0)$, 则由 e^{At} 的表达式可知, 存在常数 $A_0 > 1$, 使得

$$\left| e^{At} \right| \leqslant A_0 e^{-\sigma t}, \quad t \geqslant 0.$$

利用常数变易法可知, 方程组 (9.15) 满足初始条件 $x(0) = x_0$ 的解为

$$x(t; x_0) = e^{At} x_0 + \int_0^t e^{A(t-s)} N(s, x(s; x_0)) \mathrm{d}s. \tag{9.18}$$

由条件 (9.16) 可知, 对于任意的 $\varepsilon > 0$, 存在 $\delta > 0$, 使得只要 $|x| < \delta$, 则

$$|N(t, x)| \leqslant \varepsilon |x|.$$

选择 $|x_0| < \delta$. 由解的连续性可知, 存在 $t_1 > 0$, 使得当 $0 \leqslant t < t_1$ 时, 有

$$|x(t; x_0)| \leqslant \delta.$$

于是, 对于 $t \in (0, t_1)$ 考虑积分方程 (9.18). 由上面的讨论可知

$$|x(t; x_0)| \leqslant \left| e^{At} x_0 + \int_0^t e^{A(t-s)} N(s, x(s; x_0)) \mathrm{d}s \right|$$

$$\leqslant A_0 |x_0| e^{-\sigma t} + A_0 \varepsilon \int_0^t e^{-\sigma(t-s)} |x(s; x_0)| \mathrm{d}s. \tag{9.19}$$

令

$$V(t) = \int_0^t e^{\sigma s} |x(s; x_0)| \mathrm{d}s,$$

则由 (9.19) 式可知

$$V'(t) \leqslant A_0 |x_0| + A_0 \varepsilon V(t).$$

由此可以得到

$$V(t) \leqslant \frac{|\boldsymbol{x}_0|}{\varepsilon} \left(\mathrm{e}^{A_0 \varepsilon t} - 1 \right).$$

将其代入 (9.19) 式, 对于 $0 < t < t_1$, 得到

$$|\boldsymbol{x}(t; \boldsymbol{x}_0)| \leqslant A_0 |\boldsymbol{x}_0| \mathrm{e}^{-(\sigma - A_0 \varepsilon)t}. \tag{9.20}$$

只要选择 $|\boldsymbol{x}_0|$ 和 ε 充分小, 则由上式可以推出 $t_1 = +\infty$. Lyapunov 正向渐近稳定性可由 (9.20) 式得到. □

关于解的不稳定性, 有下面的结论.

定理 9.4 设方程组 (9.15) 中 $\boldsymbol{A}(t) \equiv \boldsymbol{A}$ 为常数矩阵, 且 $\boldsymbol{A}$ 有一个特征值的实部为正数, 则方程组 (9.15) 的零解不是 Lyapunov 正向稳定的.

证明 首先做变换 $\boldsymbol{x} = \boldsymbol{P}\boldsymbol{y}$, 将方程组 (9.15) 中矩阵 $\boldsymbol{A}$ 化成对角块形式, 即

$$\boldsymbol{P}^{-1}\boldsymbol{A}\boldsymbol{P} = \begin{pmatrix} \boldsymbol{B}_1 & \boldsymbol{0} \\ \boldsymbol{0} & \boldsymbol{B}_2 \end{pmatrix},$$

其中 $\boldsymbol{B}_1$ 是 k 阶矩阵, $\boldsymbol{B}_2$ 为 $n-k$ 阶矩阵, 使得 $\boldsymbol{B}_1$ 的特征值具有正实部, $\boldsymbol{B}_2$ 的特征值的实部非正. 进一步, 假定 $\boldsymbol{B}_1, \boldsymbol{B}_2$ 的所有特征值均位于对角线上, 而非对角线上的非零元素均为 $\gamma > 0$, γ 可以任意小. $\boldsymbol{P}$ 可以是复矩阵. 令 $\boldsymbol{g}(t, \boldsymbol{y}) = \boldsymbol{P}^{-1}\boldsymbol{N}(t, \boldsymbol{P}\boldsymbol{y})$, 则在变换 $\boldsymbol{x} = \boldsymbol{P}\boldsymbol{y}$ 之下, 方程组 (9.15) 变成

$$\frac{\mathrm{d}\boldsymbol{y}}{\mathrm{d}t} = \boldsymbol{B}\boldsymbol{y} + \boldsymbol{g}(t, \boldsymbol{y}). \tag{9.21}$$

令 $\sigma > 0$ 是 $\boldsymbol{B}_1$ 的特征值实部的最小值. 由于

$$\lim_{\boldsymbol{x} \to 0} \frac{|\boldsymbol{N}(t, \boldsymbol{x})|}{|\boldsymbol{x}|} = 0,$$

因此对于 $0 < \varepsilon < \dfrac{\sigma}{10}$, 存在 $\eta > 0$, 使得当 $|\boldsymbol{y}| \leqslant \eta$ 时,

$$|\boldsymbol{g}(t, \boldsymbol{y})| \leqslant \varepsilon |\boldsymbol{y}|, \quad t \in \mathbb{R}.$$

令 $\boldsymbol{\phi}(t) = (\phi_1(t), \cdots, \phi_n(t)) = \boldsymbol{y}(t; \boldsymbol{y}(0))$. 记

$$R^2(t) = \sum_{j=1}^{k} |\phi_j|^2(t), \quad \rho^2(t) = \sum_{j=k+1}^{n} |\phi_j|^2(t).$$

假设零解 $\boldsymbol{x} \equiv \boldsymbol{0}$ 是 Lyapunov 正向稳定的, 即 $\boldsymbol{y} \equiv \boldsymbol{0}$ 是方程组 (9.21) 的 Lyapunov 正向稳定的零解. 因此, 存在 $\delta > 0$, 使得只要

$$R(0) + \rho(0) < \delta,$$

则

$$R(t) + \rho(t) < \eta.$$

注意到

$$2R\frac{\mathrm{d}R}{\mathrm{d}t} = \sum_{j=1}^{k} \left(\bar{\phi}_j \phi_j'(t) + \phi_j(t) \bar{\phi}_j'(t) \right)$$

$$\geqslant 2\sigma R^2 - 2\gamma R^2 - 2\varepsilon(\rho + R)R,$$

由于可以选择 γ 任意小, 不妨设 $\gamma < \dfrac{\sigma}{20}$, 因此

$$\frac{\mathrm{d}R}{\mathrm{d}t} \geqslant \frac{1}{2}\sigma R - \varepsilon \rho. \tag{9.22}$$

类似地, 有

$$\frac{\mathrm{d}\rho}{\mathrm{d}t} \leqslant \varepsilon(\rho + R) + \frac{\sigma}{20}\rho. \tag{9.23}$$

由这两个不等式可以得到

$$(R - \rho)' \geqslant \frac{1}{4}\sigma(R - \rho),$$

即

$$R(t) - \rho(t) \geqslant (R(0) - \rho(0))\mathrm{e}^{\sigma t/4}.$$

如果选择 $R(0) = 2\rho(0)$, 则 $R(t) \geqslant \rho(0)\mathrm{e}^{\sigma t/4}$, 与 $R(t) + \rho(t) < \eta$ 矛盾. □

9.2.2 Lyapunov 第二方法

所谓 **Lyapunov 第二方法**, 就是通过构造一个辅助函数来直接判断微分方程组的解或奇点的 Lyapunov 稳定性的方法, 又称为**直接方法**.

例 9.4 *考虑微分方程组*

$$\begin{cases} \dfrac{\mathrm{d}x}{\mathrm{d}t} = -y + x(x^2 + y^2 - 1), \\[2mm] \dfrac{\mathrm{d}y}{\mathrm{d}t} = x + y(x^2 + y^2 - 1). \end{cases}$$

判断奇点 $(0,0)$ 的 Lyapunov 稳定性.

解 在例 9.3 中已经研究过这个方程组的零解 $(x,y) \equiv (0,0)$ 的 Lyapunov 稳定性. 现在换一个角度来考虑这个问题.

令

$$V(x,y) = \frac{1}{2}(x^2 + y^2),$$

则

$$V(x,y) > 0, \quad (x,y) \neq (0,0).$$

设 $(x(t), y(t))$ 是该方程组的解, 则

$$\frac{\mathrm{d}}{\mathrm{d}t}V(x(t), y(t)) = (x^2(t) + y^2(t))(x^2(t) + y^2(t) - 1).$$

由此可知, 只要初值点 $(x(0), y(0)) = (x_0, y_0)$ 在单位圆内部, 则

$$V(x(t), y(t)) < V(x(0), y(0)) = \frac{1}{2}(x_0^2 + y_0^2),$$

即 $x^2(t) + y^2(t) < x_0^2 + y_0^2$. 这样立即得到奇点 $(0,0)$ 的 Lyapunov 正向稳定性. 进一步, 还可以证明奇点 $(0,0)$ 是 Lyapunov 正向渐近稳定的.

由这个例子可以看出, 函数 $V(x,y)$ 在证明中起到了重要作用. 接下来, 考虑更为一般的情形.

考虑自治微分方程组

$$\frac{\mathrm{d}\boldsymbol{x}}{\mathrm{d}t} = \boldsymbol{f}(\boldsymbol{x}), \tag{9.24}$$

其中 $\boldsymbol{x} \in \mathbb{R}^n$, 而函数 $\boldsymbol{f} : \mathbb{R}^n \to \mathbb{R}^n$ 满足 $\boldsymbol{f}(\boldsymbol{0}) = \boldsymbol{0}$ 且使得该方程组初值问题的解存在且唯一.

定理 9.5　假设连续可微函数 $V : \mathbb{R}^n \to \mathbb{R}$ 满足:

(1) $V(\boldsymbol{x}) > 0$ $(\boldsymbol{x} \in \mathbb{R}^n, \boldsymbol{x} \neq \boldsymbol{0})$, $V(\boldsymbol{0}) = 0$;

(2) 函数 V 沿着方程 (9.24) 的导数非正, 即

$$\frac{\mathrm{d}V}{\mathrm{d}t}\bigg|_{(9.24)} \triangleq \left\langle \frac{\partial V}{\partial \boldsymbol{x}}, \boldsymbol{f}(\boldsymbol{x}) \right\rangle \leqslant 0, \quad \boldsymbol{x} \neq \boldsymbol{0},$$

则方程组 (9.24) 的奇点 $\boldsymbol{x} = \boldsymbol{0}$ 是 Lyapunov 正向稳定的. 如果 (2) 中的不等式是严格的, 则 $\boldsymbol{x} = \boldsymbol{0}$ 是 Lyapunov 正向渐近稳定的.

证明　对于任意的 $\varepsilon > 0$, 令 $\eta = \min\limits_{|\boldsymbol{x}|=\varepsilon} V(\boldsymbol{x})$. 由条件 (1) 可知 $\eta > 0$. 再由 $V(\boldsymbol{0}) = 0$ 以及 V 连续可知, 存在 $\delta > 0$, 使得只要 $|\boldsymbol{x}| < \delta$, 则 $V(\boldsymbol{x}) < \eta$. 记 $\boldsymbol{x}(t; \boldsymbol{x}_0)$ 是从 $\boldsymbol{x}_0 = \boldsymbol{x}(0)$ 出发的方程组 (9.24) 的解, $|\boldsymbol{x}_0| < \delta$. 由已知条件可知

$$\frac{\mathrm{d}}{\mathrm{d}t} V(\boldsymbol{x}(t; \boldsymbol{x}_0)) = \left\langle \frac{\partial V}{\partial \boldsymbol{x}}(\boldsymbol{x}(t; \boldsymbol{x}_0)), \boldsymbol{f}(\boldsymbol{x}(t; \boldsymbol{x}_0)) \right\rangle \leqslant 0,$$

于是

$$V(\boldsymbol{x}(t; \boldsymbol{x}_0)) \leqslant V(\boldsymbol{x}_0) < \eta.$$

再由 η 的定义可知 $|\boldsymbol{x}(t; \boldsymbol{x}_0)| < \varepsilon$, 即 $\boldsymbol{x} = \mathbf{0}$ 是 Lyapunov 正向稳定的.

现在来证明, 如果

$$\left\langle \frac{\partial V}{\partial \boldsymbol{x}}, \boldsymbol{f}(\boldsymbol{x}) \right\rangle < 0, \quad \boldsymbol{x} \neq \mathbf{0},$$

则 $\boldsymbol{x} = \mathbf{0}$ 是正向渐近稳定的, 即

$$\lim_{t \to +\infty} |\boldsymbol{x}(t; \boldsymbol{x}_0)| = 0.$$

注意到 $V(\boldsymbol{x}(t; \boldsymbol{x}_0))$ 关于 t 是单调递减的, 如果上式不成立, 则存在常数 $c_0 > 0$, 使得

$$\lim_{t \to +\infty} V(\boldsymbol{x}(t; \boldsymbol{x}_0)) = c_0.$$

由此可知 $V(\boldsymbol{x}_0) \geqslant V(\boldsymbol{x}(t; \boldsymbol{x}_0)) \geqslant c_0$. 因此, $\boldsymbol{x}(t; \boldsymbol{x}_0)$ 位于某个环域 B 内, 点 $\boldsymbol{x} = \mathbf{0}$ 位于这个环域的内边界之内. 再由条件可知, 存在正数 α, 使得

$$\max_{\boldsymbol{x} \in B} \left\langle \frac{\partial V}{\partial \boldsymbol{x}}, \boldsymbol{f}(\boldsymbol{x}) \right\rangle \leqslant -\alpha < 0.$$

由此可知

$$V(\boldsymbol{x}(t; \boldsymbol{x}_0)) - V(\boldsymbol{x}_0) \leqslant -\alpha t \to -\infty.$$

这与 $V(\boldsymbol{x}) \geqslant 0$ 矛盾. $\square$

例 9.5 考虑 Hamilton 系统

$$\begin{cases} \dfrac{\mathrm{d}\boldsymbol{x}}{\mathrm{d}t} = \dfrac{\partial H}{\partial \boldsymbol{x}}, \\ \dfrac{\mathrm{d}\boldsymbol{y}}{\mathrm{d}t} = -\dfrac{\partial H}{\partial \boldsymbol{x}}, \end{cases} \tag{9.25}$$

其中 $H = H(\boldsymbol{x}, \boldsymbol{y})$ 是 Hamilton 函数, 且它关于 $(\boldsymbol{x}, \boldsymbol{y})$ 是二次连续可微的. 假设 $(\mathbf{0}, \mathbf{0})$ 是 Hamilton 系统 (9.25) 的奇点, 即

$$\frac{\partial H}{\partial \boldsymbol{x}}(\mathbf{0}, \mathbf{0}) = \frac{\partial H}{\partial \boldsymbol{y}}(\mathbf{0}, \mathbf{0}) = \mathbf{0}.$$

证明: 如果 $(\mathbf{0}, \mathbf{0})$ 是函数 $H(\boldsymbol{x}, \boldsymbol{y})$ 的极值点, 则它是 Lyapunov 稳定的, 但不是 Lyapunov 渐近稳定的.

证明　不妨假设 $(\mathbf{0}, \mathbf{0})$ 为极小值点. 定义函数

$$V(\boldsymbol{x}, \boldsymbol{y}) = H(\boldsymbol{x}, \boldsymbol{y}) - H(\mathbf{0}, \mathbf{0}),$$

则

$$V(\mathbf{0}, \mathbf{0}) = 0, \quad V(\boldsymbol{x}, \boldsymbol{y}) > 0, \ (\boldsymbol{x}, \boldsymbol{y}) \neq (\mathbf{0}, \mathbf{0}),$$

且

$$\frac{\mathrm{d}}{\mathrm{d}t} V(\boldsymbol{x}, \boldsymbol{y}) \bigg|_{(9.25)} = \frac{\partial H}{\partial \boldsymbol{x}} \frac{\partial H}{\partial \boldsymbol{y}} - \frac{\partial H}{\partial \boldsymbol{y}} \frac{\partial H}{\partial \boldsymbol{x}} = 0.$$

由定理 9.5 可知, $(\mathbf{0}, \mathbf{0})$ 是 Lyapunov 稳定的 (双向稳定). 注意到曲面

$$V(\boldsymbol{x}, \boldsymbol{y}) = c \quad (c > 0)$$

在流映射之下是不变的 (从该曲面出发的解永远在该曲面上运动), 因此 $(\mathbf{0}, \mathbf{0})$ 不是 Lyapunov 正向渐近稳定的.

习 题 9.2

1. 证明: 由定义 9.4 给出的线性微分方程组零解的 Lyapunov 渐近稳定性等价于对于任意的 $\boldsymbol{x}_0 \in \mathbb{R}^n$, 有 $\boldsymbol{x}(t; \boldsymbol{x}_0) \to \mathbf{0} \ (t \to +\infty)$.

2. 讨论微分方程组

$$\begin{cases} \dfrac{\mathrm{d}x}{\mathrm{d}t} = y - x f(x, y), \\ \dfrac{\mathrm{d}y}{\mathrm{d}t} = -x - y f(x, y) \end{cases}$$

的零解的 Lyapunov 稳定性, 其中函数 $f(x, y)$ 在点 $(0, 0)$ 附近是连续可微的.

3. 设 $x \in \mathbb{R}$, 函数 $g(x)$ 连续, 且当 $x \neq 0$ 时, $xg(x) > 0$. 证明: 微分方程

$$\frac{\mathrm{d}^2 x}{\mathrm{d}t^2} + g(x) = 0$$

的零解是 Lyapunov 稳定的, 但不是 Lyapunov 渐近稳定的.

4. 研究微分方程组

$$\begin{cases} \dfrac{\mathrm{d}x}{\mathrm{d}t} = y, \\ \dfrac{\mathrm{d}y}{\mathrm{d}t} = -1 + x^2 \end{cases}$$

的奇点的 Lyapunov 稳定性.

5. 讨论下列微分方程组的零解的 Lyapunov 稳定性:

$$(1) \begin{cases} \dfrac{\mathrm{d}x}{\mathrm{d}t} = -y - xy, \\ \dfrac{\mathrm{d}y}{\mathrm{d}t} = x - x^4 y; \end{cases} \qquad (2) \begin{cases} \dfrac{\mathrm{d}x}{\mathrm{d}t} = 2x^2 y + y^3, \\ \dfrac{\mathrm{d}y}{\mathrm{d}t} = -xy^2 + 2x^5. \end{cases}$$

6. 证明: 如果齐次线性微分方程组 $\dfrac{\mathrm{d}\boldsymbol{x}}{\mathrm{d}t} = \boldsymbol{A}(t)\boldsymbol{x}$ 的每个解当 $t \to +\infty$ 时都有界, 则其零解是 Lyapunov 正向稳定的; 如果每个解在 $t \to +\infty$ 趋向于零, 则其零解是 Lyapunov 正向渐近稳定的.

7. 证明: 如果齐次线性微分方程组 $\dfrac{\mathrm{d}\boldsymbol{x}}{\mathrm{d}t} = \boldsymbol{A}(t)\boldsymbol{x}$ 至少有一个当 $t \to +\infty$ 时无界的解, 则其零解不是 Lyapunov 正向稳定的.

8. 考虑微分方程组

$$\begin{cases} \dfrac{\mathrm{d}x}{\mathrm{d}t} = a_{11}(t)x + a_{12}(t)y, \\ \dfrac{\mathrm{d}y}{\mathrm{d}t} = a_{21}(t)x + a_{22}(t)y. \end{cases}$$

假设

$$\lim_{t \to +\infty} (a_{11}(t) + a_{22}(t)) = b > 0.$$

证明：该方程组的零解不是 Lyapunov 正向稳定的.

9. 考虑二阶常系数线性微分方程组

$$\frac{\mathrm{d}\boldsymbol{x}}{\mathrm{d}t} = \boldsymbol{A}\boldsymbol{x},$$

其中 $\boldsymbol{A}$ 为二阶常数矩阵. 令

$$p = -\mathrm{tr}\boldsymbol{A}, \quad q = \det \boldsymbol{A}.$$

再假设 $p^2 + q^2 \neq 0$. 证明:

(1) 当 $p > 0, q > 0$ 时, 该方程组的零解是 Lyapunov 正向渐近稳定的;

(2) 当 $p > 0$ 且 $q = 0$, 或者 $p = 0$ 且 $q > 0$ 时, 该方程组的零解是 Lyapunov 正向稳定的, 但不是 Lyapunov 正向渐近稳定的;

(3) 其他情形下, 该方程组的零解均是不稳定的.

§9.3　平面奇点和极限环

本节讨论平面上的微分方程组

$$\begin{cases} \dfrac{\mathrm{d}x}{\mathrm{d}t} = X(x,y), \\[2mm] \dfrac{\mathrm{d}y}{\mathrm{d}t} = Y(x,y), \end{cases} \tag{9.26}$$

其中函数 $X(x,y)$ 和 $Y(x,y)$ 在 (x,y)-平面上连续可微. 由 Picard 定理可知, 其初值问题的解是存在且唯一的. 再由引理 9.2 可知, 该方程组在 (x,y)-平面上的轨线是不相交的. 由于平面上存在 Jordan 曲线定理 (平面上的任意简单闭曲线将平面分成两部分, 连接这两部分中任意点的连续路径必定与该曲线相交), 因此方程组 (9.26) 的轨线分布相比较高维而言是简单的.

9.3.1 初等奇点

为了简单起见, 本小节只讨论方程组 (9.26) 在初等奇点附近的轨线的结构.

定义 9.5 称点 (x_0, y_0) 是方程组 (9.26) 的**初等奇点**, 如果

$$X(x_0, y_0) = Y(x_0, y_0) = 0,$$

且

$$\det \left. \frac{\partial(X, Y)}{\partial(x, y)} \right|_{(x,y)=(x_0,y_0)} \neq 0.$$

为了讨论方便, 不妨设 $(0,0)$ 为方程组 (9.26) 的初等奇点. 令

$$a = \frac{\partial X}{\partial x}(0,0), \quad b = \frac{\partial X}{\partial y}(0,0),$$

$$c = \frac{\partial Y}{\partial x}(0,0), \quad d = \frac{\partial Y}{\partial y}(0,0),$$

则方程组 (9.26) 在点 $(0,0)$ 处的线性化方程组为

$$\begin{cases} \dfrac{\mathrm{d}x}{\mathrm{d}t} = ax + by, \\[2mm] \dfrac{\mathrm{d}y}{\mathrm{d}t} = cx + dy. \end{cases} \tag{9.27}$$

再由初等奇点的定义可知 $ad - bc \neq 0$.

做线性变换

$$\begin{pmatrix} x \\ y \end{pmatrix} = \boldsymbol{T} \begin{pmatrix} \xi \\ \eta \end{pmatrix},$$

其中 $\boldsymbol{T}$ 为可逆矩阵, 则方程组 (9.27) 变为

$$\frac{\mathrm{d}}{\mathrm{d}t} \begin{pmatrix} \xi \\ \eta \end{pmatrix} = \boldsymbol{T}^{-1}\boldsymbol{A}\boldsymbol{T} \begin{pmatrix} \xi \\ \eta \end{pmatrix}, \tag{9.28}$$

其中

$$A = \begin{pmatrix} a & b \\ c & d \end{pmatrix}.$$

选择适当的 T, 使得 $T^{-1}AT$ 是 A 的 Jordan 标准形, 这样就可以得到方程组 (9.28) 在 (ξ, η)-平面上的相图之后, 经过 T 的作用, 得到方程组 (9.27) 在 (x, y)-平面上的相图. 由此不妨假定矩阵 A 具有如下形式之一:

$$\begin{pmatrix} \lambda & 0 \\ 0 & \mu \end{pmatrix}, \quad \begin{pmatrix} \lambda & 0 \\ 1 & \lambda \end{pmatrix}, \quad \begin{pmatrix} \alpha & -\beta \\ \beta & \alpha \end{pmatrix},$$

其中 λ, μ, β 均不为零. 下面分别就 A 的这三种形式进行讨论.

(1) $A = \begin{pmatrix} \lambda & 0 \\ 0 & \mu \end{pmatrix}$, 即 A 的 Jordan 标准形是对角形的.

此时, 方程组 (9.27) 可以写成

$$\begin{cases} \dfrac{\mathrm{d}x}{\mathrm{d}t} = \lambda x, \\ \dfrac{\mathrm{d}y}{\mathrm{d}t} = \mu y, \end{cases}$$

它的解为

$$x = c_1 \mathrm{e}^{\lambda t}, \quad y = c_2 \mathrm{e}^{\mu t},$$

其中 c_1, c_2 为任意常数. 于是, 该方程组在 (x, y)-平面上的轨线方程为

$$|x|^{\mu} = c|y|^{\lambda}, \tag{9.29}$$

其中 c 为任意非负常数. 分三种情况来讨论轨线的结构:

(i) $\lambda = \mu$, 即 A 有两个相同的特征值.

此时, 从奇点 $(0,0)$ 出发的射线均为轨线. 称这样的奇点 $(0,0)$ 为**星形结点** [图 9.2(a)]. 若 $\lambda < 0$, 则当 $t \to +\infty$ 时, $(x(t), y(t))$ 沿

着轨线趋向于奇点 $(0,0)$, 这时奇点 $(0,0)$ 是 Lyapunov 正向渐近稳定的; 若 $\lambda > 0$, 则当 $t \to -\infty$ 时, $(x(t), y(t))$ 沿着轨线趋向于奇点 $(0,0)$, 这时奇点 $(0,0)$ 是 Lyapunov 负向渐近稳定的.

(ii) $\lambda \neq \mu$, $\lambda\mu > 0$, 即 $\boldsymbol{A}$ 有两个同号但不相等的特征值.

此时, 除了 x 轴和 y 轴外, 轨线都是以奇点 $(0,0)$ 为顶点的"抛物线". 当 $|\mu| > |\lambda|$ 时, 它们均与 x 轴相切; 当 $|\mu| < |\lambda|$ 时, 它们均与 y 轴相切. 曲线族 (9.29) 中的每条曲线均被奇点 $(0,0)$ 分割成两条轨线. 这时称奇点 $(0,0)$ 为**双向结点** [图 9.2(b)]. 当 λ, $\mu < 0$ 时, $(x(t), y(t))$ 在 $t \to +\infty$ 时沿着轨线趋向于奇点 $(0,0)$, 从而奇点 $(0,0)$ 是 Lyapunov 正向渐近稳定的; 当 λ, $\mu > 0$ 时, $(x(t), y(t))$ 在 $t \to -\infty$ 时沿着轨线趋向于奇点 $(0,0)$, 从而奇点 $(0,0)$ 是 Lyapunov 负向渐近稳定的.

(iii) $\lambda\mu < 0$, 即 $\boldsymbol{A}$ 有两个异号的特征值.

此时, 在曲线族 (9.29) 中, 除了 x 轴和 y 轴外, 轨线都是以 x 轴和 y 轴为渐近线的"双曲线". 因此, 轨线是由正、负 x 轴, 正、负 y 轴, 以及"双曲线"族组成的. 沿着每条"双曲线"形的轨线, 当 $t \to \pm\infty$ 时, $(x(t), y(t))$ 均远离奇点 $(0,0)$. 称这样的奇点 $(0,0)$ 为**鞍点** [图 9.2(c)]. 鞍点 $(0,0)$ 是不稳定的.

(2) $\boldsymbol{A} = \begin{pmatrix} \lambda & 0 \\ 1 & \lambda \end{pmatrix}$, 即 $\boldsymbol{A}$ 有重特征值, 但是不能对角化.

此时, 轨线为 $x = 0$ 和

$$y = c\,x + \frac{x}{\lambda} \ln|x|, \tag{9.30}$$

其中 c 为任意常数. 显然

$$\lim_{x \to 0} y = 0, \quad \lim_{x \to 0} \frac{\mathrm{d}y}{\mathrm{d}x} = \begin{cases} +\infty, & \lambda < 0, \\ -\infty, & \lambda > 0. \end{cases}$$

由此可知, 曲线族 (9.30) 中的每条曲线都在奇点 $(0,0)$ 处与 y 轴相切.

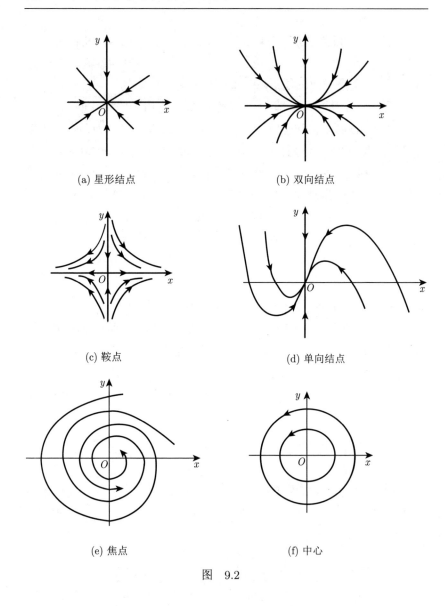

(a) 星形结点

(b) 双向结点

(c) 鞍点

(d) 单向结点

(e) 焦点

(f) 中心

图   9.2

这时称奇点 $(0,0)$ 为**单向结点** [图 9.2(d)]. 当 $\lambda < 0$ 时, $(x(t),y(t))$ 在 $t \to +\infty$ 时沿着轨线趋向于 $(0,0)$; 当 $\lambda > 0$ 时, $(x(t),y(t))$ 在

$t \to -\infty$ 时沿着轨线趋向于 $(0,0)$.

(3) $\boldsymbol{A} = \begin{pmatrix} \alpha & -\beta \\ \beta & \alpha \end{pmatrix}$, 即 $\boldsymbol{A}$ 有一对共轭复特征值.

此时, 利用极坐标 $x = r\cos\theta, y = r\sin\theta$, 方程组 (9.27) 化成

$$\begin{cases} \dfrac{\mathrm{d}r}{\mathrm{d}t} = \alpha r, \\[2mm] \dfrac{\mathrm{d}\theta}{\mathrm{d}t} = \beta, \end{cases}$$

可以得到它的通解

$$r = c\,\mathrm{e}^{\frac{\alpha}{\beta}\theta}, \tag{9.31}$$

其中 c 为任意非负常数. 当 $c > 0$ 时, 曲线族 (9.31) 不能通过奇点 $(0,0)$. 因此, 曲线族 (9.31) 就是轨线族. 而 β 的符号决定轨线的盘旋方向: 当 $\beta > 0$ 时, 轨线沿逆时针方向盘旋; 当 $\beta < 0$ 时, 轨线沿顺时针方向盘旋. 显然, α 决定了轨线的形状. 以 $\beta > 0$ 为例, 具体地有

(i) $\alpha < 0, \beta > 0$, 轨线为螺线族, 逆时针盘旋, 当 $t \to +\infty$ 时, 趋向于 $r = 0$;

(ii) $\alpha > 0, \beta > 0$, 轨线为螺线族, 逆时针盘旋, 当 $t \to -\infty$ 时, 趋向于 $r = 0$;

(iii) $\alpha = 0, \beta > 0$, 轨线为圆族, 逆时针盘旋.

称前两种情况的奇点 $(0,0)$ 为**焦点** [图 9.2(e) 给出了 $\alpha < 0$, $\beta > 0$ 的情形]; 而对于第三种情况, 即 $\alpha = 0$, 称奇点 $(0,0)$ 为**中心** [图 9.2(f)].

综合上面的讨论, 得到下面的定理.

定理 9.6 对于方程组 (9.27), 记

$$T = \mathrm{tr}\boldsymbol{A}, \quad D = \det\boldsymbol{A},$$

则

(1) 在 $D < 0$ 时, 奇点 $(0,0)$ 为鞍点;

(2) 在 $D > 0$, $T^2 > 4D$ 时, 奇点 $(0,0)$ 为双向结点;

(3) 在 $D > 0$, $T^2 = 4D$ 时, 奇点 $(0,0)$ 为单向结点或者星形结点;

(4) 在 $D > 0$, $0 < T^2 < 4D$ 时, 奇点 $(0,0)$ 为焦点;

(5) 在 $D > 0$, $T = 0$ 时, 奇点 $(0,0)$ 为中心.

而且, 在 (2),(3),(4) 中, 当 $T < 0$ 时, $(x(t), y(t))$ 沿轨线在 $t \to +\infty$ 时趋向于奇点 $(0,0)$, 在 $t \to -\infty$ 时远离奇点 $(0,0)$, 此时奇点 $(0,0)$ 是 Lyapunov 正向渐近稳定的; 当 $T > 0$ 时, $(x(t), y(t))$ 沿轨线在 $t \to +\infty$ 时远离奇点 $(0,0)$, 在 $t \to -\infty$ 时趋向于奇点 $(0,0)$, 此时奇点 $(0,0)$ 是 Lyapunov 负向渐近稳定的.

当 $\boldsymbol{A}$ 不是 Jordan 标准形时, 可以用非奇异矩阵 $\boldsymbol{T}$ 将 $\boldsymbol{A}$ 化成 Jordan 标准形. 当然, 这样的计算量是很大的. 事实上, 可以用更为简单而实用的方法来判断奇点的类型并作出相图:

当 $t \to +\infty$ 或 $t \to -\infty$ 时, 如果有轨线沿着某一确定的直线 $y = kx$ (或 $x = ky$) 趋向于奇点 $(0,0)$, 则称这条直线 (所在方向) 为**特殊方向**. 显然, 根据上面的分析可知, 星形结点有无穷多个特殊方向; 双向结点和鞍点有两个特殊方向; 单向结点只有一个特殊方向; 焦点和中心没有特殊方向. 而且, 当直线 $y = kx$ (或 $x = ky$) 给出方程组 (9.27) 的一个特殊方向时, 该直线被奇点分割的两条射线均是这个方程组的轨线.

例 9.6 作出微分方程组

$$\begin{cases} \dfrac{\mathrm{d}x}{\mathrm{d}t} = 2x + 3y, \\[2mm] \dfrac{\mathrm{d}y}{\mathrm{d}t} = 2x - 3y \end{cases}$$

在平面上的相图.

解 注意到

$$D = \begin{vmatrix} 2 & 3 \\ 2 & -3 \end{vmatrix} = -12 < 0,$$

所以奇点 $(0,0)$ 为鞍点. 因此, 它有两个特殊方向. 设 $y = kx$ 是其特殊方向, 则

$$k = \frac{\mathrm{d}y}{\mathrm{d}x} = \frac{2x - 3y}{2x + 3y} = \frac{2 - 3k}{2 + 3k},$$

解之得到 $k_1 = \dfrac{1}{3}$ 和 $k_2 = -2$. 再注意到向量场 $\boldsymbol{f} = (2x + 3y, 2x - 3y)$ 在点 $(1, 0)$ 处的向量为 $(2, 2)$, 可以利用向量场的连续性和鞍点附近的轨线结构作出相图, 如图 9.3 所示.

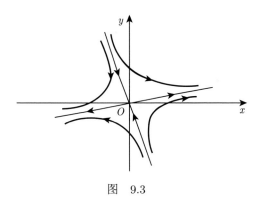

图 9.3

例 9.7 作出微分方程组

$$\begin{cases} \dfrac{\mathrm{d}x}{\mathrm{d}t} = 3x, \\ \dfrac{\mathrm{d}y}{\mathrm{d}t} = 2x + y \end{cases}$$

在平面的相图.

解　这里

$$T = 4, \quad D = 3, \quad T^2 - 4D = 4 > 0,$$

因此由定理 9.6 可知, 奇点 $(0,0)$ 为双向结点. 再由 $T > 0$ 可知, 所有轨线当 $t \to +\infty$ 时均远离双向结点 $(0,0)$. 由于 $(x,y) = (0, c\mathrm{e}^t)$ 是该方程组的解, 因此直线 $x = 0$ 是一个特殊方向. 假设 $y = kx$ 是另一个特殊方向, 则

$$k = \frac{\mathrm{d}y}{\mathrm{d}x} = \frac{2 + k}{3}.$$

解此方程可知 $k = 1$. 向量场 $\boldsymbol{f} = (3x, 2x + y)$ 在点 $(1,0)$ 处的向量为 $(3, 2)$, 于是可以作出相图, 如图 9.4 所示.

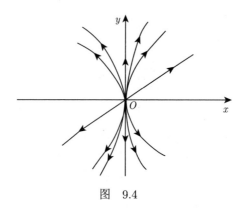

图　9.4

9.3.2　极限环

在平面系统的研究中, 闭轨线的研究是重要的. 与奇点不同, 闭轨线的存在性是比较复杂的问题. Hilbert[①]在 1900 年国际数学家大

① D. Hilbert (1862—1943), 德国著名数学家. 他在代数不变量、代数数论、几何基础、变分法、Hilbert 空间等方面都有很大的贡献, 堪称他那个时代最伟大的数学家. 他收集了 23 个问题, 并在 1900 年的国际数学家大会上提出. 现称这些问题为 **Hilbert** 问题, 它们对 20 世纪数学发展的进程产生了深远的影响, 其中仍有许多问题尚未解决. 他的名著《几何基础》成功地建立了 Hilbert 公理体系, 不仅使得 Euclid 几何的完善工作告一段落, 而且使得数学公理法基本形成.

会的报告中, 提出了 20 世纪人们应该关注的 23 个数学问题, 其中之一就是有关平面系统的极限环的个数问题. 经过一个多世纪的努力, 尽管人们在微分方程定性理论上已经有了丰富的结果, 但是这个问题本身尚未解决.

定义 9.6　如果方程组 (9.26) 在闭轨线 Γ 的某个环形邻域内不再有别的闭轨线, 则称 Γ 为方程组 (9.26) 的**极限环**.

引理 9.5　如果 Γ 是方程组 (9.26) 的极限环, 则存在 Γ 的一个外侧邻域 U, 使得从这个邻域中出发的轨线当 $t \to +\infty$ (或 $t \to -\infty$) 时都盘旋趋向于 Γ. 类似地, Γ 也存在这样的内侧邻域.

定义 9.7　如果极限环 Γ 两侧附近的轨线当 $t \to +\infty$ 时均盘旋趋向于 Γ, 则称 Γ 为**稳定的极限环**; 如果极限环 Γ 两侧附近的轨线当 $t \to -\infty$ 时均盘旋趋向于 Γ, 则称 Γ 为**负向稳定的极限环**; 如果极限环 Γ 一侧附近的轨线当 $t \to +\infty$ 时盘旋趋向于 Γ, 而另一侧轨线当 $t \to -\infty$ 时盘旋趋向于 Γ, 则称 Γ 为**半稳定的极限环**.

下面的例子表明, 稳定、负向稳定和半稳定的极限环都是存在的.

例 9.8　考虑微分方程组

$$\begin{cases} \dfrac{\mathrm{d}r}{\mathrm{d}t} = r(1 - r^2), \\[2mm] \dfrac{\mathrm{d}\theta}{\mathrm{d}t} = 1, \end{cases}$$

这里 $x = r\cos\theta, y = r\sin\theta$. 显然, 单位圆周 $r = 1$ 是稳定的极限环. 当 $t \to +\infty$ 时, 其他轨线 (除 $r = 0$ 之外) 均逆时针盘旋趋向于 $r = 1$.

例 9.9　考虑微分方程组

$$\begin{cases} \dfrac{\mathrm{d}r}{\mathrm{d}t} = r(r^2 - 1), \\[2mm] \dfrac{\mathrm{d}\theta}{\mathrm{d}t} = 1, \end{cases}$$

这里 $x = r\cos\theta, y = r\sin\theta$. 显然, 单位圆周 $r = 1$ 是负向稳定的极

限环. 当 $t \to -\infty$ 时, 其他轨线 (除 $r = 0$ 之外) 均逆时针盘旋趋向于 $r = 1$.

例 9.10   考虑微分方程组

$$\begin{cases} \dfrac{\mathrm{d}r}{\mathrm{d}t} = r(r^2 - 1)^2, \\ \dfrac{\mathrm{d}\theta}{\mathrm{d}t} = 1, \end{cases}$$

这里 $x = r\cos\theta, y = r\sin\theta$. 显然, 单位圆周 $r = 1$ 是半稳定的极限环. 从单位圆 $r = 1$ 内出发的轨线 (除 $r = 0$ 之外) 当 $t \to +\infty$ 时均逆时针盘旋趋向于 $r = 1$; 从单位圆 $r = 1$ 外出发的轨线当 $t \to -\infty$ 时均逆时针盘旋趋向于 $r = 1$.

关于极限环存在性的判断, 有下面的经典结果.

定理 9.7 (Poincaré-Bendixson[①]环域定理)   假设平面区域 G 是由两条简单闭曲线 L_1 和 L_2 所围成的环域, 方程组 (9.26) 在闭区域 $\bar{G} = L_1 \cap G \cap L_2$ 上无奇点, 并且从 L_1 和 L_2 上出发的轨线都不能离开 (或进入) $\bar{G}$, 进一步假设 L_1 和 L_2 均不是闭轨线, 则方程组 (9.26) 在 G 内至少有一条闭轨线 Γ, 它在 G 内不能收缩到一点 (这时称 Γ 是**非零伦**的).

定理 9.7 的证明较长, 并且在一般的讲述微分方程定性理论的教材和专著中均能找到, 这里略去.

注 9.8   定理 9.7 的力学意义是明显的: 如果流体从环域 G 的边界流入 G, 而在 G 内没有源和渊, 那么流体在 G 内一定有环流存在.

接下来我们以 van del Pol[②]方程为例, 说明如何利用 Poincaré-Bendixson 环域定理来证明极限环存在.

考虑微分方程

$$\frac{\mathrm{d}^2 x}{\mathrm{d}t^2} + \mu(x^2 - 1)\frac{\mathrm{d}x}{\mathrm{d}t} + x = 0, \tag{9.32}$$

---

① I. Bendixson (1861—1935), 瑞典数学家.

② B. van der Pol (1889—1959), 荷兰物理学家和工程师.

其中常数 $\mu > 0$. 称这个方程为 **van del Pol 方程**.

定理 9.8 van del Pol 方程 (9.32) 至少有一条闭轨线.

证明 不妨设 $\mu = 1$. 考虑与 van del Pol 方程 (9.32) 等价的微分方程组

$$\begin{cases} \dfrac{dx}{dt} = y - F(x), \\[2mm] \dfrac{dy}{dt} = -x, \end{cases} \tag{9.33}$$

其中

$$F(x) = \frac{x^3}{3} - x.$$

为了应用 Poincaré-Bendixson 环域定理, 需要构造 (x, y)-平面上的环域 G.

先构造环域 G 的内边界 L_1. 令 $V(x, y) = \dfrac{1}{2}(x^2 + y^2)$, 则当 $|x| < \sqrt{3}$ 时,

$$\frac{dV}{dt}\bigg|_{(9.33)} = x^2 \left(1 - \frac{x^2}{3}\right) \geqslant 0,$$

并且上式 "$\geqslant$" 中的等号仅在 $x = 0$ 时成立. 因此, 对于足够小的 c, 令 $L_1 : x^2 + y^2 = c$, 则方程组 (9.33) 从 L_1 出发的轨线在 t 增加时走向 L_1 所围成区域的外部.

再构造环域 G 的外边界 L_2. 注意到曲线 $y = F(x) = \dfrac{x^3}{3} - x$ 的极小值在点 $\left(1, -\dfrac{2}{3}\right)$ 处达到. 取 $x^* > 0$ 足够大, 以点 $S\left(0, -\dfrac{2}{3}\right)$ 为中心, 分别以 $x^* + \dfrac{4}{3}$ 和 x^* 为半径作圆弧 $\overset{\frown}{AB}$ 和 $\overset{\frown}{CD}$, 它们与 y 轴分别交于点 A 和 D, 而与直线 $x = x^*$ 分别交于点 B 和 C. 再作圆弧 $\overset{\frown}{DE}$, $\overset{\frown}{FA}$ 和线段 EF, 它们分别与圆弧 $\overset{\frown}{AB}$, $\overset{\frown}{CD}$ 和线段 BC 关于原点对称. 取 L_2 为从点 A 开始, 依次走过点 $B, C, \cdots, F$ 并回到点 A 的这些圆弧和直线段 (图 9.5). 此时, 可以证明从 L_2 上出发的方程组

(9.33) 的轨线当 t 增加时均走向 L_2 所围成区域的内部, 于是环域 G 构造完成. 依据 Poincaré-Bendixson 环域定理可知, 在环域 G 内部至少有一条闭轨线. 定理证毕. □

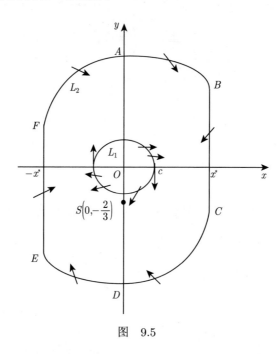

图　9.5

注 9.9　一般来说, 判断一个微分方程组是否有极限环和极限环的个数都是非常困难的问题. 在 Hilbert 1900 年提出的 23 个著名数学问题中, 第 16 个问题的后半部分可以陈述为: 记 $P_n(x,y), Q_n(x,y)$ 是 x, y 的 n 次多项式, 那么对于给定的 n 和任意的 $P_n(x,y), Q_n(x,y)$, 微分方程组

$$\begin{cases} \dfrac{\mathrm{d}x}{\mathrm{d}t} = P_n(x,y), \\[2mm] \dfrac{\mathrm{d}y}{\mathrm{d}t} = Q_n(x,y) \end{cases}$$

可能有的极限环个数的上界以及极限环可能的相对位置如何?

关于极限环的不存在性, 有下面的 Bendixson 判据.

定理 9.9 (Bendixson 判据) 设函数 $P(x,y), Q(x,y)$ 在单连通区域 D 上连续可微, 且当 $(x,y) \in D$ 时,

$$\frac{\partial P}{\partial x} + \frac{\partial Q}{\partial y} \neq 0,$$

则微分方程组

$$\begin{cases} \dfrac{\mathrm{d}x}{\mathrm{d}t} = P(x,y), \\[2mm] \dfrac{\mathrm{d}y}{\mathrm{d}t} = Q(x,y) \end{cases} \tag{9.34}$$

在 D 内不存在闭轨线.

证明 假设 $\Gamma: x = \phi(t), y = \psi(t)$ 是方程组 (9.34) 在区域 D 内的一条闭轨线, 则

$$\phi'(t) = P(\phi(t), \psi(t)), \quad \psi'(t) = Q(\phi(t), \psi(t)).$$

再假设该闭轨线的周期为 $T > 0$, 则

$$\int_0^T \left(P(\phi(t), \psi(t))\psi'(t) - Q(\phi(t), \psi(t))\phi'(t) \right) \mathrm{d}t = 0. \tag{9.35}$$

由定理的假设可知

$$\frac{\partial P}{\partial x} + \frac{\partial Q}{\partial y} \neq 0.$$

于是, 不妨设存在常数 $a > 0$, 使得上式大于 a. 假设 Γ 所围成的区域为 D_0. 由 Green 公式可知

$$\int_\Gamma P(x,y)\mathrm{d}y - Q(x,y)\mathrm{d}x = \iint_{D_0} \left(\frac{\partial P}{\partial x} + \frac{\partial Q}{\partial y} \right) \mathrm{d}x\mathrm{d}y$$

$$\geqslant a \cdot \mathrm{Area} D_0 > 0.$$

这与 (9.35) 式矛盾. $\square$

习 题 9.3

1. 判断下列微分方程组的奇点 $(0, 0)$ 的类型, 并作出该奇点附近的相图:

(1)
$$\begin{cases} \dfrac{\mathrm{d}x}{\mathrm{d}t} = 4y - x, \\[2mm] \dfrac{\mathrm{d}y}{\mathrm{d}t} = -9x + y; \end{cases}$$
(2)
$$\begin{cases} \dfrac{\mathrm{d}x}{\mathrm{d}t} = 2x + y + xy^2, \\[2mm] \dfrac{\mathrm{d}y}{\mathrm{d}t} = x + 2y + x^2 + y^2; \end{cases}$$

(3)
$$\begin{cases} \dfrac{\mathrm{d}x}{\mathrm{d}t} = x + 2y, \\[2mm] \dfrac{\mathrm{d}y}{\mathrm{d}t} = 5y - 2x + x^3; \end{cases}$$
(4)
$$\begin{cases} \dfrac{\mathrm{d}x}{\mathrm{d}t} = x + 4y, \\[2mm] \dfrac{\mathrm{d}y}{\mathrm{d}t} = 2x + 3y. \end{cases}$$

2. 证明: 如果微分方程组

$$\begin{cases} \dfrac{\mathrm{d}x}{\mathrm{d}t} = mx + ny, \\[2mm] \dfrac{\mathrm{d}y}{\mathrm{d}t} = ax + by \end{cases}$$

的奇点为中心, 则

$$(ax + by)\mathrm{d}x - (mx + ny)\mathrm{d}y = 0$$

是恰当方程. 举例说明, 反之不成立.

3. 证明: 如果微分方程组

$$\begin{cases} \dfrac{\mathrm{d}x}{\mathrm{d}t} = \dfrac{1}{2}x^2 + xy + y^2, \\[2mm] \dfrac{\mathrm{d}y}{\mathrm{d}t} = x^2 - 2xy + y^2 \end{cases}$$

存在极限环, 则它的所有极限环必与某一条直线相交.

4. 设方程组 (9.34) 的右端函数 $P(x,y), Q(x,y)$ 在单连通区域 D 内均是连续可微的. 证明: 如果存在 $B(x,y) \in C^1(D)$, 使得

$$\frac{\partial BP}{\partial x} + \frac{\partial BQ}{\partial y} \neq 0, \quad (x,y) \in D,$$

则方程组 (9.34) 在 D 内无闭轨线.

§9.4 环面上的微分方程组

在本节中, 考虑在环面上定义的微分方程组的一些基本性质.

考虑自治微分方程组

$$\begin{cases} \dfrac{\mathrm{d}\phi}{\mathrm{d}t} = F(\phi, \psi), \\[2mm] \dfrac{\mathrm{d}\psi}{\mathrm{d}t} = G(\phi, \psi), \end{cases} \tag{9.36}$$

其中连续函数 F 和 G 关于其变元都是 2π-周期的, 即

$$F(\phi + 2\pi, \psi) = F(\phi, \psi + 2\pi) = F(\phi, \psi),$$

$$G(\phi + 2\pi, \psi) = G(\phi, \psi + 2\pi) = G(\phi, \psi).$$

进一步, 假设方程组 (9.36) 的初值问题的解是存在且唯一的. 由于 F 和 G 是周期的, 因此它们有界. 由解的延伸定理可知, 方程组 (9.36) 的解是大范围存在的, 即解的存在区间为 $(-\infty, +\infty)$.

如果将 (ϕ, ψ)-平面上边长为 2π 的正方形的对边看成是重合的, 得到的是一个环面, 记为 $\mathbb{T}^2$. 由于环面 $\mathbb{T}^2$ 上的点关于坐标 (ϕ, ψ) 是双周期的, 即

$$(\phi + 2\pi, \psi) = (\phi, \psi + 2\pi) = (\phi, \psi),$$

因此可以将方程组 (9.36) 看成定义在环面 $\mathbb{T}^2$ 上的微分方程组.

在三维空间中, 环面 $\mathbb{T}^2$ 有如下表达式:

$$x = (a + b\cos\phi)\cos\psi,$$
$$y = (a + b\cos\phi)\sin\psi,$$
$$z = b\sin\phi,$$

其中 $a > b > 0$.

介绍几个名词:

中圆: $z = 0,\ x^2 + y^2 = a^2$.

经圆: $\phi = \phi_0$.

纬圆: $\psi = \psi_0$.

显然, 方程组 (9.36) 的轨线与经圆 (或纬圆) 相切的充要条件是在切点处 $F = 0$ (或 $G = 0$). 由此可知, 如果在 $\mathbb{T}^2$ 上 $F \neq 0$, 则方程组 (9.36) 的轨线在每一点处均穿过所在的经圆, 而做绕中圆的转动.

例 9.11 考虑环面 $\mathbb{T}^2$ 上的微分方程组

$$\begin{cases} \dfrac{\mathrm{d}\phi}{\mathrm{d}t} = 1, \\[2mm] \dfrac{\mathrm{d}\psi}{\mathrm{d}t} = \mu, \end{cases} \tag{9.37}$$

其中 $\mu > 0$ 为常数.

消去自变量 t, 得到

$$\frac{\mathrm{d}\psi}{\mathrm{d}\phi} = \mu.$$

由此可知

$$\psi = \mu\phi + \psi_0,$$

其中 ψ_0 是任意常数. 当 $\phi = 2n\pi$ 时, 记

$$\psi_n = 2n\mu\pi + \psi_0, \quad n = 0, \pm 1, \pm 2, \cdots.$$

由于 $\mathbb{T}^2$ 关于 ψ 是 2π-周期的, 因此考虑

$$\psi_n = 2k_n\pi + \tilde{\psi}_n,$$

其中 k_n 是某个整数, 而

$$0 \leqslant \tilde{\psi}_n < 2\pi.$$

当 $\mu = \dfrac{p}{q}$ (p 和 q 互素) 是有理数时, 有

$$\psi_q = 2p\pi + \psi_0.$$

由此可知, 当 ϕ 沿中圆转了 q 圈时, ψ 沿经圆方向转了 p 圈, 并且回到了初始点. 因此, 在环面 $\mathbb{T}^2$ 上得到一条闭轨线. 再由 ψ_0 的任意性知, 这种闭轨线充满整个环面.

当 μ 为无理数时, 我们可以证明 $\{\psi_n\}_{n\in\mathbb{Z}}$ 在经圆上稠密. 由此可知轨线在 $\mathbb{T}^2$ 上稠密. 事实上, 可以证明更强的结论, 见下面的定理 9.10.

定义 9.8 称环面 $\mathbb{T}^2$ 上的流映射 $\boldsymbol{\Phi}^t : \mathbb{T}^2 \to \mathbb{T}^2$ 是**一致分布**的, 如果对于环面 $\mathbb{T}^2$ 上的任意区域 D 以及任一点 $\boldsymbol{x}_0 \in \mathbb{T}^2$, 有

$$\lim_{T \to +\infty} \frac{1}{T}\{t \in [0,T] | \boldsymbol{\Phi}^t(\boldsymbol{x}_0) \in D\} = \frac{\mathrm{mes}\, D}{\mathrm{mes}\, \mathbb{T}^2}.$$

定理 9.10 设 $\boldsymbol{\Phi}^t$ 是方程组 (9.37) 的流映射. 如果 μ 为无理数, 则 $\boldsymbol{\Phi}^t$ 是一致分布的.

定理 9.10 可由定理 9.11 得到, 它实际上是定理 9.11 的一个推论.

推论 9.2 如果 μ 是无理数, 则方程组 (9.37) 的轨线在 $\mathbb{T}^2$ 上是稠密的.

证明 对于环面 $\mathbb{T}^2$ 上的任意开集 U, 由定理 9.10 可知

$$\lim_{T \to +\infty} \frac{1}{T}\{t \in [0,T] | \boldsymbol{\Phi}^t(\boldsymbol{x}_0) \in U\} = \frac{\mathrm{mes}\, U}{\mathrm{mes}\, \mathbb{T}^2} > 0.$$

因此, 存在 $\{t_n\} : t_n \to +\infty \ (n \to \infty)$, 使得 $\boldsymbol{\Phi}^{t_n}(\boldsymbol{x}_0) \in U \ (n = 1, 2, \cdots)$, 即 $\boldsymbol{\Phi}^t(\boldsymbol{x}_0)$ 在 $\mathbb{T}^2$ 上稠密. $\quad \square$

事实上, 定理 9.10 的结论对于一般的微分方程组

$$\frac{\mathrm{d}\phi_j}{\mathrm{d}t} = \omega_j, \quad j = 1, 2, \cdots, n \tag{9.38}$$

也是成立的, 这里假设 $\omega_1, \omega_2, \cdots, \omega_n$ 是线性无关的, 即从等式

$$k_1\omega_1 + k_2\omega_2 + \cdots + k_n\omega_n = 0$$

和 $k_j \in \mathbb{Z} \ (j = 1, 2, \cdots, n)$ 可以推出 $k_1 = k_2 = \cdots = k_n = 0$.

定理 9.11　假设 $\boldsymbol{\Phi}^t$ 是方程组 (9.38) 的流映射, 则对于任意的 Riemann 可积函数 $f : \mathbb{T}^n \to \mathbb{C}$, 以及任意的 $\boldsymbol{z} \in \mathbb{T}^n$, 有

$$\lim_{T \to +\infty} \frac{1}{T} \int_0^T f(\boldsymbol{\Phi}^t \boldsymbol{z}) \mathrm{d}t = \frac{1}{\mathrm{mes}\,\mathbb{T}^n} \int_{\mathbb{T}^n} f(\boldsymbol{z}) \mathrm{d}\boldsymbol{z}. \tag{9.39}$$

证明　分两步来证明定理的结论:

(1) $f(\boldsymbol{z}) = \mathrm{e}^{\mathrm{i}\langle \boldsymbol{k}, \boldsymbol{z} \rangle}$, 其中 $\boldsymbol{k} \in \mathbb{Z}^n$. 令 $\boldsymbol{\omega} = (\omega_1, \omega_2, \cdots, \omega_n)$.
当 $\boldsymbol{k} \neq \boldsymbol{0}$ 时,

$$\int_0^T f(\boldsymbol{\Phi}^t \boldsymbol{z}) \mathrm{d}t = \int_0^T f(\boldsymbol{z} + \boldsymbol{\omega}t) \mathrm{d}t = \frac{\mathrm{e}^{\mathrm{i}\langle \boldsymbol{k}, \boldsymbol{z} \rangle}}{\mathrm{i}\langle \boldsymbol{k}, \boldsymbol{\omega} \rangle} \left(\mathrm{e}^{\mathrm{i}\langle \boldsymbol{k}, \boldsymbol{\omega} \rangle T} - 1 \right).$$

注意到上式右端是 T 的有界函数, 因此

$$\lim_{T \to +\infty} \frac{1}{T} \int_0^T f(\boldsymbol{\Phi}^t \boldsymbol{z}) \mathrm{d}t = \lim_{T \to +\infty} \frac{1}{T} \int_0^T f(\boldsymbol{z} + \boldsymbol{\omega}t) \mathrm{d}t = 0.$$

而

$$\int_{\mathbb{T}^n} f(\boldsymbol{z}) \mathrm{d}\boldsymbol{z} = \int_{\mathbb{T}^n} \mathrm{e}^{\mathrm{i}\langle \boldsymbol{k}, \boldsymbol{z} \rangle} \mathrm{d}\boldsymbol{z} = 0.$$

当 $\boldsymbol{k} = \boldsymbol{0}$ 时, $f(\boldsymbol{z}) \equiv 1$. 此时

$$\lim_{T \to +\infty} \frac{1}{T} \int_0^T f(\boldsymbol{\Phi}^t \boldsymbol{z}) \mathrm{d}t = 1,$$

而

$$\int_{\mathbb{T}^n} 1 \mathrm{d}\boldsymbol{z} = \mathrm{mes}\,\mathbb{T}^n,$$

因此 (9.39) 式成立. 由此可知, 当 $f(\boldsymbol{z})$ 为 $\mathrm{e}^{\mathrm{i}\langle \boldsymbol{k},\boldsymbol{z}\rangle}$ 的任意线性组合时, (9.39) 式仍然成立. 特别地, 该结论对于 $\cos\langle \boldsymbol{k},\boldsymbol{z}\rangle$ 和 $\sin\langle \boldsymbol{k},\boldsymbol{z}\rangle$ 也是成立的.

(2) 对实 Riemann 可积函数来证明 (9.39) 式成立. 对于 Riemann 可积实函数 $f:\mathbb{T}^n \to \mathbb{R}$, 存在两个连续函数 $P:\mathbb{T}^n \to \mathbb{R}$ 和 $Q:\mathbb{T}^n \to \mathbb{R}$, 使得

$$P(\boldsymbol{z}) < f(\boldsymbol{z}) < Q(\boldsymbol{z}), \quad \frac{1}{\mathrm{mes}\,\mathbb{T}^n}\int_{\mathbb{T}^n}(Q(\boldsymbol{z})-P(\boldsymbol{z}))\,\mathrm{d}\boldsymbol{z} < \varepsilon, \quad (9.40)$$

其中 ε 是任意正数. 注意到 P 和 Q 对于 $\boldsymbol{z}$ 的每个分量均是 2π-周期的, 因此 P 和 Q 可以被三角多项式 p 和 q 逼近, 即

$$|P(\boldsymbol{z}) - p(\boldsymbol{z})| < \varepsilon, \quad |Q(\boldsymbol{z}) - q(\boldsymbol{z})| < \varepsilon.$$

记 p_0 和 q_0 分别是 p 和 q 的常数项, 则由 (1) 可知

$$p_0 = \lim_{T\to+\infty}\int_0^T \frac{1}{T}p(\boldsymbol{\Phi}^t\boldsymbol{z})\mathrm{d}t = \frac{1}{\mathrm{mes}\,\mathbb{T}^n}\int_{\mathbb{T}^n}p(\boldsymbol{z})\mathrm{d}\boldsymbol{z},$$

$$q_0 = \lim_{T\to+\infty}\int_0^T \frac{1}{T}q(\boldsymbol{\Phi}^t\boldsymbol{z})\mathrm{d}t = \frac{1}{\mathrm{mes}\,\mathbb{T}^n}\int_{\mathbb{T}^n}q(\boldsymbol{z})\mathrm{d}\boldsymbol{z}.$$

令

$$f_0 = \frac{1}{\mathrm{mes}\,\mathbb{T}^n}\int_{\mathbb{T}^n}f(\boldsymbol{z})\mathrm{d}\boldsymbol{z},$$

则由 (9.40) 式可知

$$p_0 - \varepsilon < f_0 < q_0 + \varepsilon, \quad q_0 - p_0 < 3\varepsilon.$$

再令

$$f_T(z) = \frac{1}{T} \int_0^T f(\boldsymbol{\Phi}^t z)\mathrm{d}t, \quad p_T(z) = \frac{1}{T} \int_0^T p(\boldsymbol{\Phi}^t z)\mathrm{d}t,$$

$$q_T(z) = \frac{1}{T} \int_0^T q(\boldsymbol{\Phi}^t z)\mathrm{d}t.$$

则对于任意的 T, 有

$$p_T(z) - \varepsilon < f_T(z) < q_T(z) + \varepsilon,$$

并且只要 T 充分大, 就有

$$|p_T(z) - p_0| < \varepsilon, \quad |q_T(z) - q_0| < \varepsilon.$$

由上面的讨论可知, 只要 T 充分大, 就有

$$|f_T(z) - f_0| < 6\varepsilon.$$

定理证毕. □

由定理 9.11 容易得到定理 9.10. 事实上, 令 $f = \chi(D)$(区域 D 的特征函数), 即

$$\chi(\boldsymbol{x}) = \begin{cases} 1, & \boldsymbol{x} \in D, \\ 0, & \boldsymbol{x} \in \mathbb{T}^n \setminus D. \end{cases}$$

显然

$$\lim_{T \to +\infty} \frac{1}{T}\{t \in [0,T]|\boldsymbol{\Phi}^t(\boldsymbol{x}_0) \in D\} = \lim_{T \to +\infty} \frac{1}{T} \int_0^T \chi(\boldsymbol{\Phi}^t z)\mathrm{d}t,$$

而

$$\frac{1}{\mathrm{mes}\mathbb{T}^n} \int_{\mathbb{T}^n} \chi(z)\mathrm{d}z = \frac{\mathrm{mes}D}{\mathrm{mes}\mathbb{T}^n}.$$

由上面的讨论可知, 在方程组 (9.37) 中, μ 的算术性质决定了其轨线的形状. 而对于一般的方程组 (9.36), 我们做如下处理:

如果存在一点 (ϕ_0, ψ_0), 使得 $F(\phi_0, \psi_0) = G(\phi_0, \psi_0) = 0$, 则 (ϕ_0, ψ_0) 是方程组 (9.36) 的奇点. 由于环面 $\mathbb{T}^2$ 上一个点的邻域与平面上一个点的邻域是微分同胚的, 因此对环面 $\mathbb{T}^2$ 上微分方程组的奇点附近解的走向的研究与平面的情形相同.

接下来讨论 $F(\phi, \psi)$ 和 $G(\phi, \psi)$ 在环面 $\mathbb{T}^2$ 上均不为零的情形. 记方程组 (9.36) 的解为 $(\phi(t), \psi(t))$, 于是 $\phi'(t) = F(\phi(t), \psi(t)) \neq 0$. 由此可知, 存在 $\phi = \phi(t)$ 的反函数 $t = t(\phi)$. 于是, $\psi = \psi(t(\phi))$ 满足微分方程

$$\frac{\mathrm{d}\psi}{\mathrm{d}\phi} = \frac{G(\phi, \psi)}{F(\phi, \psi)} \triangleq A(\phi, \psi). \tag{9.41}$$

显然, 函数 A 关于 ϕ 和 ψ 是连续的, 且

$$A(\phi + 2\pi, \psi) = A(\phi, \psi + 2\pi) = A(\phi, \psi).$$

由于 $F(\phi, \psi), G(\phi, \psi)$ 均不为零, 不妨设 $A(\phi, \psi) > 0$, $(\phi, \psi) \in \mathbb{T}^2$.

显然, 通过对方程 (9.41) 的解的研究, 可以得到关于方程组 (9.36) 的解的性质. 而方程 (9.41) 的相空间是单位圆周 $\mathbb{S}^1$. 由于方程 (9.41) 关于自变量 ϕ 是 2π-周期的, 因此映射

$$\begin{aligned} P : \mathbb{S}^1 &\to \mathbb{S}^1, \\ \psi_0 &\mapsto \psi(2\pi, \psi_0) \end{aligned} \tag{9.42}$$

(称为**时刻 2π 映射**, 也称为 **Poincaré 映射**) 能够在很大程度上刻画该方程解的行为.

引理 9.6 由 (9.42) 式定义的映射 P 是单位圆周 $\mathbb{S}^1$ 上的同胚, 且

$$P(\psi_0 + 2\pi) = P(\psi_0) + 2\pi.$$

证明 由假设可知, 方程 (9.41) 的过初值点 ψ_0 的解是存在且唯一的. 又由于 A 是周期的, 因此这个解是大范围存在的.

接下来我们来证明 P 关于 ψ_0 是严格单调递增的. 设 $0 \leqslant \psi_0 < \psi_1 < 2\pi$. 由此可知, 存在 $\phi_0 > 0$, 使得

$$\psi(\phi, \psi_0) < \psi(\phi, \psi_1), \quad 0 \leqslant \phi < \phi_0.$$

由解的唯一性可知, 对于任意的 $\phi \leqslant 2\pi$, 有 $\psi(\phi, \psi_0) < \psi(\phi, \psi_1)$. 特别地, 该不等式对于 $\phi = 2\pi$ 成立, 即 $P(\psi_0) < P(\psi_1)$.

令 $u(\phi, \psi_0) = 2\pi + \psi(\phi, \psi_0)$, 则 $u(0, \psi_0) = 2\pi + \psi_0$. 又有

$$\frac{\mathrm{d}u}{\mathrm{d}\phi} = \frac{\mathrm{d}\psi}{\mathrm{d}\phi}(\phi, \psi_0) = A(\phi, \psi(\phi, \psi_0))$$

$$= A(\phi, \psi(\phi, \psi_0) + 2\pi) = A(\phi, u(\phi, \psi_0)).$$

这意味着, $u(\phi, \psi_0)$ 是方程 (9.41) 满足初始条件 $u(0, \psi_0) = 2\pi + \psi_0$ 的解. 而方程 (9.41) 满足该初始条件的解为 $\psi(\phi, \psi_0 + 2\pi)$, 由解的唯一性可知

$$u(\phi, \psi_0) \equiv \psi(\phi, \psi_0 + 2\pi).$$

在这个式子中令 $\phi = 2\pi$, 得到 $P(\psi_0 + 2\pi) = P(\psi_0) + 2\pi$. 引理证毕. □

定理 9.12　(1) 极限

$$\mu = \lim_{n \to +\infty} \frac{1}{2\pi} \frac{P^n(\psi_0) - \psi_0}{n}$$

存在且与 ψ_0 无关. 称 μ 为方程 (9.41) 的**旋转数**.

(2) 旋转数 μ 是有理数的充要条件是映射 P 的某个方幂 P^m(m 为非零整数) 有不动点.

注 9.10　Poincaré 在研究映射 P 时引入了旋转数的概念.

证明　(1) 对于 $\psi \in \mathbb{S}^1$, 令 $P(\psi) = \psi + \alpha(\psi)$. 由引理 9.6 可知, α 关于 ψ 是 2π-周期的.

由于 $P(\psi + 2\pi) = P(\psi) + 2\pi$, 可以证明

$$P^k(\psi + 2\pi) = P^k(\psi) + 2\pi, \quad k = 1, 2, \cdots.$$

如果令 $P^k(\psi) = \psi + \alpha_k(\psi)(k = 1, 2, \cdots)$, 则 α_k 也是 2π-周期的, 且

$$\alpha_k(\psi) = \alpha(\psi) + \alpha(P(\psi)) + \cdots + \alpha(P^{k-1}(\psi)), \quad k = 1, 2, \cdots.$$

由于 P 关于 ψ 是严格单调递增的, 因此 P^k 关于 ψ 也是严格单调递增的. 由此可知

$$\max_{\psi \in \mathbb{S}^1} \alpha_k(\psi) - \min_{\psi \in \mathbb{S}^1} \alpha_k(\psi) \leqslant 2\pi.$$

事实上, 假设

$$\alpha_k(\psi_1) = \max_{\psi \in \mathbb{S}^1} \alpha_k(\psi), \quad \alpha_k(\psi_2) = \min_{\psi \in \mathbb{S}^1} \alpha_k(\psi),$$

不妨设 $\psi_2 < \psi_1 < \psi_2 + 2\pi$, 则由 P^k 是单调递增的可知

$$P^k(\psi_2) < P^k(\psi_1) < P^k(\psi_2 + 2\pi) = 2\pi + P^k(\psi_2),$$

从而得到

$$\alpha_k(\psi_1) - \alpha_k(\psi_2) \leqslant 2\pi + \psi_2 - \psi_1 < 2\pi.$$

记

$$\beta^k = \max_{\psi \in \mathbb{S}^1} \alpha_k(\psi), \quad \beta_k = \min_{\psi \in \mathbb{S}^1} \alpha_k(\psi),$$

则

$$0 \leqslant \beta^k - \beta_k \leqslant 2\pi.$$

对于任意的 $n \in \mathbb{N}, n \geqslant k$, 有 $n = km + r \ (r < k)$. 由于对于任意的 $\psi \in \mathbb{R}$, 有

$$\beta_k \leqslant \alpha_k(\psi) = P^k(\psi) - \psi \leqslant \beta^k,$$

取 $\psi = P^{(s-1)k}(\psi)$, 则

$$\beta_k \leqslant P^{sk}(\psi) - P^{(s-1)k}(\psi) \leqslant \beta^k.$$

对于 $s = 1, 2, \cdots, m$, 求和后得到

$$m\beta_k \leqslant P^{mk}(\psi) - \psi \leqslant m\beta^k.$$

在上式中令 $\psi = P^r(\psi)$, 则

$$m\beta_k \leqslant P^n(\psi) - P^r(\psi) \leqslant m\beta^k.$$

与上面的推理一样, 得到

$$r\beta_1 \leqslant P^r(\psi) - \psi \leqslant r\beta^1.$$

于是

$$m\beta_k + r\beta_1 \leqslant P^n(\psi) - \psi \leqslant m\beta^k + r\beta^1.$$

又因为

$$\lim_{m \to +\infty} \frac{m}{n} = \lim_{m \to +\infty} \frac{m}{mk + r} = \frac{1}{k},$$

所以

$$\frac{\beta_k}{k} \leqslant \liminf_{n \to +\infty} \frac{P^n(\psi) - \psi}{n} \leqslant \limsup_{n \to +\infty} \frac{P^n(\psi) - \psi}{n} \leqslant \frac{\beta^k}{k}. \tag{9.43}$$

注意到, 当 $k \to +\infty$ 时,

$$0 \leqslant \frac{\beta^k - \beta_k}{k} \leqslant \frac{2\pi}{k} \to 0,$$

因此

$$\liminf_{n \to +\infty} \frac{P^n(\psi) - \psi}{n} = \limsup_{n \to +\infty} \frac{P^n(\psi) - \psi}{n}.$$

下面说明这个极限与 ψ 无关. 由 (9.43) 式可知

$$\lim_{n \to +\infty} \frac{P^n(\psi) - \psi}{n} = \lim_{k \to +\infty} \frac{\beta_k}{k},$$

而 $\dfrac{\beta_k}{k}$ 与 ψ 的选择无关. 这样就完成 (1) 的证明.

(2) 假设 P^n 有不动点 ψ_0, 则存在 $m \in \mathbb{Z}$, 使得

$$P^n(\psi_0) = \psi_0 + 2m\pi.$$

于是

$$P^{sn}(\psi_0) = \psi_0 + 2ms\pi.$$

由此可知

$$\mu = \frac{1}{2\pi} \lim_{j \to +\infty} \frac{P^j(\psi_0) - \psi_0}{j} = \frac{1}{2\pi} \lim_{s \to +\infty} \frac{P^{sn}(\psi_0) - \psi_0}{sn},$$

立即得到

$$\mu = \frac{m}{n}.$$

反之, 假设

$$\mu = \frac{1}{2\pi} \lim_{j \to +\infty} \frac{P^j(\psi_0) - \psi_0}{j} = \frac{m}{n},$$

其中 m 和 n 互素. 只要证明 P^n 在 $\mathbb{S}^1$ 上有不动点即可. 否则, 存在 $m_0 \in \mathbb{Z}$, 使得对于任意的 $\psi \in \mathbb{R}$, 有

$$2m_0\pi < P^n(\psi) - \psi < 2(m_0 + 1)\pi.$$

由于 $P^n(\psi) - \psi = \alpha_n(\psi)$ 是 2π-周期的, 因此存在 $0 < \varepsilon_0 < 1$, 使得

$$2(m_0 + \varepsilon_0)\pi \leqslant P^n(\psi) - \psi \leqslant 2(m_0 + 1 - \varepsilon_0)\pi, \quad \psi \in \mathbb{R}.$$

将 ψ 分别用 $P^n(\psi), P^{2n}(\psi), \cdots, P^{sn}(\psi)$ 替换, 得到

$$2(m_0 + \varepsilon_0)\pi \leqslant P^{jn}(\psi) - P^{(j-1)n}(\psi) \leqslant 2(m_0 + 1 - \varepsilon_0)\pi, \quad j = 1, 2, \cdots, s.$$

将上面的式子相加, 立即有

$$2s(m_0 + \varepsilon_0)\pi \leqslant P^{sn}(\psi) - \psi \leqslant 2s(m_0 + 1 - \varepsilon_0)\pi.$$

于是, 由 μ 的定义有

$$\mu = \frac{1}{2\pi} \lim_{s \to +\infty} \frac{P^{sn}(\psi) - \psi}{sn},$$

得到

$$\frac{m_0 + \varepsilon_0}{n} \leqslant \mu = \frac{m}{n} \leqslant \frac{m_0 + 1 - \varepsilon_0}{n},$$

矛盾. 定理的证明完成. □

注 9.11　若旋转数 $\mu = \dfrac{m}{n}$ 是有理数, 由定理 9.12 的证明可知, 存在 ψ_0, 使得

$$P^n(\psi_0) = \psi_0 + 2m\pi.$$

这意味着, 从 ψ_0 出发的方程 (9.41) 的解是 2π-周期的, 从而方程组 (9.36) 从 $(0, \psi_0)$ 出发的解是周期的, 并且这个解的轨线绕经圆转了 n 圈时, 它恰好绕纬圆转了 m 圈.

注 9.12　当旋转数 μ 为无理数时, 情况变得复杂起来. 这时, 既有 Denjoy 的结果 "对于方程组 (9.36) 来说, 只要 F 和 G 是 C^2 的, 该方程组的轨线在整个环面上就是稠密的", 也有例子表明, 在 F 和 G 仅仅是 C^1 的时候, 存在着无处稠密的轨线. 这些结果的证明已经超出本书的范围, 有兴趣的读者可以参见文献 [15].

习　题　9.4

1. 假设 μ 为有理数, 证明方程 (9.41) 的每条轨线或者是闭轨线, 或者趋向于闭轨线.

2. 求微分方程

$$\frac{\mathrm{d}\psi}{\mathrm{d}\phi} = \sin\psi + g(\psi)$$

的旋转数, 其中 g 是 2π-周期的连续可微函数, 且 $|g(\psi)| < 1$.

3. 证明: 定理 9.12 中定义的旋转数 μ 对于映射 P 而言是连续的, 即对于任意的 $\varepsilon > 0$, 存在 $\delta > 0$, 只要 $|Q - P| < \delta$, 其中 Q 是单位圆周 $\mathbb{S}^1$ 上严格单调递增的同胚, 且满足 $Q(\psi_0 + 2\pi) = Q(\psi_0) + 2\pi$, 则有

$$|\mu(Q) - \mu(P)| < \varepsilon.$$

参 考 文 献

[1] Arnol'd V I. Ordinary Differential Equations[M]. New York: Springer-textbook, 1992.

[2] Arnold V I. Geometrical Methods of the Theory of Ordinary Differential Equations[M]. New York: Springer-Verlag, 1983.

[3] Arnold V I. Mathematical Methods in Classical Mechanics[M]. New York: Springer-Verlag, 1978.

[4] Coddington E A, Levinson N. Theory of Ordinary Differential Equations[M]. New York: McGraw Hill. 1955.

[5] 丁同仁. 常微分方程定性方法的应用 [M]. 北京：高等教育出版社, 2004.

[6] 丁同仁, 李承治. 常微分方程教程 [M]. 北京：高等教育出版社, 1991.

[7] 菲利波夫 A Φ. 常微分方程习题集 [M]. 孙广成, 张德厚, 译. 上海：上海科学技术出版社, 1981.

[8] Hartman P. Ordinary Differential Equations[M]. Second edition. Boston-Basek-Stuttgart: Birkhäuser, 1982.

[9] Katok A, Hasselblatt B. Introduction to the Modern Theory of Dynamical Systems[M]. Cambridge: Cambridge University Press, 1995.

[10] Moser J, Zehnder E. Notes on Dynamical Systems[M]. New York: Courant Lecture Notes in Mathematics, AMS, 2005.

[11] Nemytskii V V, Stepanov V V. Qualitative Theory of Differential Equations[M]. New York: Dover, 1989.

[12] Siegel C L, Moser J K. Lectures on Celestial Mechanics[M]. New York: Springer, 1971.

[13] 袁荣. 常微分方程 [M]. 北京：高等教育出版社, 2012.

[14] 张伟年, 杜正东, 徐冰. 常微分方程 [M]. 北京：高等教育出版社, 2006.

[15] 张芷芬, 丁同仁, 黄文灶, 等. 微分方程定性理论 [M]. 北京：科学出版社, 1985.